高职高专"十一五"规划教材

工程制图

（第2版）

主　编　李　明

副主编　贾　芸　陈　猛

主　审　夏鼎立

合肥工业大学出版社

内 容 简 介

本教材内容有：制图基本知识与技能、正投影基础、立体的投影及表面交线、轴测图、组合体、图样画法、标准件与常用件、零件图、装配图、表面展开图和附录等。

教材中全部采用最新颁布实施的《技术制图》和《机械制图》国家标准。

本教材参考学时为60～120学时。

本教材可供高等职业技术院校和高等专科院校的工科类各专业使用，也可供相关专业的中专、培训班和工程技术人员学习时使用。

图书在版编目(CIP)数据

工程制图/李明主编. —合肥：合肥工业大学出版社，2011.1(2021.7 重印)
ISBN 978-7-5650-0349-3

Ⅰ.①工… Ⅱ.①李… Ⅲ.①工程制图—高等学校：技术学校—教材 Ⅳ.①TB23

中国版本图书馆 CIP 数据核字(2011)第006286号

工 程 制 图

主 编 李 明 责任编辑 汤礼广 马成勋

出 版	合肥工业大学出版社	发 行	全国新华书店
地 址	合肥市屯溪路193号	版 次	2005年8月第1版
邮 编	230009		2011年1月第2版
电 话	理工编辑部：0551-62903087	印 次	2021年7月第8次印刷
	发 行 部：0551-62903198	开 本	787毫米×1092毫米 1/16
网 址	www.hfutpress.com.cn	印 张	14.75 字 数 300千字
E-mail	press@hfutpress.com.cn	印 刷	合肥现代印务有限公司

ISBN 978-7-5650-0349-3 定价：37.00元

如果有影响阅读的印装质量问题，请与出版社发行部联系调换

前　言

《工程制图》是高等院校工科类各专业必修的主干课程，也是一门重要的技术基础课。为了适应高等职业教育教学的需要，根据教育部制定的《高职高专教育工程制图课程基本要求》，我们对本教材进行了修订。

在修订过程中，本着让学生在学习理论知识的同时培养他们的实践能力和职业技能的精神，我们尽量将理论与应用有机地结合起来。在章节的安排上既考虑高等职业教育的特点，同时又注重学科知识的系统性和完整性，因此对章节进行了适当的调整；在内容的安排上遵循循序渐进的原则和学生的学习习惯，按照制图基本知识，点、线、面、体的投影，点、线、面在立体投影中的应用，组合体及零件图、装配图的应用这样的基本顺序进行编排。

轴测图是一种重要的机件表达方法，因此越来越广泛地应用到工程实践中，在修订过程中我们加强了对这一章节的编写，增加了轴测图的类型、工程图例以及徒手轴测图画法。

在修订过程中我们采用了最新颁布的《技术制图》和《机械制图》国家标准，按照课程内容和教学的需要，将最新国家标准体现在正文和附录中，便于学习时查阅。

为了加强学生实践能力和技能的培养，我们还编写了《工程制图习题集》，与本教材配套使用。

本教材由李明(中国工程图学学会制图技术专业委员会副主任委员)主编并负责全书统稿，贾芸、陈猛担任副主编。参加编写的还有：赵世明、杨圣春、严佳华、胡晓红。

全部插图由李明、贾芸、陈猛采用计算机绘制。

本教材由安徽省工程图学学会理事长夏鼎立主审。

本教材为安徽省高等学校“十一五”省级规划教材(见安徽省教秘高[2007]9号文件)。

由于水平有限,修订后的本教材难免仍有不足之处,恳请专家和读者批评指正。

编　者

目　录

绪　论 …… (1)

第一章　制图基本知识与技能 …… (3)

第一节　国家标准关于制图的基本规定 …… (3)
第二节　尺寸标注 …… (10)
第三节　绘图工具及其使用 …… (13)
第四节　几何图形画法 …… (15)
第五节　尺规绘图和徒手绘图方法 …… (20)

第二章　正投影基础 …… (23)

第一节　正投影法和三视图 …… (23)
第二节　点的投影 …… (27)
第三节　直线的投影 …… (31)
第四节　平面的投影 …… (38)

第三章　立体的投影及表面交线 …… (43)

第一节　立体及表面上点的投影 …… (43)
第二节　平面与立体相交 …… (50)
第三节　两回转立体相交 …… (56)
第四节　立体的尺寸注法 …… (62)

第四章　轴测图 …… (65)

第一节　轴测图的基本知识 …… (65)
第二节　正等轴测图 …… (67)
第三节　斜二轴测图 …… (71)
第四节　管道轴测图 …… (72)
第五节　轴测草图 …… (74)

第五章　组合体 …… (76)

第一节　组合体的形体分析 …… (76)
第二节　组合体三视图的画法 …… (79)
第三节　组合体的尺寸注法 …… (81)
第四节　看组合体视图 …… (83)

第六章　机件的表达方法 …………………………………………………… (89)
第一节　视图 …………………………………………………… (89)
第二节　剖视图 …………………………………………………… (92)
第三节　断面图 …………………………………………………… (100)
第四节　局部放大图和简化画法 …………………………………… (103)
第七章　标准件与常用件 …………………………………………… (107)
第一节　螺纹和螺纹紧固件 ………………………………………… (107)
第二节　齿轮 …………………………………………………… (120)
第三节　键和销 …………………………………………………… (130)
第四节　弹簧 …………………………………………………… (133)
第五节　滚动轴承 …………………………………………………… (134)
第八章　零件图 …………………………………………………… (139)
第一节　概述 …………………………………………………… (139)
第二节　零件视图选择及典型零件视图分析 ……………………… (140)
第三节　零件图的尺寸标注 ………………………………………… (147)
第四节　零件上常见的工艺结构 …………………………………… (152)
第五节　零件图的技术要求 ………………………………………… (155)
第六节　零件测绘 …………………………………………………… (171)
第七节　读零件图 …………………………………………………… (175)
第九章　装配图 …………………………………………………… (179)
第一节　装配图的作用和内容 ……………………………………… (179)
第二节　装配图的规定画法和特殊表示法 ………………………… (181)
第三节　装配图的视图选择和画法 ………………………………… (183)
第四节　装配图的尺寸标注和技术要求 …………………………… (185)
第五节　装配图的零件序号、标题栏和明细栏 …………………… (186)
第六节　常见的装配结构 …………………………………………… (187)
第七节　装配体的测绘 ……………………………………………… (190)
第八节　读装配图拆画零件图 ……………………………………… (195)
第十章　表面展开图 ………………………………………………… (202)
第一节　平面立体的表面展开 ……………………………………… (203)
第二节　回转立体的表面展开 ……………………………………… (204)
附录 ……………………………………………………………… (210)
参考文献 …………………………………………………………… (230)

绪 论

一、工程图样及其作用

根据投影原理和方法，遵照国家标准和规定进行绘制，用来表达工程对象的形状、大小和技术要求的图样称为工程图样。

工程图样是人们表达设计意图和交流设计思想的工具，是工程技术界的通用语言，在工程上进行设计、施工、运行、检修、检验工作中都必须依据工程图样进行。因此每个工程技术人员、施工安装检修人员都必须掌握这种语言，具备绘图和读图的技能。

二、本课程的主要任务和要求

(1) 掌握用正投影法图示空间物体的基本理论和方法。

(2) 掌握正确地使用绘图工具、仪器和徒手绘图的方法、技巧，并具有绘制图形的能力。

(3) 能根据国家标准的规定，运用所学的基本理论、基本知识和基本技能，绘制和阅读工程图样。

(4) 培养和发展空间想像能力和空间分析能力。

(5) 掌握用计算机绘制工程图样的基本技能。

(6) 培养认真、细致的工作作风和严肃认真的工作态度。

三、本课程的特点和学习方法

本课程的特点是：既具有系统的投影理论和方法，又是一门实践性很强的课程。学习时要认真理解投影原理，掌握投影方法，在空间分析的基础上，联系空间形体与平面图形的对应关系，由物画图，由图想物，通过大量的由浅入深的绘图、读图实践，不断提高空间想像能力，掌握绘图的基本知识和技能。

在学习过程中要注意以下学习方法和要点：

(1) 掌握正投影的理论和方法。本课程的教学目标是使学生学习掌握绘制和阅读工程图样，而绘制和阅读工程图样的原理和方法正是正投影的理论和方法。

(2) 注意基本技能的训练和培养。在掌握理论知识之后，还要进行大量的绘图和读图实践训练，不断提高图示空间物体的能力和空间想像能力。

(3) 严格遵守国家标准规定。《技术制图》《机械制图》国家标准是绘制工程图样的重要依据，是规范性的制图标准。在学习和绘图实践中要严格执行标准规定，做到符合标准规定，规范性制图。

（4）本课程的各种训练是通过一系列练习和作业来实现的，所以工程制图的课程练习和图纸作业是必要的。每次作业前要仔细阅读作业指导书，做到动手前心中有数，以便提高完成练习和作业的速度和质量。

第一章 制图基本知识与技能

第一节　国家标准关于制图的基本规定

国家标准《技术制图》是基础技术标准,《机械制图》是机械专业制图标准。它们是图样的绘制和使用的准绳,我们必须认真学习和遵守。

"GB/T"是国家标准代号。例如 GB/T14689－1993,其中"14689"为标准的编号,"1993"表示该标准发布的年份。

本节摘要介绍制图标准中的图纸幅面、比例、字体、图线、尺寸标注的基本规定。

一、图纸幅面和格式(GB/T14689－1993)

1. 图纸幅面

为了使图纸幅面统一,便于装订和保管,人们在绘制工程图样时,应优先选用表 1－1 中规定的五种基本图纸幅面。必要时,也允许选用所规定的加长幅面。但加长幅面的尺寸必须是由基本幅面的短边成整数倍增加后得出。

表 1－1　图纸基本幅面尺寸

幅面代号	A0	A1	A2	A3	A4
$B\times L$	841×1189	594×841	420×594	297×420	210×297
a	25				
c	10			5	
e	20		10		

2. 图框格式

在图纸上必须用粗实线画出图框。其格式分为不留装订边和留装订边两种,但同一产品的图样只能采用同一种格式。

(1) 不留装订边的图纸,其图框格式如图 1－1 所示。

(2) 留有装订边的图纸,其图框格式如图 1－2 所示。

3. 标题栏的格式

(1) 每张图纸都必须画出标题栏。标题栏的格式和尺寸应按GB/T10609.1-1989 的规定。标题栏的位置应位于图样的右下角，如图 1-1、1-2 所示。制图作业标题栏建议采用图 1-3 的格式。

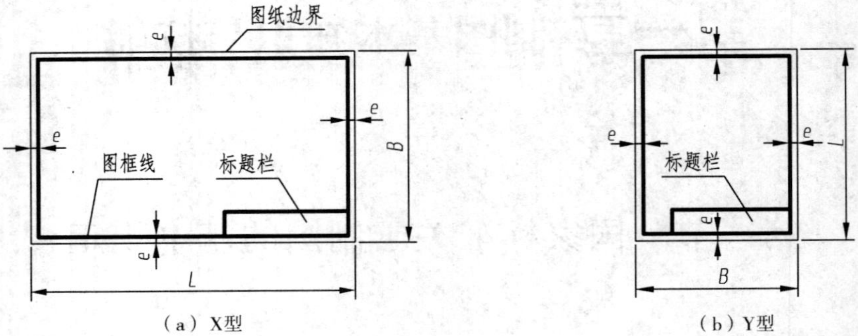

图 1-1　不留装订边的图框格式

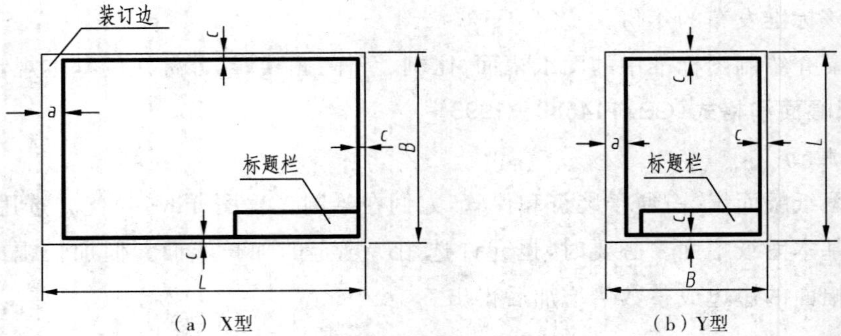

图 1-2　留装订边的图框格式

(2) 标题栏的长边置于水平方向并与图纸的长边平行时，构成 X 型图纸，如图 1-1(a)、图1-2(a)所示。若标题栏的长边与图纸的长边垂直时，构成 Y 型图纸，如图 1-1(b)、1-2(b)所示。

(3) 为了利用预先印制好的图纸，有时允许将 X 型图纸的短边置于水平位置使用，如图 1-4(a)、(b)所示。

4. 附加符号

(1) 对中符号　为了使图样复制和缩微摄影时定位方便，对基本图纸幅面(含部分加长幅面)的各种图纸，均应在图纸各边的中点处分别画出对中符号。如图 1-4 所示。

(2) 方向符号　使用预先印制的图纸时，为了明确绘图与看图时的图纸方向，应在图纸的下边对中符号处画出一个方向符号，如图 1-4 所示。

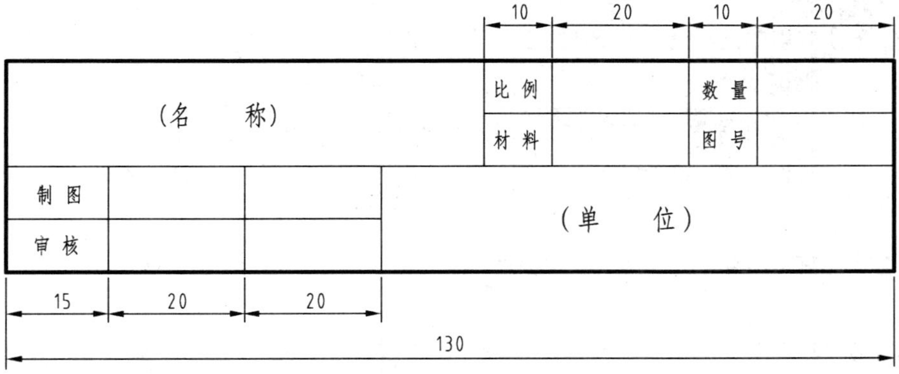

图 1-3 标题栏格式

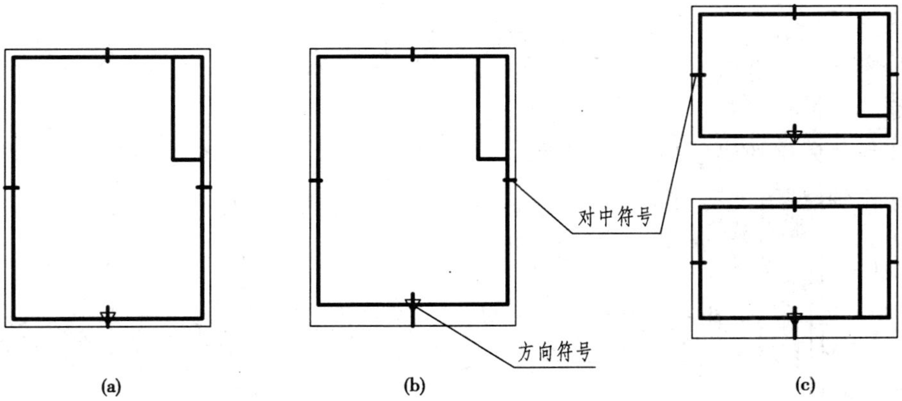

图 1-4 对中符号与方向符号

二、比例(GB/T14690-1993)

比例是指图样中图形与其实物相应要素的线性尺寸之比。

1. 比例系列

绘制图样时,应从表 1-2 的规定系列中选取适当的比例。

表 1-2 比例

种 类	比 例
原值比例	1∶1
放大比例	5∶1 2∶1 5×10^n∶1 2×10^n∶1 1×10^n∶1
缩小比例	1∶2 1∶5 1∶2×10^n 1∶5×10^n 1∶1×10^n

注:n 为整数

2. 标注方法

比例符号应以"："表示。比例的表示方法如 1：1、1：2、2：1、5：1 等。比例一般应标注在标题栏中比例栏内。

为了从图样上直接反映出实物大小，绘图应尽量采用原值比例。

不论采用何种比例，图形中所标注的尺寸数值必须是实物的实际大小，与图形的比例无关。

三、字体(GB/T14691－1993)

1. 基本要求

(1) 图样中所书写的汉字、数字和字母，都必须做到"字体工整、笔画清楚、间隔均匀、排列整齐"。

(2) 字体高度(h)有 1.8mm，2.5mm，3.5mm，5mm，7mm，10mm，14mm，20mm 共 8 种基本字高，如需要书写更大的字，其字体高度应按$\sqrt{2}$的比率递增。

2. 字体写法

(1) 汉字　汉字要求写成长仿宋字体，并采用国家正式公布的简化字。汉字的高度(h)不应小于 3.5mm。

书写长仿宋字的要领是：横平竖直、注意起落、结构匀称。书写时应注意笔画特点和笔画组成的比例，如图 1－5 所示。

10号字

字体工整笔画清楚间隔均匀排列整齐

7号字

横平竖直注意起落结构均匀写满方格

图 1－5　长仿宋字字体示例

5号字

写长仿宋字要耐心细致不可潦草一笔一画认真书写

3.5号字

工程制图是机械电力石油化工铁路交通建筑行业重要的技术文件是工程界技术语言

图 1－5　长仿宋字字体示例(续)

长仿宋字的基本笔画有点、横、撇、捺、挑、折、勾，其笔法参阅表 1－3。

表 1-3 汉字的基本笔画及写法

名称	点	横	竖	撇	捺	挑	折	勾
基本笔画及运笔法	尖点 垂点 撇点 挑点	平横 斜横	竖	平撇 斜撇 直撇	斜捺 平捺	平挑 斜挑	左折 右折 斜折 双折	竖勾 左曲勾 右曲勾 平勾 竖弯勾 包勾 横折弯勾 竖折折勾
举例	方光 心活	左七 下代	十 上	千月 八床	术分 建超	均公 技线	凹 周 安 及	牙 子 代 买 孔 力 气 码

（2）数字 工程图样中的数字有阿拉伯数字和罗马数字两种，可写成直体字和斜体字。斜体字的字头向右倾斜，与水平线成 75°，如图 1-6 所示。

（3）字母 字母有拉丁字母和希腊字母两种，可写成直体字和斜体字。倾斜的方向和角度与数字相同，如图 1-6 所示。

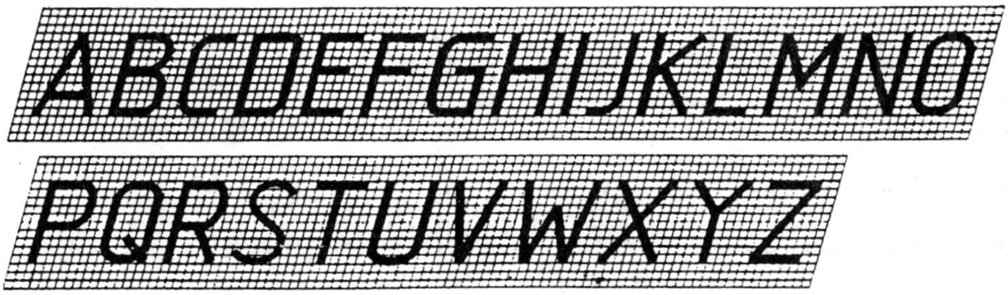

图 1-6 字母与数字示例

图 1-6 字母与数字示例(续)

四、图线(GB/T17450－1998)

国家标准《机械制图》规定了图线的名称、型式、代号、宽度以及图线的应用。工程图样中常用的图线型式和用途见表 1－4 所示。

表 1－4 常用图线的型式和用途

名 称	线 型	宽 度	主要用途
粗实线		$d\approx0.5\sim2$mm	可见轮廓线。
细实线		$\approx\frac{d}{2}$	尺寸线、尺寸界线、剖面线、指引线。
细虚线		$\approx\frac{d}{2}$	不可见轮廓线、不可见过渡线。
细点画线		$\approx\frac{d}{2}$	轴线、中心线、对称线。
细双点画线	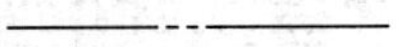	$\approx\frac{d}{2}$	假想轮廓线、中断线。
粗点画线		d	有特殊要求的表面表示线。
波浪线		$\approx\frac{d}{2}$	断裂处的边界线； 视图和局部剖视图的分界线。
双折线		$\approx\frac{d}{2}$	断裂处的分界线。

1. 图线宽度

图线分粗细两种。粗线的宽度 d 应按图形的大小和复杂程度，在 0.5～2mm 之间选择，细线的宽度约为 $d/2$。

图线宽度的推荐系列为：0.25mm，0.35mm，0.5mm，0.7mm，1mm，1.4mm，2.0mm。

2. 图线画法

(1) 同一图样中，同类图线的宽度应保持一致。细虚线、细点画线、细双点画线的线段长度和间隔应各自大致相等。

(2) 图线相交时的画法见表 1－5。

表 1-5　图线相交时画法

说　明	图　例	
	正确画法	错误画法
细点画线应以长画相交，点画线的起始与终了应为长画	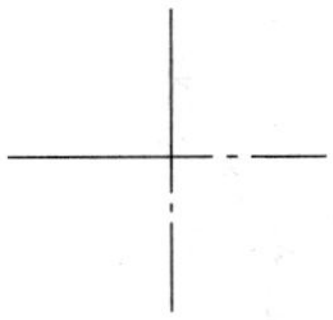	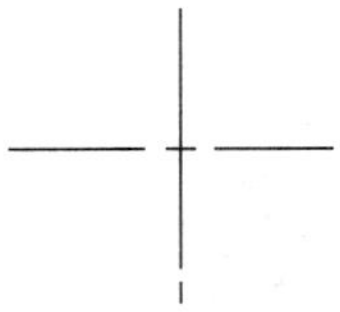
中心线应超出图形轮廓线约 3～5mm，较小的图形轮廓其中心线可用细实线代替	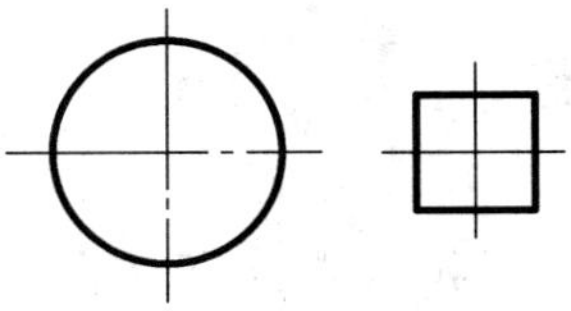	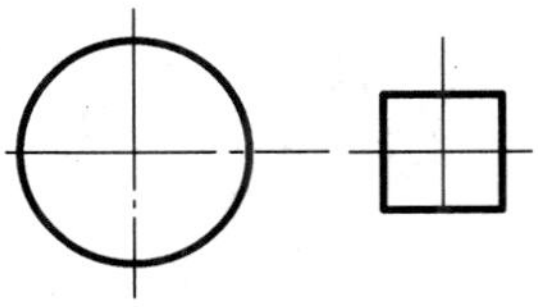
细虚线与细虚线、细虚线与实线相交时应以线段相交，不能留有空隙	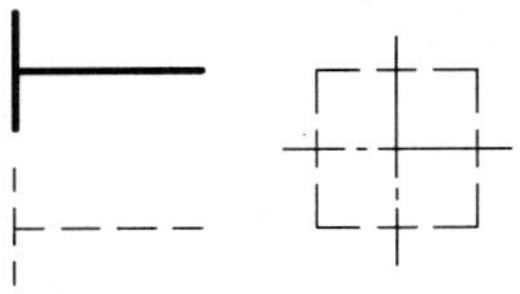	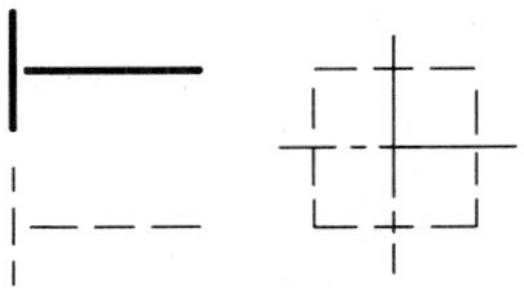

图线的应用举例如图 1-7 所示。

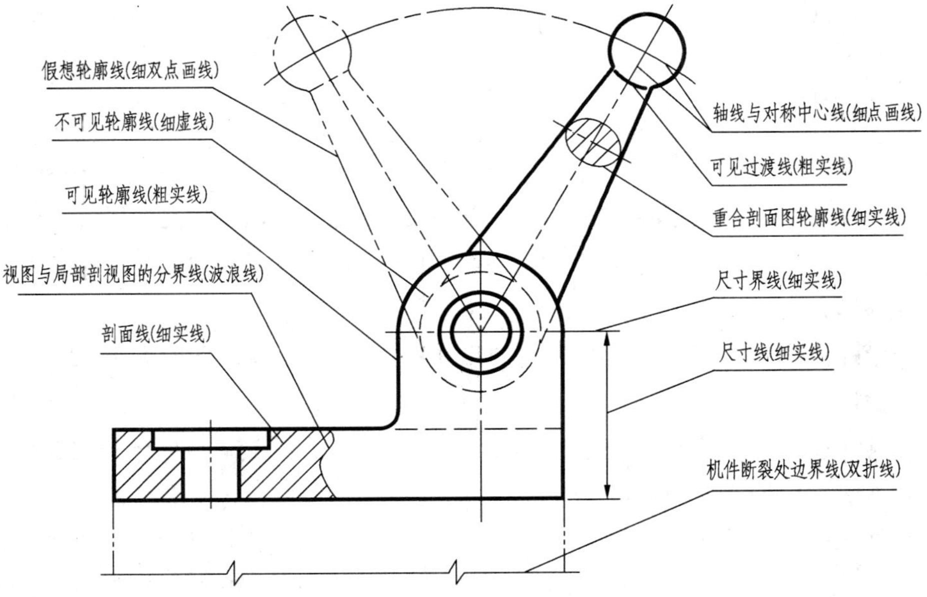

(a) 视图

图 1-7　图线应用举例(a)

(b) 轴测图

图 1-7　图线应用举例(b)

第二节　尺寸标注

图形只能表示物体的形状，而其大小则由标注的尺寸确定，因此，尺寸是图样中的重要内容之一。GB/T4458.4-1984《机械制图　尺寸注法》和GB/T16675.2-1996《技术制图　尺寸注法》对尺寸标注作了专门规定。标注尺寸要严格遵守国家标准有关尺寸标注的规定。

一、基本规定

(1) 机件的真实大小应以图样上所注的尺寸数值为依据，与图形的大小、比例以及绘图的准确度无关。

(2) 图样中的尺寸，以 mm(毫米)为单位时，不需要标注计量单位的代号或名称，如果用其他单位，则必须注明相应的计量单位。

(3) 图样中所标注的尺寸，为该图样所示机件的最后完工尺寸，否则应另加说明。

(4) 机件的每一个尺寸，一般只标注一次，并应标注在反映该结构形状最明显的视图上。

(5) 标注尺寸时，对一些特殊结构应使用符号表示。常用的尺寸标注符号见表1-6。

表 1-6　常用的尺寸标注符号

名　称	符　号	名　称	符　号	名　称	符　号
直　径	ϕ	正方形	□	沉孔或锪平	⌴
半　径	R	45°倒角	C	埋头孔	∨
球直径	$S\phi$	厚　度	t	均布	EQS
球半径	SR	深度	↧		

二、尺寸的组成

一组完整的尺寸应包括尺寸界线、尺寸线(含箭头)、尺寸数字三个要素,如图 1-8 所示。

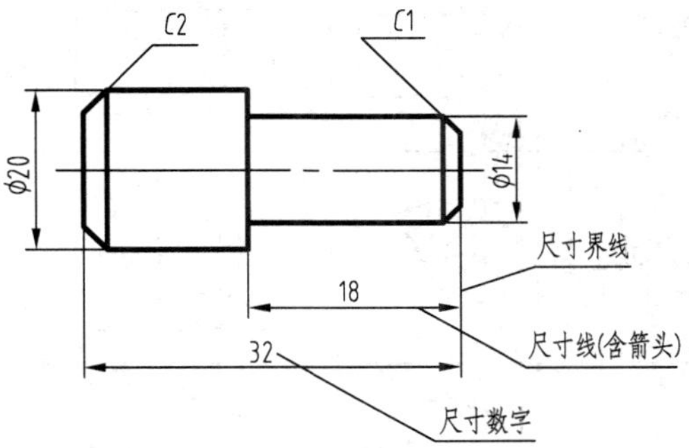

图 1-8　尺寸的组成

1. 尺寸界线

尺寸界线采用细实线绘制,并应由图形的轮廓线、轴线或对称中心线处引出,也可以利用轮廓线、轴线或对称中心线作为尺寸界线。尺寸界线一般应与尺寸线垂直,并超出尺寸线的终端 2～3mm。

2. 尺寸线

尺寸线采用细实线绘制,不能用其他图线代替。标注线性尺寸时,尺寸线必须与所注的线段平行。

尺寸线的终端可以有箭头、斜线两种形式。箭头的形式适用于各种类型的图样。斜线用 45°细实线绘制。圆的直径、圆弧半径指向圆弧的一端以及角度的尺寸线终端均应画成箭头的形式,尺寸箭头的画法如图 1-9 所示。

(a) 箭头的形式　　(b) 斜线的形式

图 1-9　尺寸箭头的画法

3. 尺寸数字

水平线性尺寸的数字一般应注写在尺寸线的上方中间处,也允许注写在尺寸线的中断处,数字由左向右书写,字头朝上;尺寸线为垂直时,数字应注写在尺寸线左侧或尺寸线中断处,由下向上书写,字头朝左;在倾斜的尺寸线上注写数字应保持数字字头朝上和在尺寸线上方的两个趋势。常用尺寸注法见表 1-7。

表 1－7　常用尺寸注法示例

标注内容	示　例	说　明
线性尺寸的数字方向	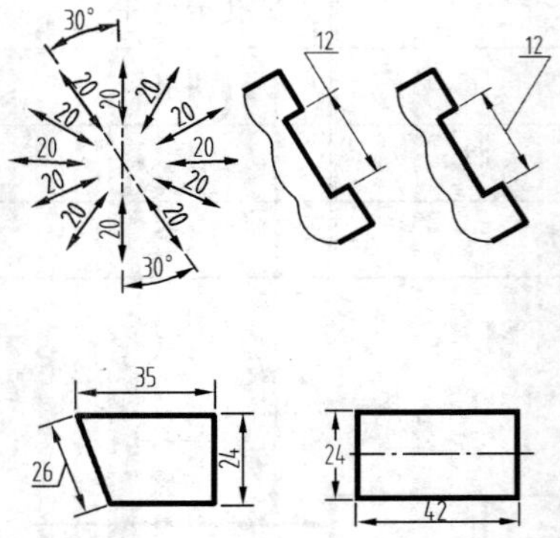	第一种方法：尺寸数字应按左上图所示方向注写，并尽可能避免在图示 30°范围内标注尺寸，当无法避免时可按右上图的形式标注； 第二种方法：在不致引起误解时，对于非水平方向的尺寸，其数字可水平地注写在尺寸线的中断处，如右下图所示； 在一张图样中，应尽可能采用同一种方法，一般应采用第一种方法注写。
角　度	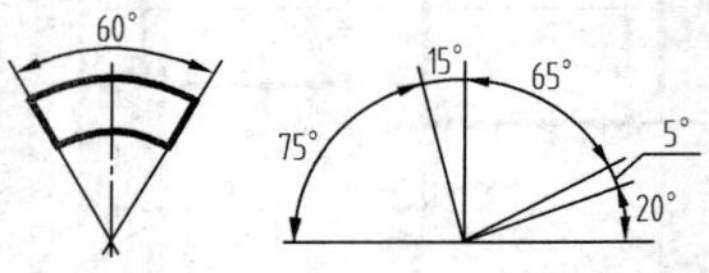	尺寸界线应沿径向引出，尺寸线画成圆弧，圆心是角的顶点。尺寸数字应一律水平书写，一般注在尺寸线的中断处，必要时也可按右图的形式标注。
圆	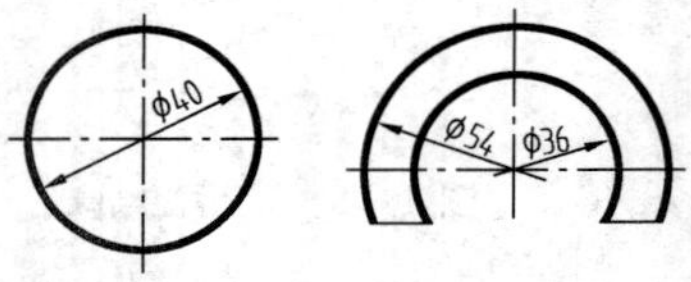	圆的直径尺寸一般应按这两个例图标注。
圆　弧	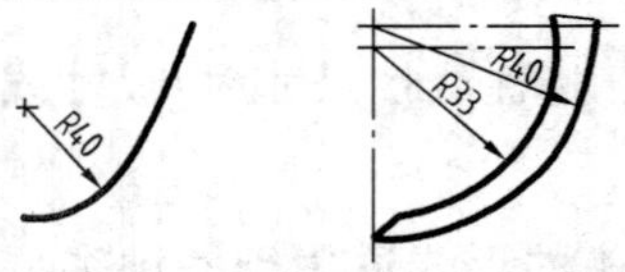	圆弧的半径尺寸一般应按这两个例图标注。
大圆弧	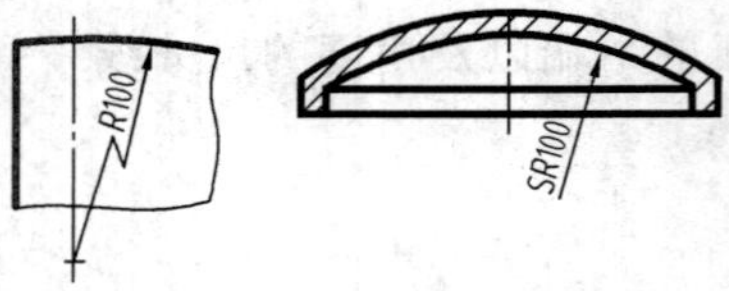	在图纸范围内无法标出圆心位置时，可按左图标注；不需标出圆心位置时，可按右图标注。
小尺寸	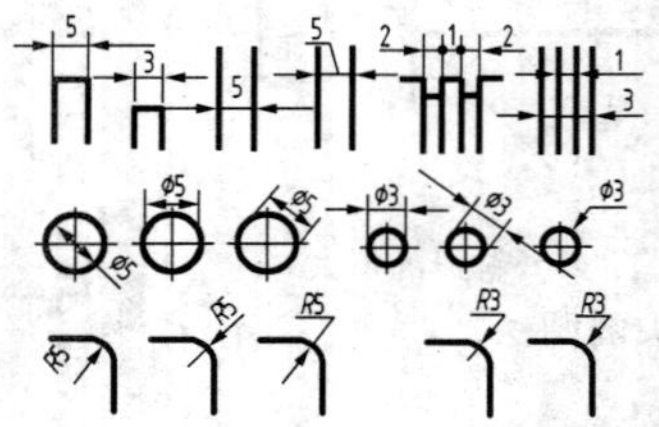	如上排例图所示，没有足够的空间时，箭头可画在外面，或用小圆点代替两个箭头；尺寸数字也可写在外面或引出标注。圆和圆弧的小尺寸，可按下两排例图标注。
球　面	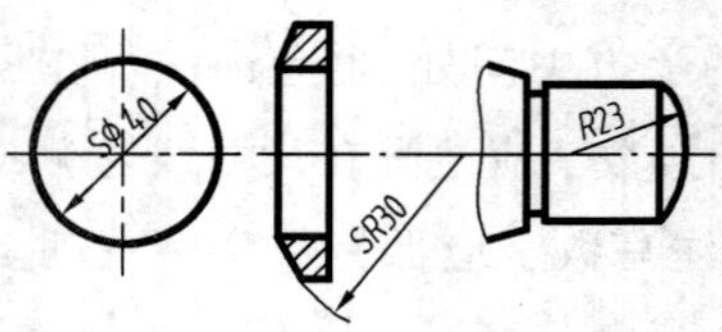	标注球面的尺寸，如左侧两图所示，应在ϕ或 R 前加注“S”。不致引起误解时，则“S”可省略，如右图中的右端球面。

第三节　绘图工具及其使用

正确使用绘图工具和仪器，是保证绘图质量和速度的前提。因此，必须熟练掌握绘图工具和仪器的使用方法。

一、图板

图板是用来铺放和固定图纸的。图板的表面要求平整、光洁。图板的左侧为导边，必须平直。

二、丁字尺

丁字尺是用于绘制水平线的。丁字尺由尺头和尺身构成，使用时，尺头内侧必须靠紧图板的导边，用左手推动丁字尺上下移动，由左向右画水平线，如图 1－10 所示。

三、三角板

一副三角板有两块，一块是 45°三角板，另一块是 30°和 60°三角板。将三角板和丁字尺配合使用，可以画出垂直线，如图 1－11 所示，以及 15°、75°、105°等倾斜线，还可以画出已知直线的平行线和垂直线，如图 1－12 所示。

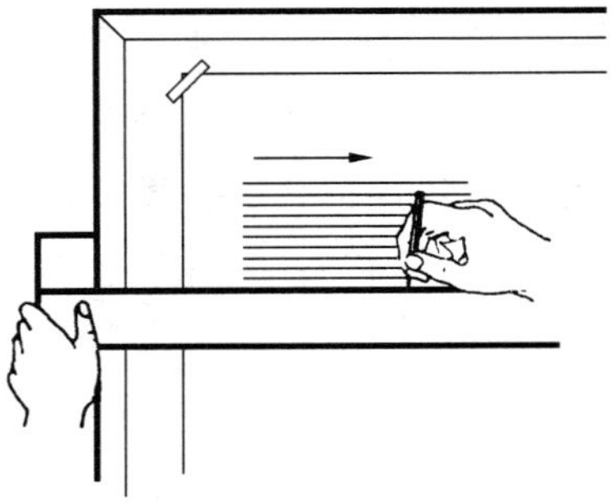

图 1－10　用丁字尺画水平线

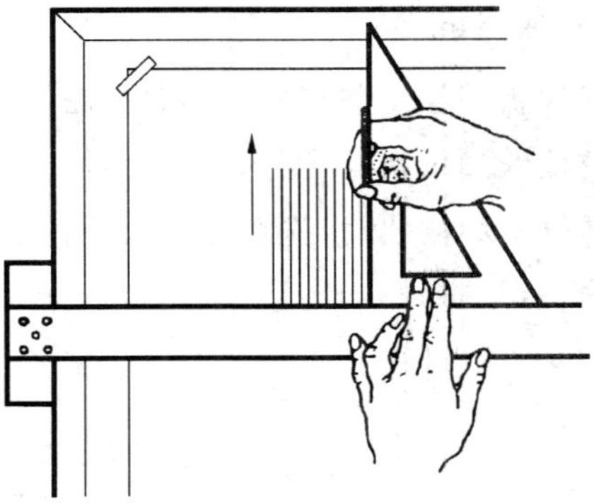

图 1－11　用三角板配合丁字尺画垂直线

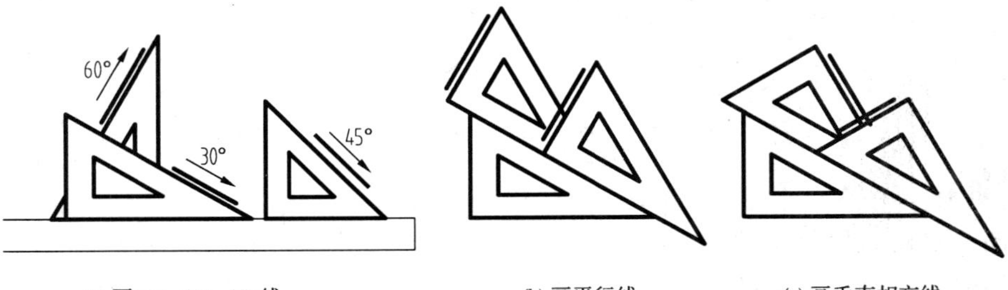

(a) 画30°、60°、45°线　(b) 画平行线　(c) 画垂直相交线

图 1－12　三角板配合使用画线

四、圆规和分规

圆规是用来画圆或圆弧的。圆规的附件有钢针插脚、铅芯插脚、鸭嘴插脚和加长插杆等。

圆规上固定的脚装有钢针，用来固定圆心。使用钢针时应带有肩台的一端。画圆时应保持两脚与图纸面垂直，用右手转动圆规手柄，均匀地沿顺时针方向一笔画完。圆规的插脚上有活动关节，用以调整插脚与图纸面的垂直度。

分规是用来量取尺寸和等分线段的。圆规的活动插头上插上钢针插脚便可作为分规使用。圆规和分规的使用方法如图 1－13 所示。

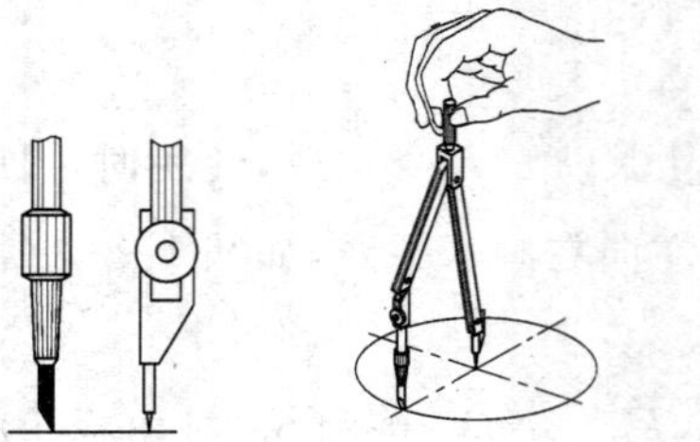

(a)圆规的用法

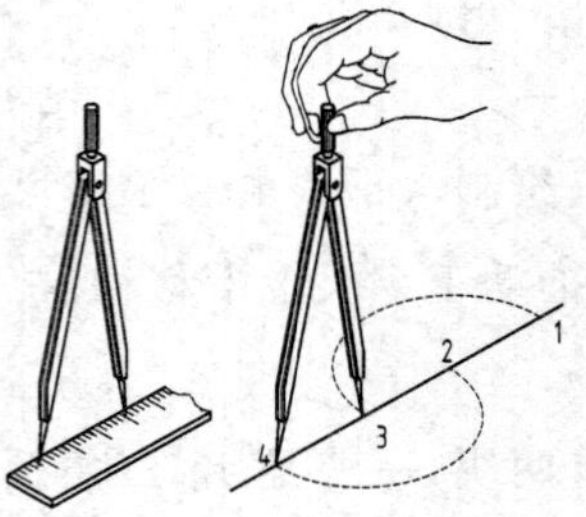

(b)分规的用法

图 1－13　圆规和分规的使用

五、曲线板

曲线板用于绘制不规则的非圆曲线。使用时，应找出曲线上的各个点，然后用曲线板上适合的曲线边依次连接各点完成曲线。曲线边至少要通过曲线上的三个点连接。

描画对称曲线时，先在曲线板上标上记号，然后翻转曲线板，按记号的位置描画对称曲线的另一半。

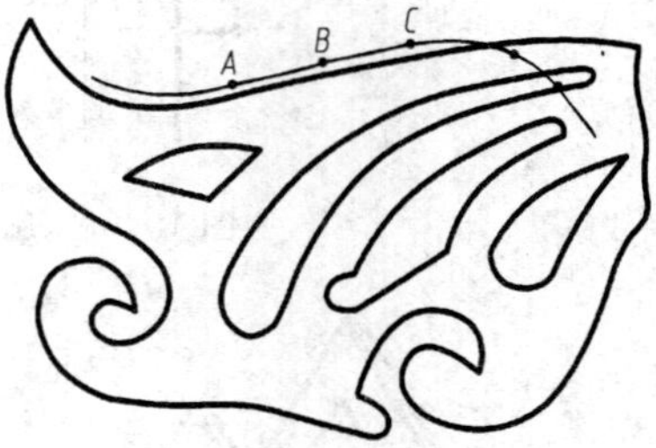

图 1－14　曲线板

六、铅笔

绘图铅笔用“B”和“H”代表铅芯的软硬程度。“H”表示硬性铅芯，“B”表示软性铅芯。B 或 HB 的铅笔，一般用来画粗实线，HB 或 H 常用来写字，H 或 2H 常用来画细实线和绘制底稿图。

写字或画细实线的铅笔应削成尖锐的圆锥形，描画粗实线的铅笔应削成斜头棱柱形，圆规上铅笔插脚的铅芯应磨成斜头圆柱形，如图 1－15 所示。

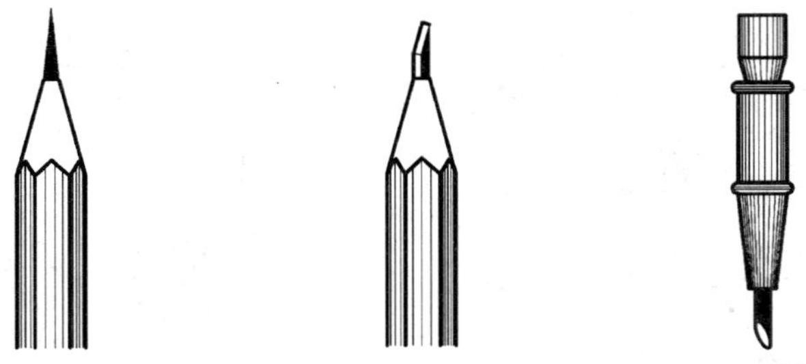

(a) 圆锥形　(b) 棱柱形　(c) 楔形

图 1－15　铅笔的削法

七、其他用品

除上述工具和仪器外，还需要备有小刀、橡皮、磨铅芯的细砂纸、固定图纸用的透明胶带和修改线条用的擦图片等绘图用具。

第四节　几何图形画法

机件的形状虽各有不同，但都是由各种基本的几何图形组成。因此，绘制工程图样应当首先了解和掌握常见几何图形的作图原理、作图方法以及平面图形和尺寸间的相互依存关系。

一、等分作图

1. 等分线段

等分线段常采用平行线法。如图 1－16 所示，已知线段 AB，欲将线段 AB 分为四等分，可先过 A 点（或 B 点）作任意直线 AC，并在 AC 线段上任意截取四等分，得 1、2、3、4 各点；然后连接 $4B$，并过 AC 线上其余各点作 $4B$ 的平行线，分别与线段 AB 相交得 $1'$、$2'$、$3'$、$4'$，即为所求的等分点。

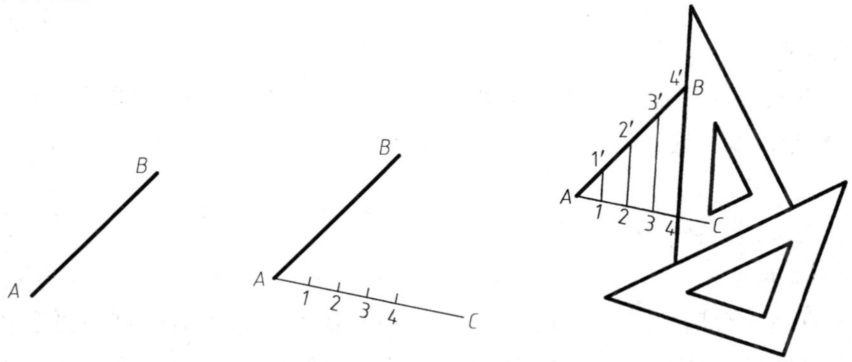

(a)　(b)　(c)

图 1－16　等分线段

2. 等分圆周作正多边形

(1) 正六边形作法(如图 1 - 17 所示)

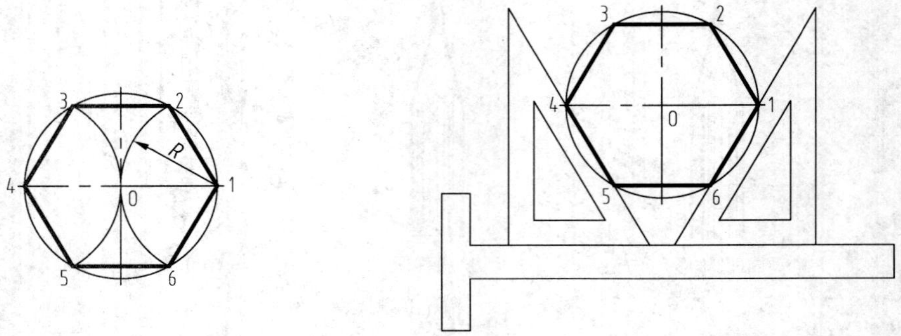

(a) 圆规法 (b) 三角板法

图 1 - 17 正六边形作法

(2) 正五边形作法(如图 1 - 18 所示)

以 A 为圆心 AO 为半径画圆弧交圆周于 E、F 两点。EF 连线交 AC 中心线得 G 点，以 G 为圆心，GB 为半径画圆弧交 AC 中心线得 H 点。以 BH 为五边形一边长，即可作出圆内正五边形。

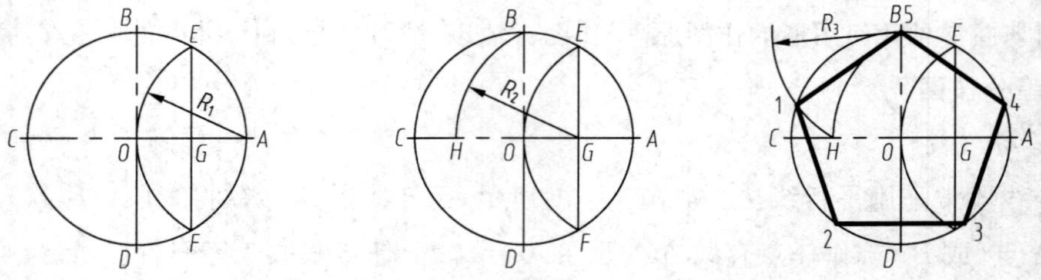

(a) (b) (c)

图 1 - 18 正五边形作法

二、圆弧连接

用圆弧光滑地连接相邻两线段的作图方法，称为圆弧连接。要保证圆弧连接光滑、准确，必须使线段与线段在连接处相切。因此，作图时应先求出连接圆弧的圆心和相切点这两个要素。

圆弧连接有下面三种基本形式。

1. 圆弧连接两直线

如图 1 - 19 所示分别是圆弧与锐角、钝角、直角两直线连接的情况，其作图方法如下：

(1) 先求连接圆弧的圆心。作与已知两直线分别相距为 R(连接圆弧的半径)的平行线，两平行线的交点 O 即为连接圆弧的圆心。

(2) 再求连接圆弧的连接点(相切点)。从圆心 O 分别向已知两直线作垂线,垂足 M_1、M_2 即为连接点。

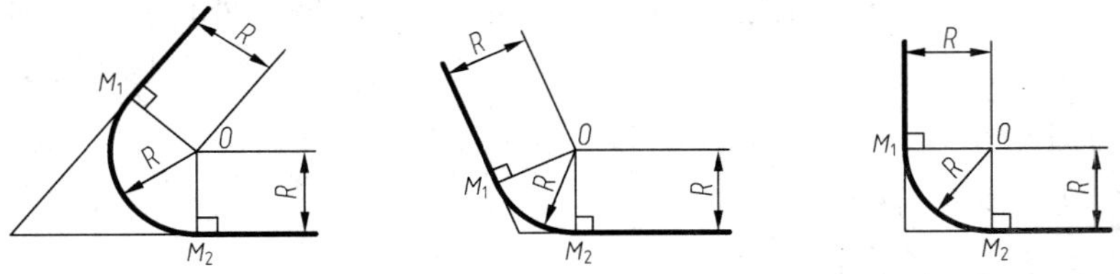

(a) 锐角两直线　(b) 钝角两直线　(c) 直角两直线

图 1-19　圆弧连接两直线作法

(3) 以 O 点为圆心,R 为半径,在 M_1、M_2 之间画圆弧,即为所求的连接圆弧。

2. 圆弧连接两圆弧

用已知半径为 R 的圆弧连接两圆弧有外连接和内连接两种形式。它们的作图方法如下:

(1) 外连接两圆弧,如图 1-20 所示。

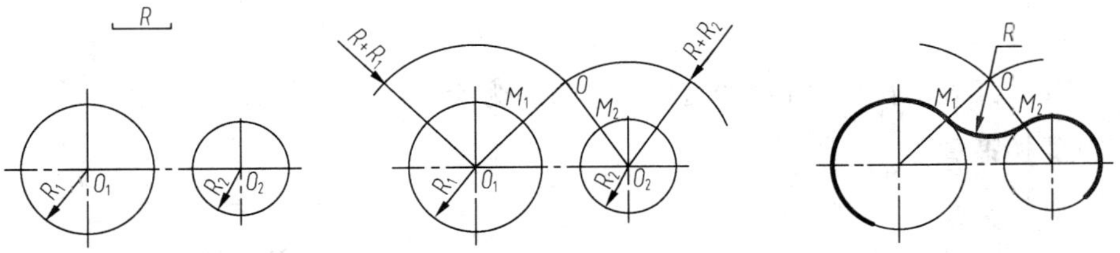

(a)　(b)　(c)

图 1-20　圆弧外连接两圆弧作法

① 求连接弧圆心。以 O_1 为圆心,$R+R_1$ 为半径画辅助圆弧,再以 O_2 为圆心,$R+R_2$ 为半径画辅助圆弧,两辅助圆弧交点 O 即为连接圆弧圆心。

② 求连接圆弧的连接点。连接 OO_1、OO_2 交于已知圆弧得 M_1、M_2 即为连接点。

③ 以 O 为圆心,R 为半径作圆弧 M_1M_2,即为所求的连接圆弧。

(2) 内连接两圆弧,如图 1-21 所示。

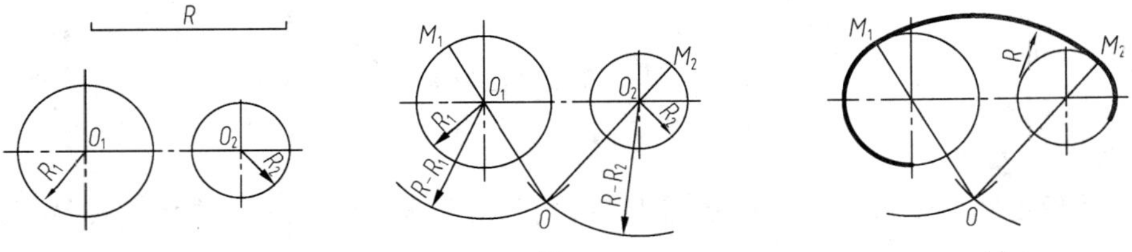

(a)　(b)　(c)

图 1-21　圆弧内连接两圆弧作法

① 求连接弧圆心。以 O_1 为圆心，$R-R_1$ 为半径画辅助圆弧，再以 O_2 为圆心，$R-R_2$ 为半径画辅助圆弧，两辅助圆弧交点 O 即为连接圆弧圆心。

② 求连接圆弧的连接点。连接 OO_1、OO_2 交于已知圆弧(外侧弧)得 M_1、M_2 即为连接点。

③ 以 O 为圆心，R 为半径作圆弧 M_1M_2，即为所求连接圆弧。

3. 圆弧连接直线和圆弧

如图 1-22 所示为圆弧连接直线和圆弧，作图方法如下：

(1) 求连接圆弧圆心。作相距已知直线为 R 的平行线，以 O_1 为圆心，$R+R_1$ 为半径画辅助圆弧，平行线与辅助圆弧的交点 O 即为连接圆弧的圆心。

(2) 求连接圆弧的连接点。从点 O 向已知直线作垂线得垂足 M_1，连接 OO_1 与已知圆弧相交得交点 M_2，即为连接圆弧的连接点。

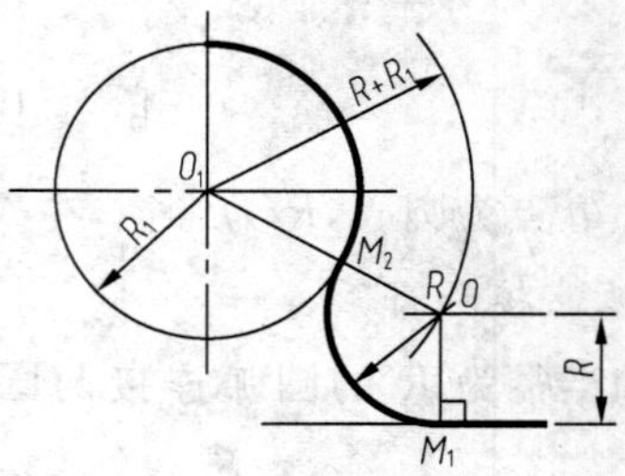

图 1-22　圆弧连接直线与圆弧作法

(3) 以 O 为圆心，R 为半径作圆弧 M_1M_2，即为所求的连接圆弧。

三、斜度和锥度

1. 斜度

斜度是指一直线对另一直线或一平面对另一平面的倾斜程度，在图样中以 $1:n$ 的形式标注。斜度的符号为"∠"。如图1-23所示为斜度 1:5 的作图方法和标注方法。符号"∠"倾斜方向应与标注的斜度方向一致。

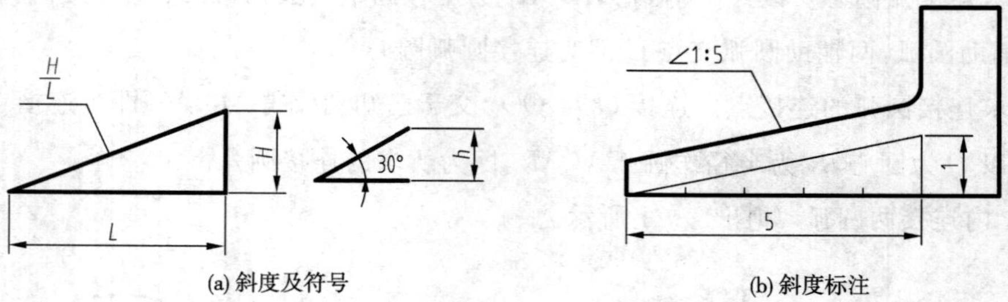

(a) 斜度及符号　(b) 斜度标注

图 1-23　斜度作法及标注

2. 锥度

锥度是指正圆锥的底圆直径与圆锥高度之比，在图样中以 $1:n$ 的形式标注。锥度的符号为"▷"(如图 1-24(a))。如图 1-24(b)所示为锥度 1:3 的作图方法和标注方法。符号"▷"所示方向应与标注的锥度方向一致。

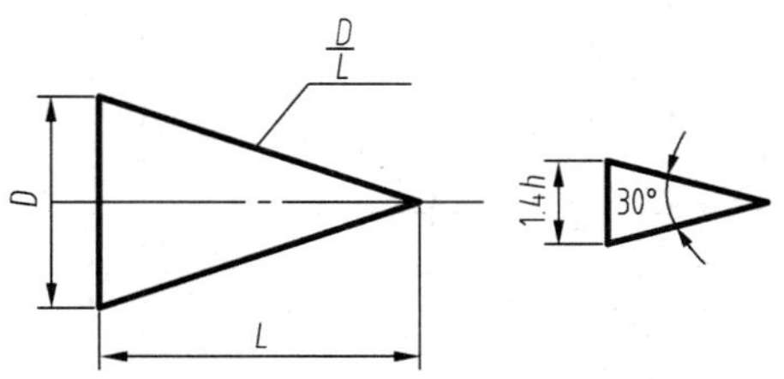

(a) 锥度及符号

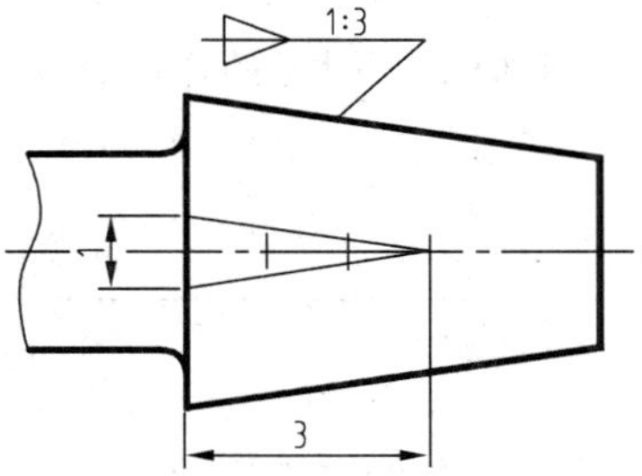

(b) 锥度标注

图1-24　锥度作法及标注

四、平面图形的分析和作图

平面图形需由许多线段连接而成，这些线段之间的相对位置和连接关系靠给定的尺寸来确定。因此，画平面图形时，只有通过对尺寸、线段和连接关系的分析，才能确定平面图形的作图方法和步骤。

1. 尺寸分析

平面图形中的尺寸，按其作用可分为两类：

(1) 定形尺寸　用于确定线段的长度、圆弧的半径、圆的直径和角度大小等的尺寸称为定形尺寸，如图 1-25 所示手柄平面图形中ϕ20、16、ϕ5、R15、R12、R50、R10 都是定形尺寸。

(2) 定位尺寸　用于确定线段在平面图形中所处位置的尺寸，称为定位尺寸，如图 1-25 中的尺寸 8 确定了ϕ5 的圆心位置；尺寸 45 间接地确定了 R50 的圆心位置，它们都是定位尺寸。

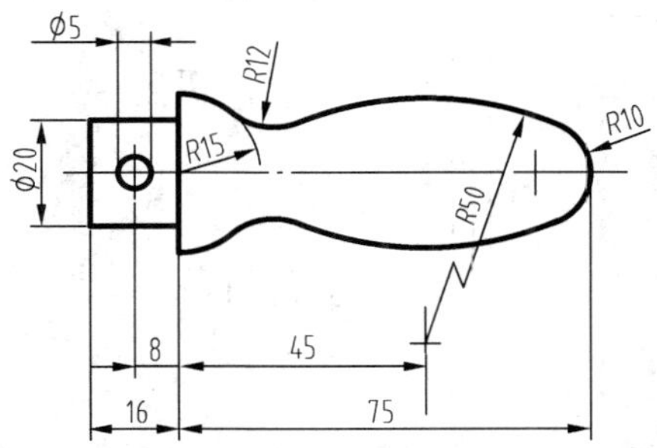

图 1-25　手柄平面图

2. 线段分析

平面图形中的线段，按其给定的尺寸是否完整，可分为三类：

(1) 已知线段　定形、定位尺寸全部都标注齐全的线段，如图 1-25 所示的ϕ20、16、ϕ5、R10 所画出的线段。

(2) 中间线段　有定形尺寸，但只具有一个定位尺寸的线段(定位尺寸不全)，如图 1-25 中的 R50 圆弧。

(3) 连接线段　只有定形尺寸，而没有定位尺寸的线段，如图 1-25 中的 R12 圆弧。

在作图时，由于已知线段的尺寸齐全，故可直接画出；中间线段虽然缺少一个定位尺寸，但它的一端总是和一条已知线段相连接，便可利用圆弧连接的条件画出；连接线段由于缺少定位尺寸，因此，必须借助于与它相连接的两端线段画好以后，再按照圆弧连接的条件才能画出来。所以,作平面图形时,应先画已知线段,再画中间线段,最后画连接线段。如图1-26所示是手柄平面图形的作图方法和步骤。

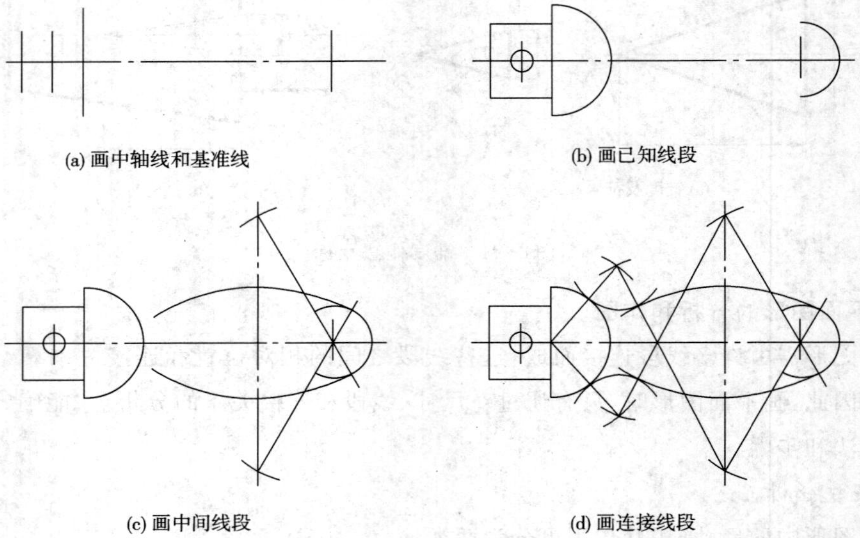

图1-26 手柄平面图形的作法与步骤

第五节 尺规绘图和徒手绘图方法

为了保证绘图质量,提高绘图速度,除了正确运用前面所学的知识和技能外,还需要有一个合理的绘图方法和工作程序,如尺规绘图的方法和步骤、徒手绘图的手法和技巧。

一、尺规绘图

尺规绘图就是用绘图工具和绘图仪器绘图,其步骤如下。

1. 准备工作

(1) 准备好绘图工具和仪器。准备必需的绘图工具和仪器、用品,将不同型号的铅笔按照要求削磨好。

(2) 选比例、定图幅。根据所绘图形的大小、复杂程度等,选好比例及图幅大小。

(3) 固定图纸。将图纸铺放在图板适当位置,用丁字尺校正水平位置,然后用透明胶带粘上固定。

2. 绘制底稿

(1) 按国家标准的相应规定,绘制图框线和标题栏。

(2) 布局、绘制各图形的基准线。根据图形的大小、尺寸标注情况,规划各图形的位置,并绘制各图形的基准位置线。

(3) 绘制底图。由主要轮廓到细节，以细、轻、准为要领绘制各图形。

(4) 校正底图，修正错误，擦去多余的图线。

3. 描深底图，标注尺寸

(1) 先将所有的圆、圆弧及曲线描深加粗。

(2) 然后用丁字尺自上而下地描深所有的水平线。

(3) 再用丁字尺和三角板配合从左到右描深全部垂直线。

(4) 最后描倾斜线。

(5) 标注尺寸。先绘制尺寸界线、尺寸线和箭头，后填写尺寸数字和符号。

4. 校核全图，注写必要的文字说明，填写标题栏并签名以表负责

二、徒手绘图

徒手绘制的图样也称为草图。它是以目测估计实物的形状、大小，按照大致比例徒手画出来的图样。在生产实践中，现场测绘机器的零、部件，讨论设计方案和交流技术思想，需要用徒手绘图的方法来记录和交流，因此，徒手绘图也是工程技术人员必备的基本技能。

徒手图虽然徒手绘制，但绝不能随意或潦草。徒手绘制的图样需要达到以下要求：图线清晰、图形准确、比例匀称、字体工整、图面整洁。下面介绍几种徒手绘图的方法和要领。

1. 握笔的方法

手握笔的位置要稍高一些，以利于运笔和观察目标。笔杆与纸面要保持 45°～60°。执笔要稳。

2. 直线的画法

画直线时，手腕贴着纸面，沿着画线方向移动，保证直线画得直。眼睛则要瞄准终点方向，以保证直线画得准。

画水平线时，由左向右运笔。为了顺手，可将图纸斜放，如图 1－27(a)所示；画垂直线时，由上而下运笔，如图 1－27(b)所示；画斜线时，由左下方向右上方或由左上方向右下方运笔，如图 1－27(c)所示；画短线时以手腕运笔，画长线时则以手臂动作。当直线较长时，可分段画出。

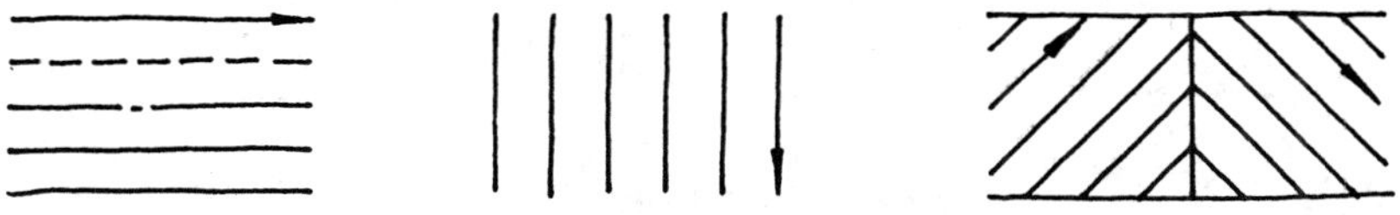

(a) 画水平线　　(b) 画垂直线　　(c) 画倾斜线

图 1－27　直线的徒手画法

3. 角度的画法

画 45°、30°、60°等角度的斜线时，可根据直角边的比例关系，在两直角边上定出两点，目

测后连接这两点，画出角度斜线，如图 1－28 所示。

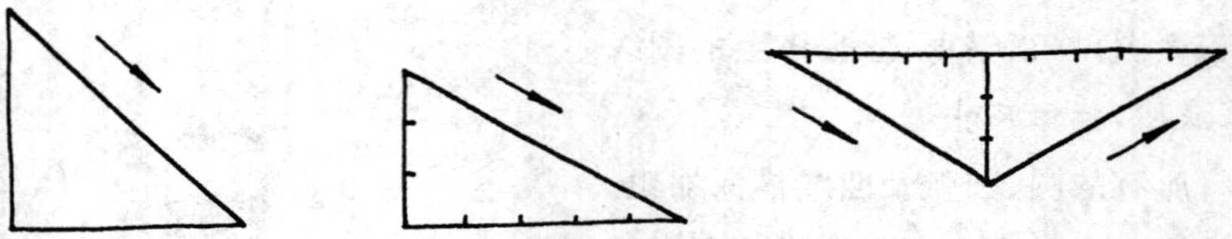

图 1－28　角度线的徒手画法

4. 圆的画法

画直径较小的圆时，先画中心线确定圆心，然后在中心线上按半径大小目测定出四个点，最后通过这四个点连线画成圆，如图 1－29(a)所示。

画直径较大的圆时，可通过中心点画 45°的相交线，形成“米”字状，按半径大小定出 8 点后连线画成圆，如图 1－29(b)所示。

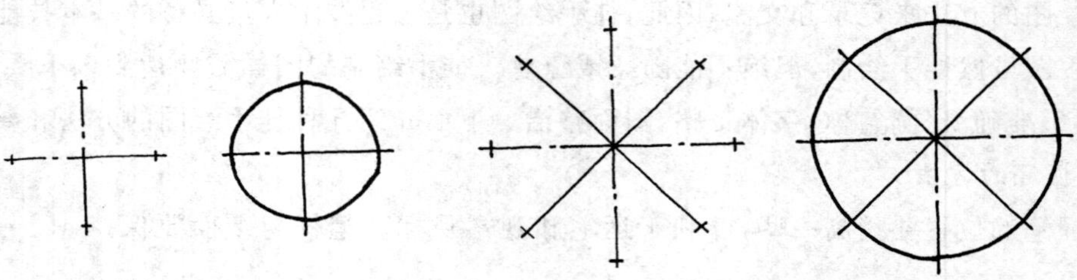

(a) 小圆画法　　(b) 大圆画法

图 1－29　圆的徒手画法

5. 圆角及其连接画法

圆角及其连接画法可利用圆弧与正方形、长方形相切的特点画图，如图1－30所示。

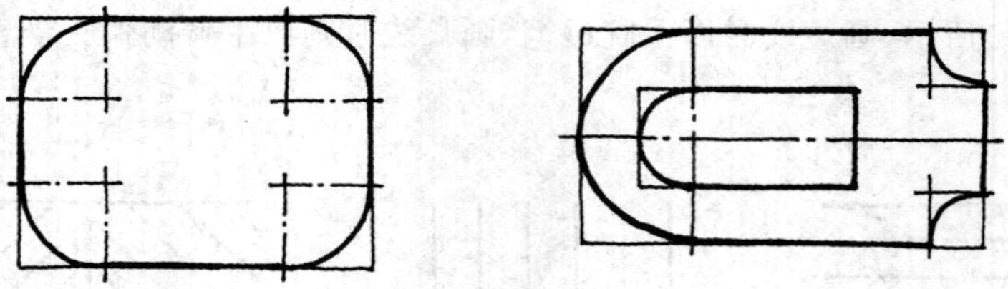

图 1－30　圆与圆角的连接画法

第二章 正投影基础

第一节　正投影法和三视图

一、投影法基本概念

物体在灯光或日光的照射下，就会在地面或墙壁上产生影子，这是一种自然投影现象。投影法就是将这种自然投影现象加以几何抽象而产生的。

投影法是投射线通过物体，向选定的面(投影面)投射，并在该面上得到图形的方法。根据投影法得到的图形称为投影(投影图)。

二、投影法的分类

投影法
- 中心投影法
- 平行投影法
  - 斜投影法
  - 正投影法

1. 中心投影法

投射线汇交于一点的投影法称为中心投影法，如图 2-1(a)所示。

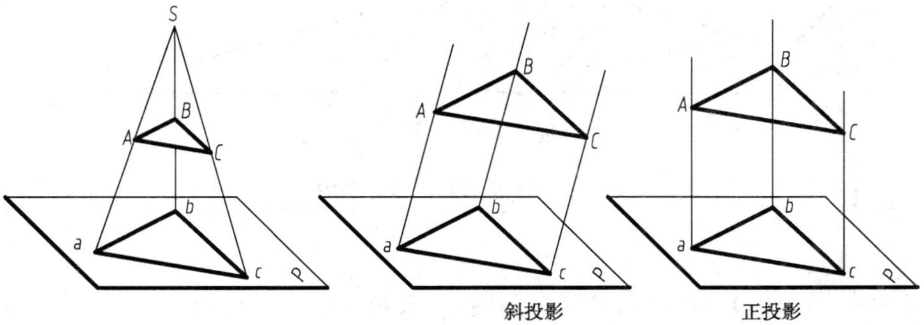

(a) 中心投影法　　(b) 平行投影法

图 2-1　投影法的分类

2. 平行投影法

投射线相互平行的投影法称为平行投影法。平行投影法按投射方向与投影面是否垂直，又分为斜投影法和正投影法两种，在工程中应用最普遍的是正投影法，如图 2-1(b)所示。

三、正投影的基本特性

正投影法中，物体上的平面和直线的投影有以下三个基本特性，如图 2-2 所示。

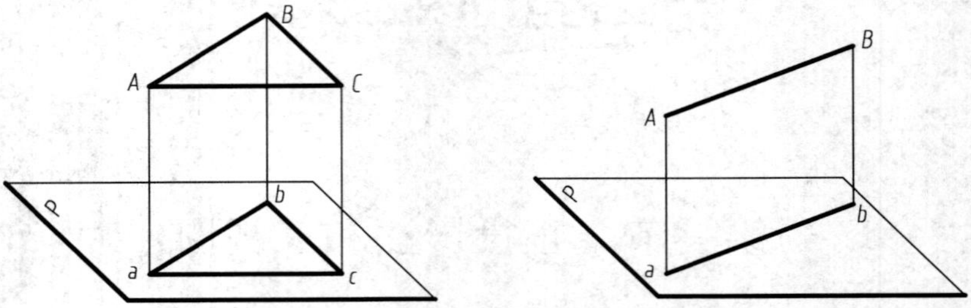

(a) 投影反映实形和实长

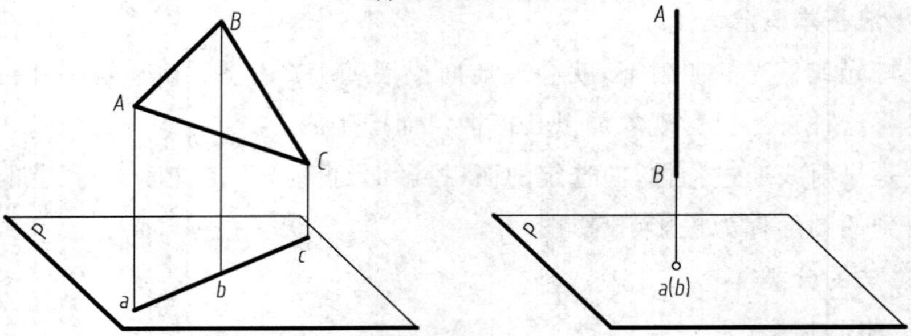

(b) 投影积聚为直线和点

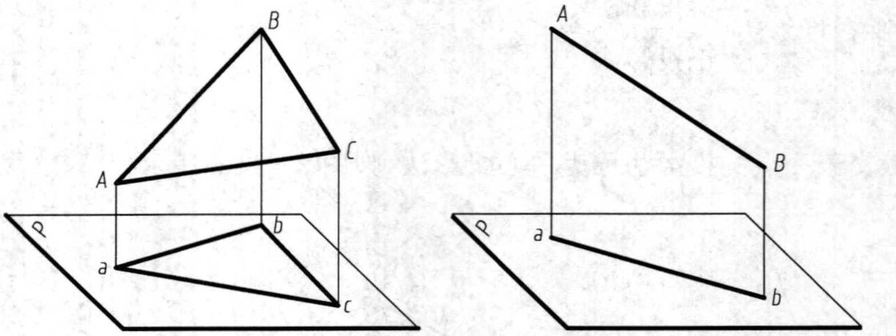

(c) 投影为类似形

图 2-2 正投影的基本特性

1. 实形性

平面图形(或直线)与投影面平行时，其投影反映平面图形的真实形状(或直线实际长度)，如图 2-2(a)所示。

2. 积聚性

平面图形(或直线)与投影面垂直时，其投影积聚为一条直线(或一点)，如图 2-2(b)

所示。

3. 类似性

平面图形(或直线)倾斜于投影面时,其投影面积缩小(或长度缩短),但投影的形状和原来的形状类似,如图 2-2(c)所示。

四、三视图的形成及其对应关系

1. 三视图的形成过程

(1) 三投影面体系的建立　三投影面体系由三个互相垂直的投影面所组成,如图 2-3(a)。三个投影面分别为:

正立投影面,简称正面,用 V 表示;

水平投影面,简称水平面,用 H 表示;

侧立投影面,简称侧面,用 W 表示。

互相垂直的投影面之间的交线,称为投影轴。它们分别是:

OX 轴(简称 X 轴),是 V 面与 H 面的交线,代表长度方向;

OY 轴(简称 Y 轴),是 H 面与 W 面的交线,代表宽度方向;

OZ 轴(简称 Z 轴),是 V 面与 W 面的交线,代表高度方向。

三投影轴互相垂直相交,其交点 O 称为原点。

(2) 物体在三投影面体系中的投影　将物体放置在三投影面体系中,用正投影法向各投影面进行投影,可分别得到物体的正面投影、水平投影和侧面投影,如 2-3(a)所示。

(3) 三投影面的展开　为了画图方便,需要将互相垂直的三个投影面摊平在一个平面上,并规定:正立投影面不动,将水平投影面绕 OX 轴向下旋转 90°,将侧立投影面绕 OZ 轴向右旋转 90°,如图 2-3(b)所示,分别与正立投影面形成一个平面,因而得到一个平面上的三投影图,如图 2-3(c)所示。水平投影面和侧立投影面旋转时,OY 轴被分开为两处,H 面上用 OY_H 表示、W 面上用 OY_W 表示。

在工程制图中,我们把物体在投影面上的投影称为视图。正立投影面上的投影称为主视图,水平投影面上的投影称为俯视图,侧立投影面上的投影称为左视图。

2. 三视图之间的对应关系

(1) 三视图的位置关系　以主视图为准,俯视图在主视图的正下方,左视图在主视图的正右方。

(2) 三视图的"三等"关系　从三视图的形成过程中可以看出:

主视图反映物体的长度和高度;

俯视图反映物体的长度和宽度;

左视图反映物体的高度和宽度。

由此归纳得出:

主、俯视图长对正(等长);

主、左视图高平齐（等高）；

俯、左视图宽相等（等宽）。

绘图时，物体的三视图都要符合“长对正，高平齐，宽相等”的“三等”投影规律，如图 2－3(d)所示。

(3) 视图与物体的方位关系　所谓方位关系，就是指以物体的正面投影方向（即主视图的投影方向）为准，来观察分析物体的上、下、左、右、前、后六个方位在三视图中的对应关系，如图 2－3(d)所示。

主视图反映物体的上、下和左、右；

俯视图反映物体的左、右和前、后；

左视图反映物体的上、下和前、后。

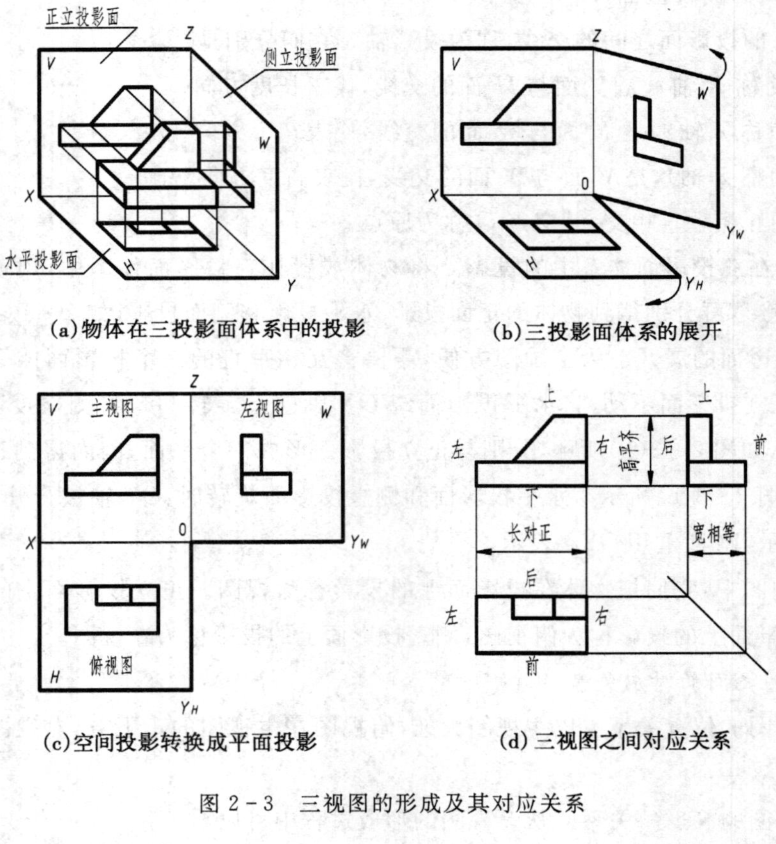

(a)物体在三投影面体系中的投影　(b)三投影面体系的展开

(c)空间投影转换成平面投影　(d)三视图之间对应关系

图 2－3　三视图的形成及其对应关系

3．三视图的作图方法和步骤

根据物体（或轴测图）画三视图时，应先选好各视图的投影方向，尤其是主视图的投影方向，然后放正物体，使物体的主要特征表面尽量平行于投影面，再根据视图的大小选择图纸幅面，在图纸上画出三视图的基准定位线（基准定位线一般由对称线、中心线和轴线、直线段组成）。

画图时，三视图的各个对应部分，其投影都必须符合“长对正、高平齐、宽相等”的关系。各视图中的对称线、中心线、轴线不可漏画。三视图的具体作图步骤如图 2 - 4 所示。

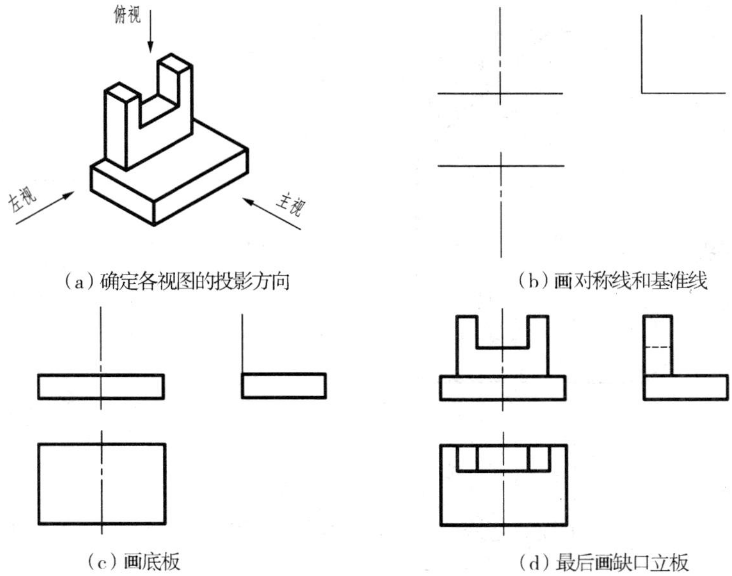

（a）确定各视图的投影方向　　（b）画对称线和基准线

（c）画底板　　（d）最后画缺口立板

图 2 - 4　三视图画法步骤

第二节　点的投影

点是构成立体表面最基本的几何元素。为了正确地画出物体的投影，必须首先掌握点的投影及其规律。

一、点在三投影面体系中的投影

在三投影面体系内有一点 A，根据正投影法，点 A 在三个投影面上的投影分别用 a（水平投影）、a'（正面投影）、a''（侧面投影）表示，如图 2 - 5(a)所示。

根据三视图的形成，得到点 A 的各投影后，V 面不动，分别将 H、W 面绕投影轴 OX、OZ 各旋转 90°，和 V 面处于同一平面。展开时，OY 轴分开形成 OY_H 和 OY_W，展开后，它们分别与 OZ 和 OX 轴在同一直线上，如图 2 - 5(b)所示。

二、点的投影规律

如图 2 - 5 所示，在点的投影图中，点的每一个投影都反映两个坐标，而每两个投影都反映一个相同的坐标。

通过分析点在三投影面体系中得到投影图的过程，可得出点的投影规律：

① 点的正面投影和水平投影的连线垂直于 OX 轴，$aa' \perp OX$；

② 点的正面投影和侧面投影的连线垂直于 OZ 轴，$a'a'' \perp OZ$；

③ 点的水平投影到 OX 轴的距离等于点的侧面投影到 OZ 轴的距离，即 $aa_X = a''a_z$。

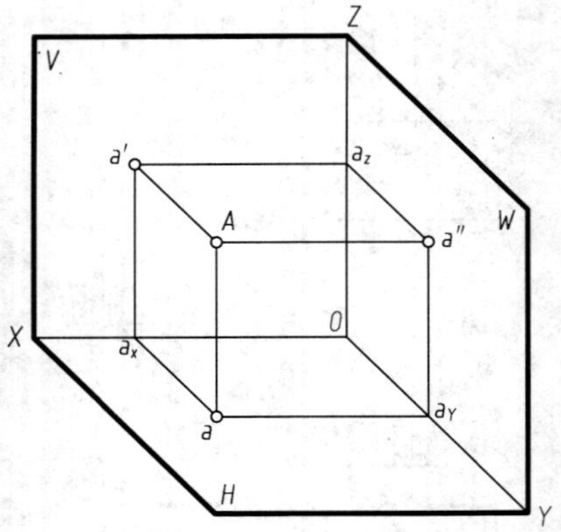

(a)

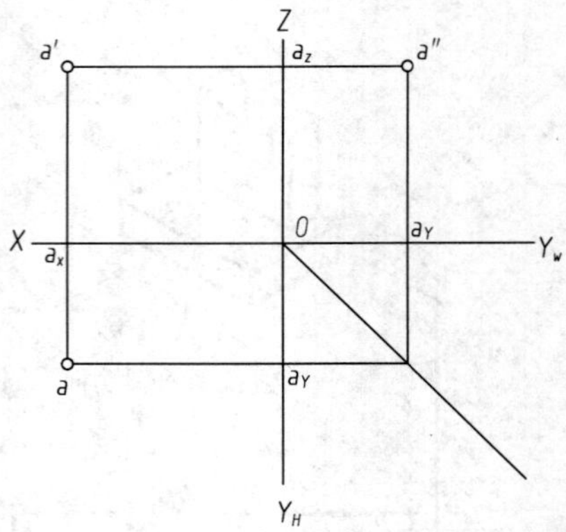

(b)

图 2-5　点的投影

【例 2-1】 如图 2-6(a)所示，已知点的正面投影 a' 和水平投影 a，求作其侧面投影 a''。

作图：

作 $\angle Y_H O Y_W$ 的角平分线；

过 a 作 OY_H 的垂线，并延长使其与角平分线相交，自交点作 OY_W 的垂线，与过 a' 所作 OZ 的垂线相交得 a''，如图 2-6(b)所示。

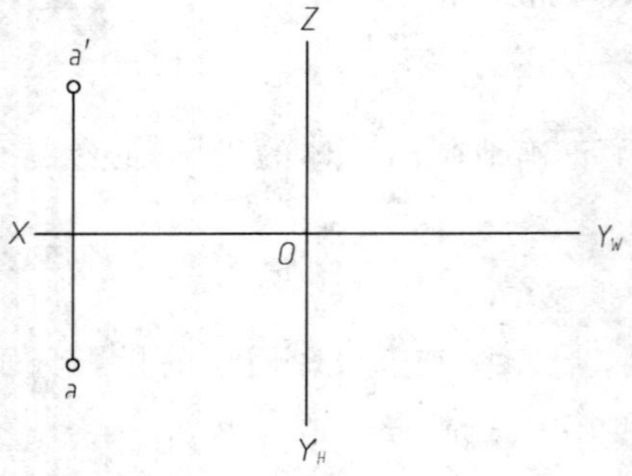

(a)

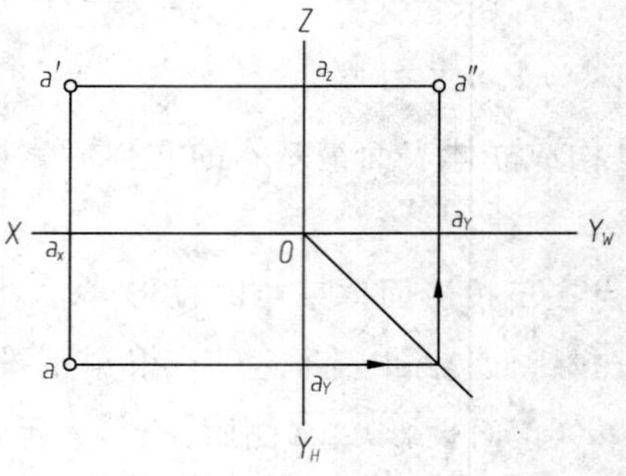

(b)

图 2-6　求点的第三投影

三、点的投影及其坐标的关系

如图 2-7 所示，点的空间位置可由点到三个投影面的距离来确定。如果将三个投影面作为三个坐标面，投影轴作为坐标轴，则点的投影和点的坐标关系如下：

点 A 到 W 面的距离(X_A)为：$Aa'' = a_X O = a'a_Z = aa_Y = X$ 坐标；

点 A 到 V 面的距离(Y_A)为：$Aa' = a_Y O = a''a_Z = aa_X = Y$ 坐标；

点 A 到 H 面的距离(Z_A)为:$Aa=a_ZO=a''a_Y=a'a_X=Z$ 坐标。

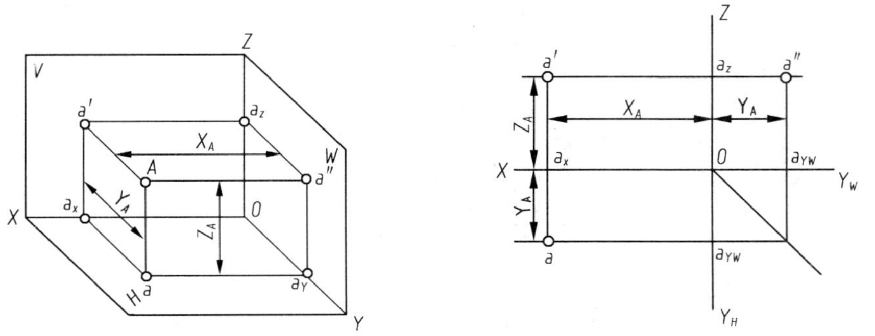

图 2-7　点的投影及其坐标的关系

点的空间位置可由该点的坐标(X、Y、Z)确定。点 A 三投影的坐标分别为 a(X、Y),a'(X、Z),a''(Y、Z)。任一投影都包含了两个坐标,所以一点的两个投影就包含了确定该点空间位置的三个坐标,即确定了点的空间位置。

【例 2-2】已知空间点B 的坐标为 $X=12,Y=10,Z=15$,也可写成B(12,10,15)。求作点 B 的三个投影。

作图:

① 画投影轴,在 OX 轴上从 O 点向左量取 12,定出 b_X,过 b_X 作OX 轴的垂线,如图 2-8(a)所示。

② 在 OZ 轴上从 O 点向上量取 15,定出 b_Z,过 b_Z 作 OZ 轴垂线,两条线交点即为 b',如图 2-8(b)所示。

③ 在 $b'b_X$ 的延长线上,从 b_X 向下量取 10 得 b;在 $b'b_X$ 的延长线上,从 b_Z 向右量取 10 得 b''。b'、b、b''即为点 B 的三面投影,如图 2-8(c)所示。

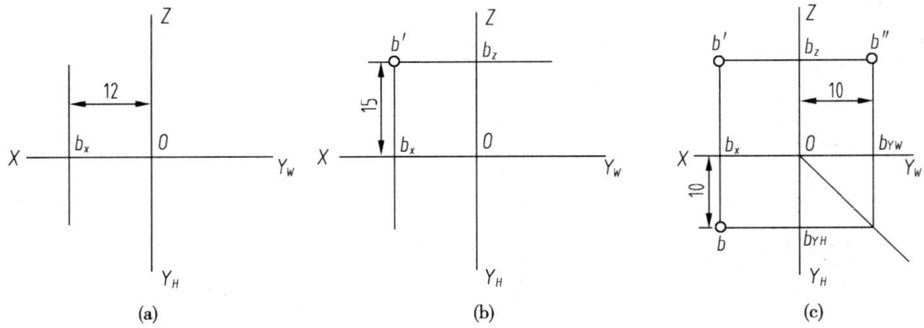

图 2-8　由点的坐标作点的三面投影

四、两点的相对位置及重影点

两点在空间的相对位置,可以由两点的坐标关系确定,如图 2-9 所示。

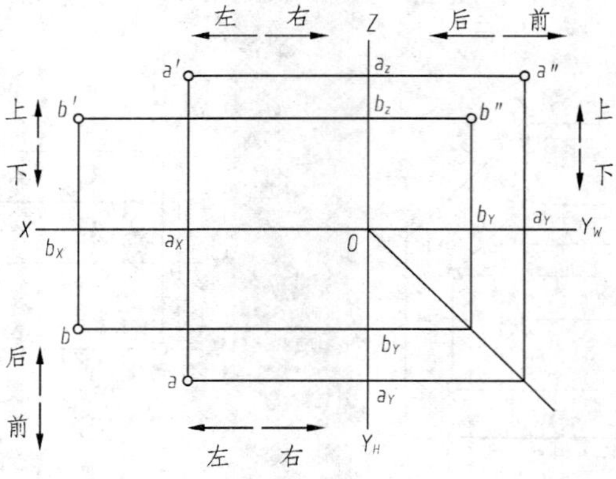

图 2-9 两点的相对位置

两点的左、右相对位置由 X 坐标确定，X 坐标值大者在左，故点 B 在点 A 左方；

两点的前、后相对位置由 Y 坐标确定，Y 坐标值大者在前，故点 A 在点 B 前方；

两点的上、下相对位置由 Z 坐标确定，Z 坐标值大者在上，故点 A 在点 B 上方。

【例 2-3】如图 2-10(a)所示，已知空间点 $A(7,12,6)$，点 B 在点 A 的左方 5，后方 6，上方 4。求作点 B 的三面投影。

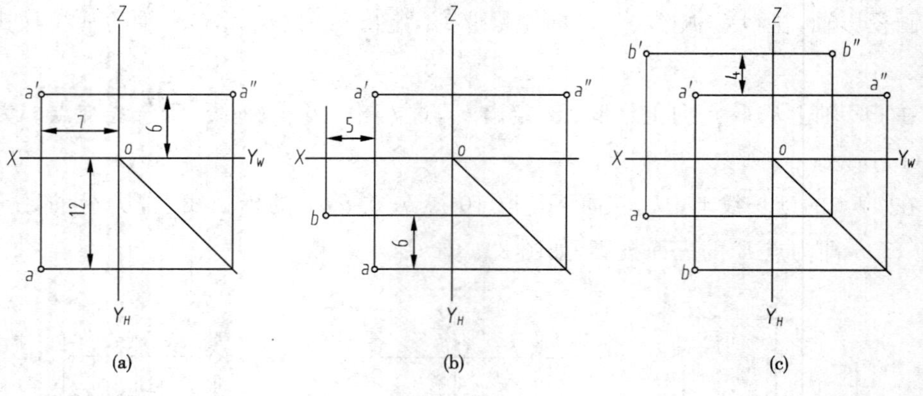

图 2-10 求作点 B 的三面投影

分析：点 B 在点 A 的左方和上方，说明点 B 的 X、Z 坐标大于点 A 的 X、Z 坐标；点 B 在点 A 的后方，说明点 B 的 Y 坐标小于点 A 的 Y 坐标。根据两点的坐标差作出点 B 的三面投影。

作图：

① 根据点 A 的三坐标作出其三面投影 a、a'、a''，如图 2-10(a)所示。

② 沿 X 轴方向量取 12(7+5)作 X 轴垂线，沿 Y 轴方向量取 6(12−6)作 Y_H 轴的垂线，与 X 轴的垂线相交，交点为点 B 的 H 面投影 b，如图 2-10(b)所示。

③ 沿 Z 轴方向量取 10(6+4)作 Z 轴垂线，与 X 轴的垂线相交，交点为点 B 的 V 面投影 b'。再作出 b''，完成点 B 的三面投影，如图 2－10(c)所示。

如图 2－11 所示，如果点 A 和点 B 的 X、Y 坐标相同，只是点 A 的 Z 坐标小于点 B 的 Z 坐标，则 A、B 两点的 H 面投影 a 和 b 重合在一起，V 面投影 b' 在 a' 之上，且在同一条 OX 轴的垂线上，W 面投影 b'' 在 a'' 之上，且在同一条 OY_W 轴的垂线上。此时点 B 和点 A 的 H 面投影重合，称为 H 面的重影点。重影点在标注时，将坐标小的点的投影加括号，如点 A 的 Z 坐标小，其水平投影为不可见，用(a)表示。

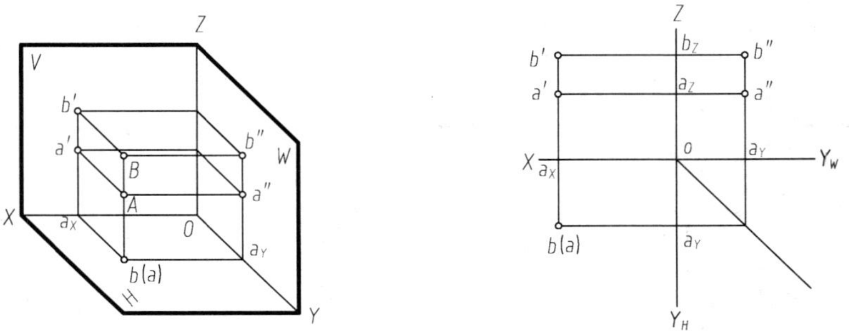

(a)　　　　(b)

图 2－11　重影点的投影

第三节　直线的投影

直线的投影一般情况下仍为直线，特殊情况下积聚为点。

直线由两点确定，因此，它的投影由直线上两点的同面投影的连线来确定，如图 2－12 所示。

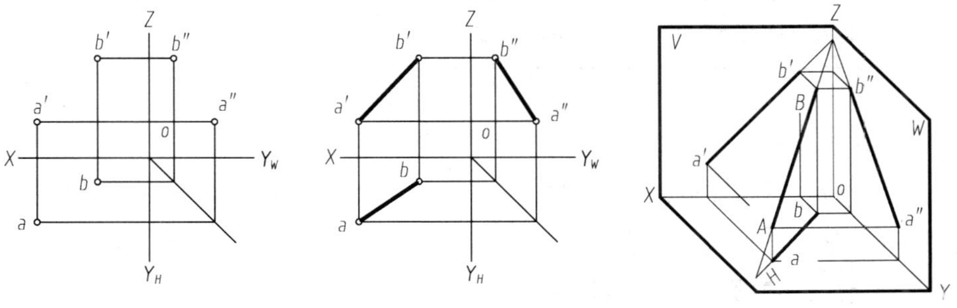

(a)　　　　(b)　　　　(c)

图 2－12　直线的三面投影

一、各种位置直线及其投影特性

在三投影面体系中，直线相对于投影面有三种位置。

1. 投影面垂直线

垂直于一个投影面而平行于另外两个投影面的直线叫投影面垂直线。根据所垂直的投影面不同，又分为正垂线（垂直于 V 面）、铅垂线（垂直于 H 面）、侧垂线（垂直于 W 面）。各种投影面垂直线的投影及投影特性见表2-1。

表 2-1 投影面垂直线

铅垂线	正垂线	侧垂线
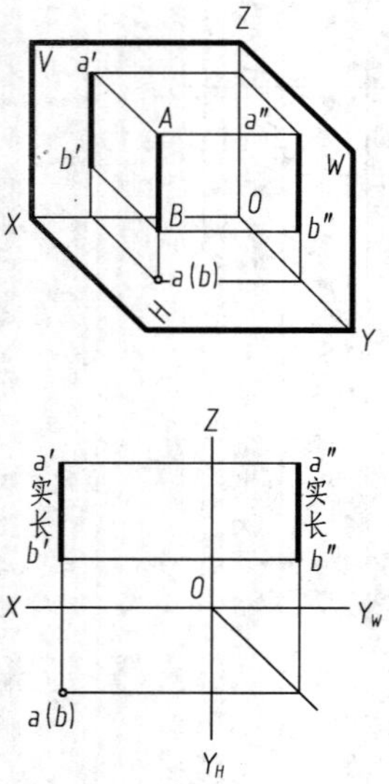	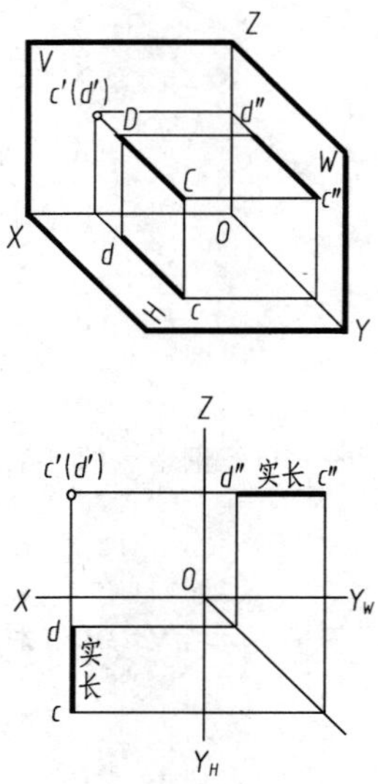	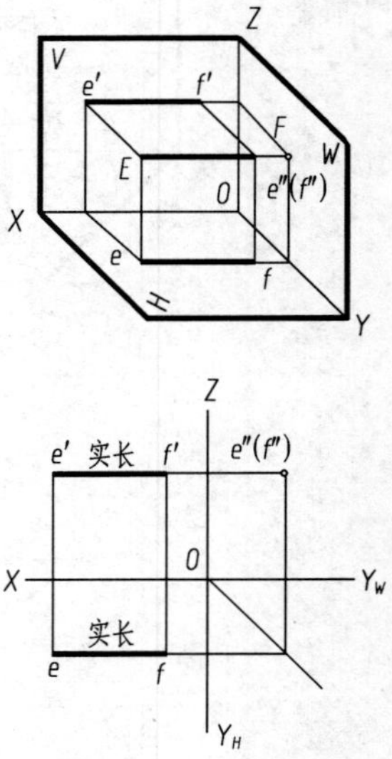

投影特性：

投影面垂直线在所垂直的投影面上的投影必积聚成为一个点；

另外两个投影都反映线段实长，且垂直于相应投影轴。

2. 投影面平行线

平行于一个投影面，而倾斜于另外两个投影面的直线叫投影面平行线。根据所平行的投影面不同，又分为正平线（平行于 V 面）、水平线（平行于 H 面）、侧平线（平行于 W 面）。各种投影面平行线的投影及投影特性见表2-2。

3. 一般位置直线

相对三个投影面都倾斜的直线叫一般位置直线。由于一般位置直线同时倾斜于三个投影面，故有如下投影特性，如图 2-13 所示。

表 2－2　投影面平行线

水　平　线	正　平　线	侧　平　线
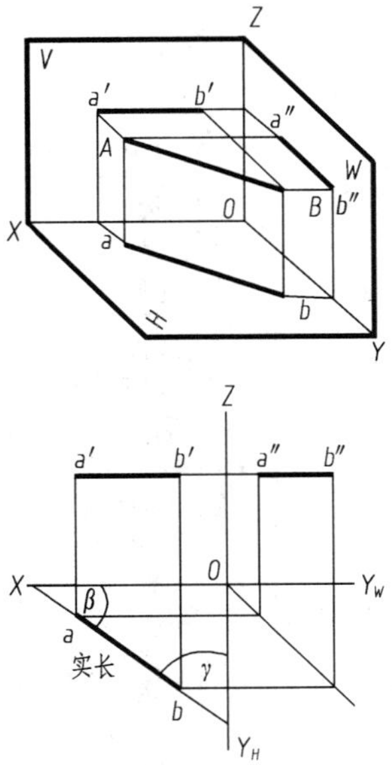	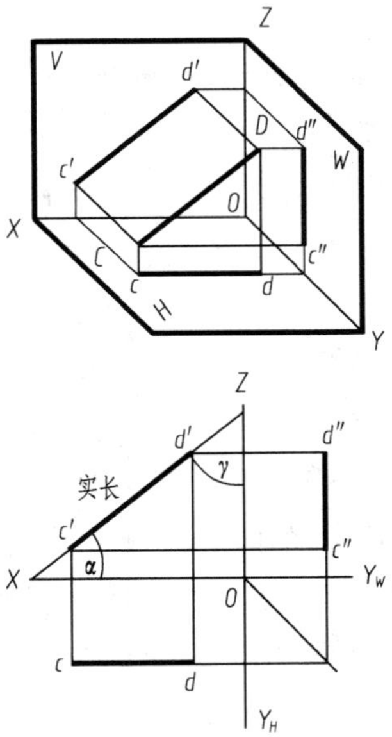	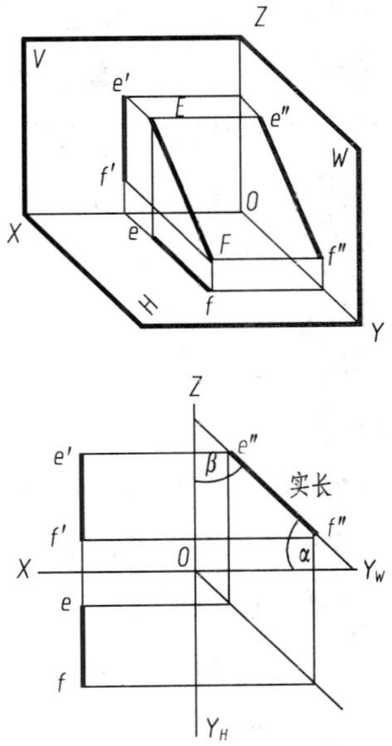

投影特性：

投影面平行线的三个投影都是直线，其中在与直线平行的投影面上的投影反映线段实长，而且与投影轴线倾斜，与投影轴的夹角等于直线对另外两个投影面的实际倾角；

另外两个投影都短于线段实长，且分别平行于相应的投影轴，其到投影轴的距离，反映空间线段到线段实长投影所在投影面的真实距离。

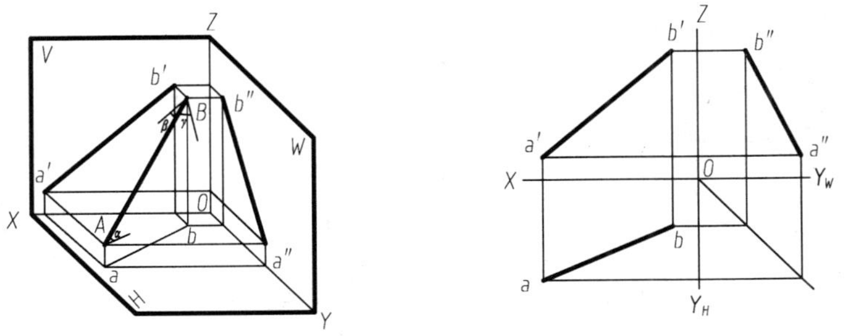

(a)　　　　　　(b)

图 2－13　一般位置直线

① 直线的三面投影都倾斜于投影轴，它们与投影轴的夹角均不反映该直线对投影面的倾角（直线对 H、V、W 面的倾角分别用 α、β、γ 表示）；

② 直线的三面投影的长度都小于实长，其投影长度与直线对各投影面的倾角有关，即 $ab=AB\cos\alpha$，$a'b'=AB\cos\beta$，$a''b''=AB\cos\gamma$。

二、求一般位置直线的实长及其对投影面的倾角

一般位置直线的投影在投影图上不反映直线的实长和对投影面的倾角，但在工程上常要求在投影图上用作图的方法解决这类度量问题。求作直线的实长及其对投影面的倾角的方法有直角三角形法和旋转法等。

1. 直角三角形法

如图 2-14(a)所示，AB 是一般位置直线，过 A 作 $AB_0 /\!/ ab$，得一直角三角形 ABB_0，它的斜边 AB 为其实长，$AB_0=ab$，BB_0 为两端点 A、B 的 Z 坐标差（Z_B-Z_A），AB 与 AB_0 的夹角即为 AB 对 H 面的倾角。由此可见，根据一般位置直线 AB 的投影，求实长和对 H 面的倾角，实际上就是求直角三角形 ABB_0 的实形。

求作直线 AB 的实长和对 H 面的倾角 α 可用下列两种方法作图，如图2-14(b)所示。

① 作 H 面投影 ab 的垂线 bB_0，量取 $bB_0=Z_B-Z_A$，则 aB_0 即为所求直线 AB 的实长，$\angle B_0ab$ 为倾角 α。

② 过 a' 作 X 轴的平行线，与 $b'b$ 相交于 b_0（$b'b_0=Z_B-Z_A$），在 $a'b_0$ 的延长线上量取 $b_0A_0=ab$，则 $b'A_0$ 也是所求直线 AB 的实长，$\angle b'A_0b_0$ 为倾角 α。

同理，要求作直线 AB 对 V 面的倾角 β 时，过 A 作 $AB_1 /\!/ a'b'$，得另一直角三角形 ABB_1，如图 2-14(a)，一直角边 $BB_1=Y_B-Y_A$。可在 V 面投影上作出此直角三角形的实形 $a'b'A_0$，如图 2-14(c)。A_0b' 为直线 AB 的实长，$\angle a'b'A_0$ 为直线 AB 对 V 面的倾角 β。

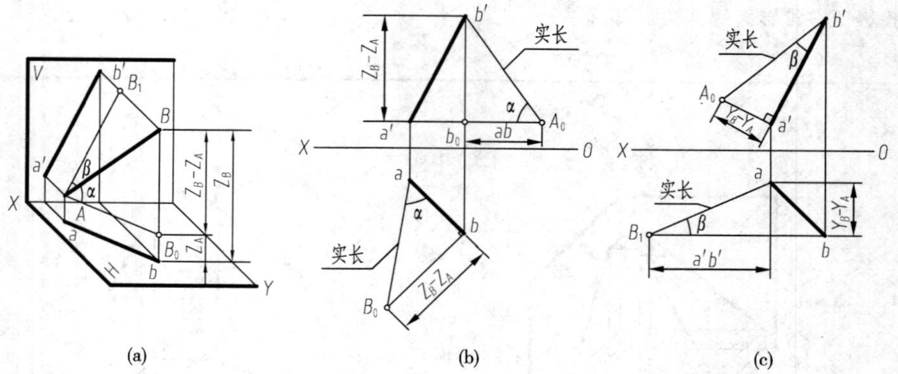

图 2-14　直角三角形法求一般位置直线的实长及倾角

【例 2-4】已知直线 AB 的 V、H 面投影，求出直线 AB 上距 A 点 15mm 的 C 点的两投影（图 2-15）。

分析：因为 AB 为一般位置直线，不能在它的两面投影上直接确定 C 点，必须先作出 AB

的实长，在实长上定出 C 点，再返回 AB 的两面投影上。

① 以 V 面投影 $a'b'$ 为一直角边，过 a' 作 $a'A_1 \perp a'b'$，取 $a'A_1 = Y_B - Y_A$，连线 $A_1b' = AB$。

② 在 A_1b' 上自 A_1 量取 15mm 得 C_1 点。

③ 过 C_1 点作 A_1a' 的平行线与 $a'b'$ 交于 c'，并由此作出 c。

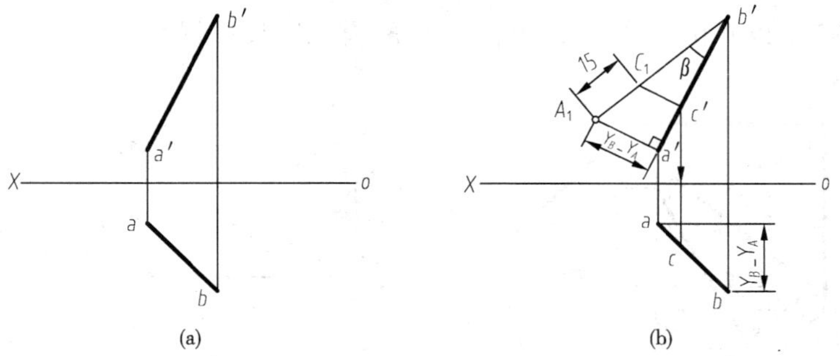

图 2-15　在一般位置直线上求定点的投影

2. 旋转法

如果投影面保持不变，而将空间的直线或平面绕一指定轴旋转，使该直线或平面对投影面处于平行的位置进行作图，这种投影变换的方法称为旋转法。这里仅介绍以投影面垂直线为旋转轴时的情况。

如图 2-16(a)所示，以过 A 点的铅垂线为轴，将一般位置直线 AB 旋转与 V 面平行的位置，这时 A 点的位置不变，将 B 点旋转到 B_1 的位置，使 AB_1 平行于 V 面，则 AB 在 V 面上的新投影即为实长，$a'b'_1$ 与水平线的夹角为直线对 H 面的倾角 α。

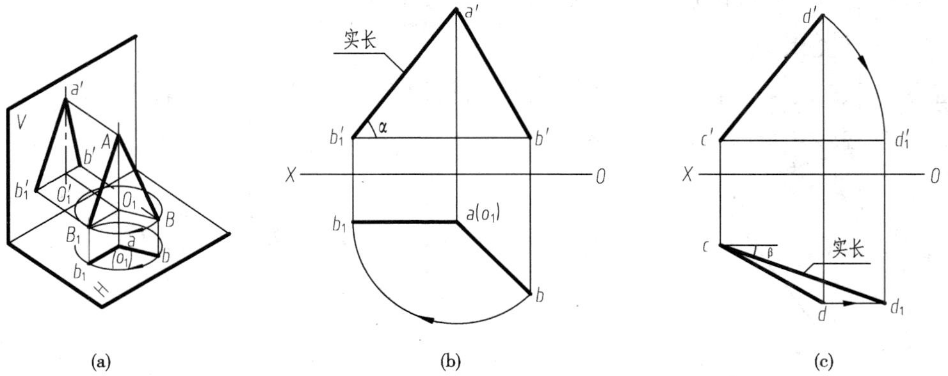

图 2-16　旋转法求一般位置直线的实长及倾角

用旋转法求作一般位置直线 AB 的实长及对 H 面的倾角 α 的作图步骤如图 2-16(b)所示。

① 以 a 为圆心，ab 为半径作圆弧，将 b 旋转到 b_1，使 $ab_1 /\!/ X$ 轴。

② 自 b_1 作 X 轴的垂线，再过 b' 作 X 轴的平行线，它们相交于 b'_1。

③ 连 $a'b'_1$ 即为 AB 的实长，$\angle a'b'_1b'=\alpha$。

图 2－16(c)所示为以过 C 点的正垂线为轴，用旋转法求作直线 CD 的实长及其对 V 面的倾角 β 的作图方法。

三、直线上取点

从图 2－17 可以看出，直线 AB 上任一点 K 有以下投影特性：

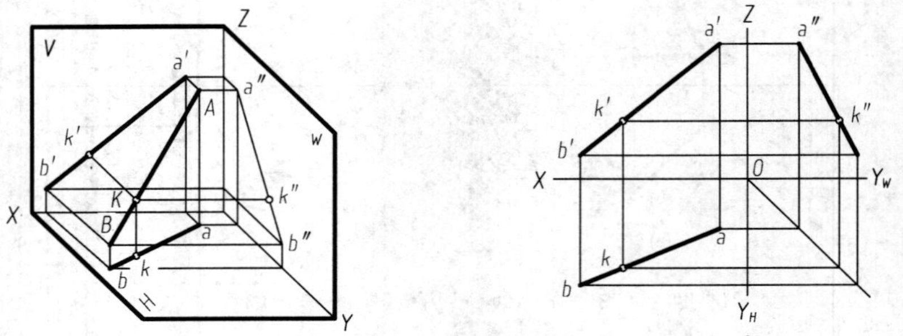

(a) (b)

图 2－17　直线上点的投影

① 点在直线上，则点的各个投影必定在直线的同面投影上。点 K 的投影 k、k'、k'' 分别在 ab、$a'b'$、$a''b''$ 上。

② 直线被点分割的两条线段长度之比等于其投影长度之比。点 K 在直线 AB 上，则 $AK:KB=ak:kb=a'k':k'b'=a''k'':k''b''$。

四、两直线的相对位置

空间两直线的相对位置有平行、相交和交叉三种情况。

1. 平行两直线

若空间两直线互相平行，则它们的各同面投影必定互相平行。如图 2－18 所示，$AB//CD$，则 $ab//cd$、$a'b'//c'd'$、$a''b''//c''d''$。

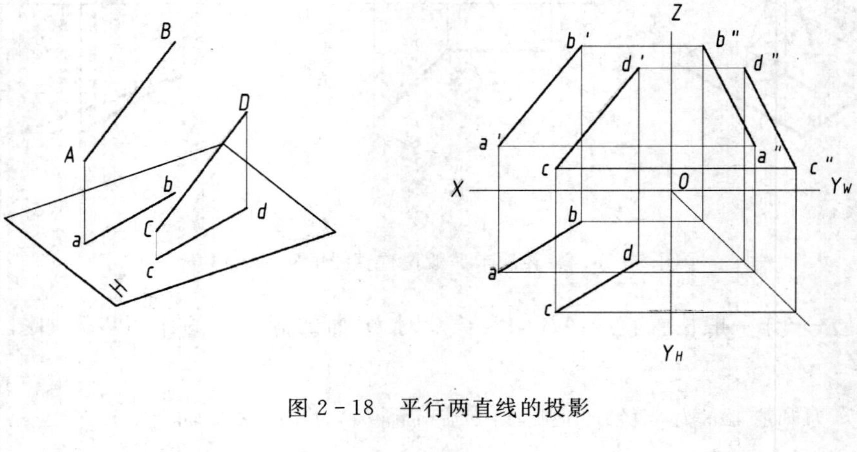

图 2－18　平行两直线的投影

反之，如果两直线的各同面投影互相平行，则两直线在空间也必定平行。

2. 相交两直线

若空间两直线相交，则它们的各同面投影必定相交，交点为两直线的共有点，且交点应符合点的投影规律。

如图 2－19 所示，直线 AB 和 CD 相交于点 K，点 K 是直线 AB 和 CD 的共有点，则两直线的各组同面投影的交点 k、k'、k''必定是空间交点 K 的投影。反之，若两直线的各同面投影相交，且交点符合点的投影规律，则此两直线在空间必定相交。

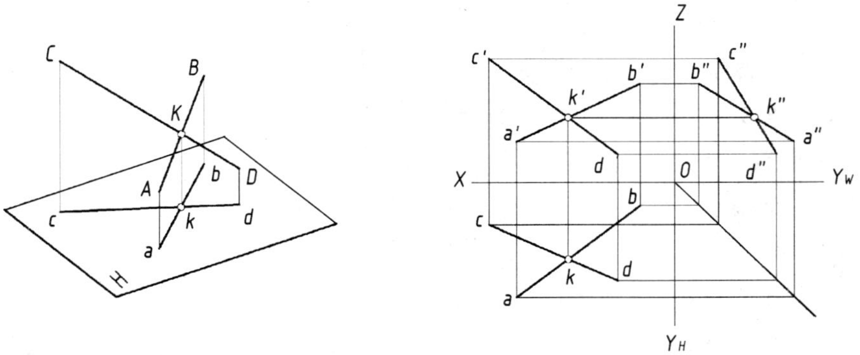

图 2－19　相交两直线的投影

3. 交叉两直线

在空间既不平行也不相交的两直线，称为交叉两直线，如图 2－20 所示。

交叉两直线的各同面投影虽然相交，但其交点不符合点的投影规律，该所谓交点实际上是两直线上的点在空间的投影重合点，既重影点。利用重影点可判别两直线投影的可见性。

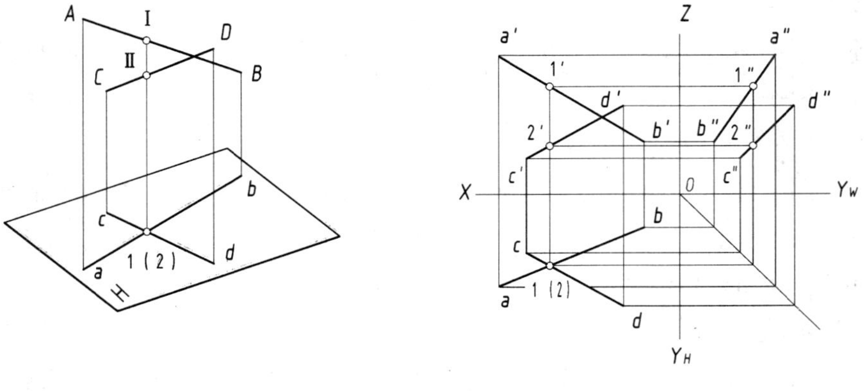

图 2－20　交叉两直线及重影点的投影

第四节 平面的投影

一、平面的表示法

平面可由下列任一组几何元素来确定(如图 2-21 所示):

① 不在一直线上的三个点;

② 一直线和直线外的一个点;

③ 相交两直线;

④ 平行两直线;

⑤ 任意平面图形。

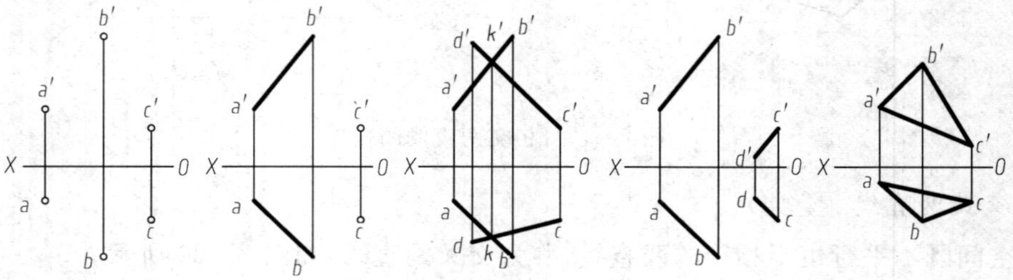

图 2-21 平面的表示法

以上五种情况可以相互转化,其中最常用的表示法是用平面图形表示平面。

二、各种位置平面及其投影特性

在三面投影体系中,平面对投影面的相对位置有三种:投影面的平行面、投影面的垂直面和一般位置平面。

1. 投影面平行面

平行于一个投影面,而垂直于另外两个投影面的平面叫投影面平行面。根据所平行的投影面不同,又分为正平面(平行于 V 面)、水平面(平行于 H 面)、侧平面(平行于 W 面)。各种平行位置平面的投影及投影特性见表 2-3。

2. 投影面垂直面

垂直于一个投影面,倾斜于另外两个投影面的平面叫投影面垂直面。根据所垂直的投影面不同,又分为正垂面(垂直于 V 面)、铅垂面(垂直于 H 面)、侧垂面(垂直于 W 面)。各种垂直位置平面的投影及投影特性见表 2-4。

表 2-3　投影面平行面

正　平　面	水　平　面	侧　平　面
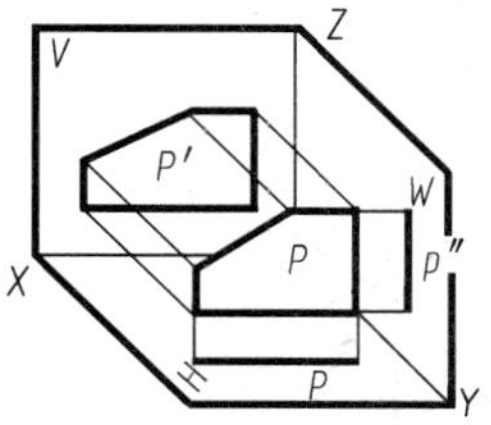	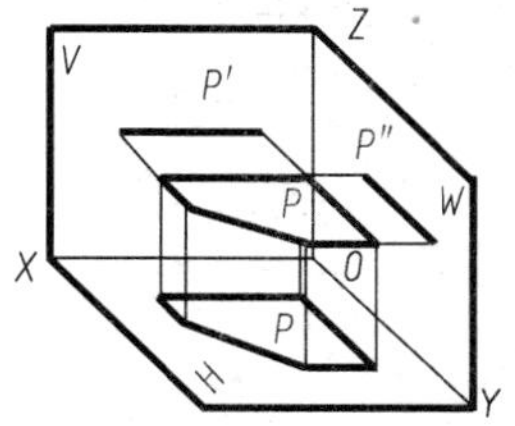	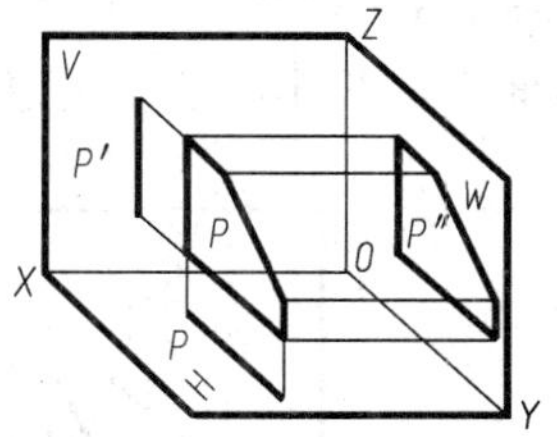
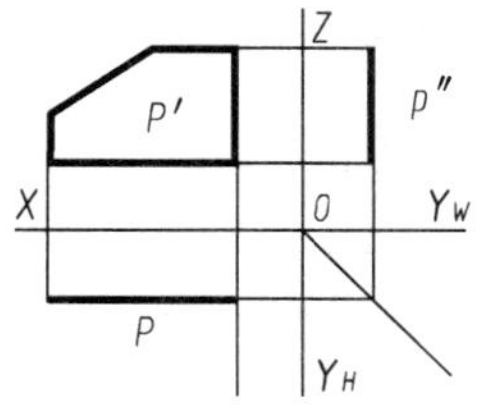	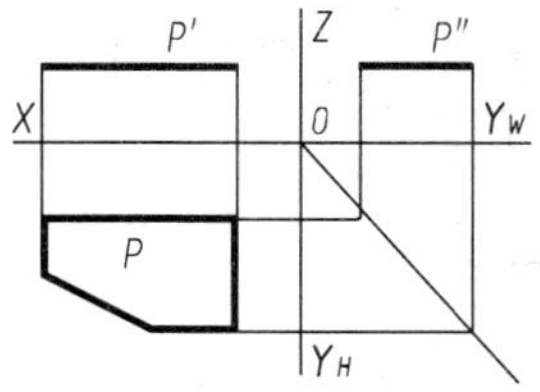	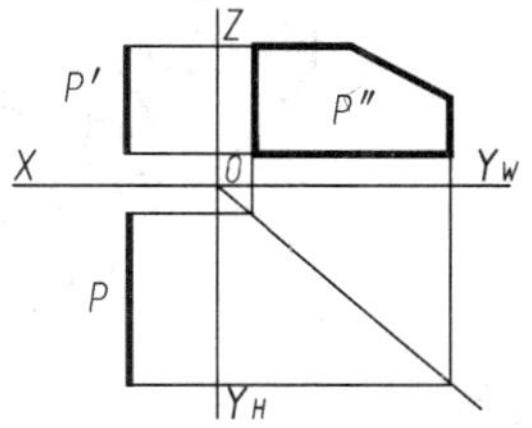

投影特性：

在与平面平行的投影面上，该平面的投影反映实形；

其余两个投影为水平线段或铅垂线段，都具有积聚性。

表 2-4　投影面垂直面

正　垂　面	铅　垂　面	侧　垂　面
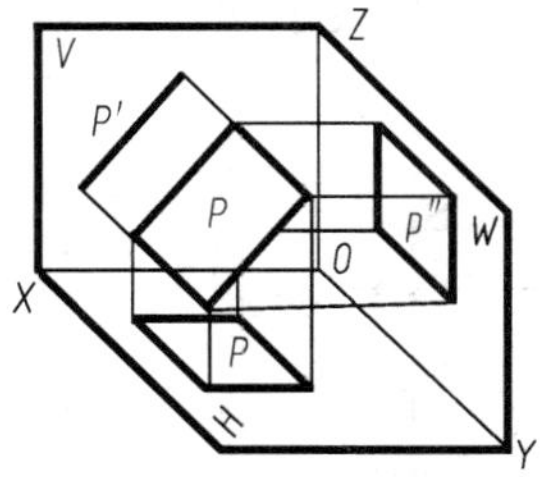	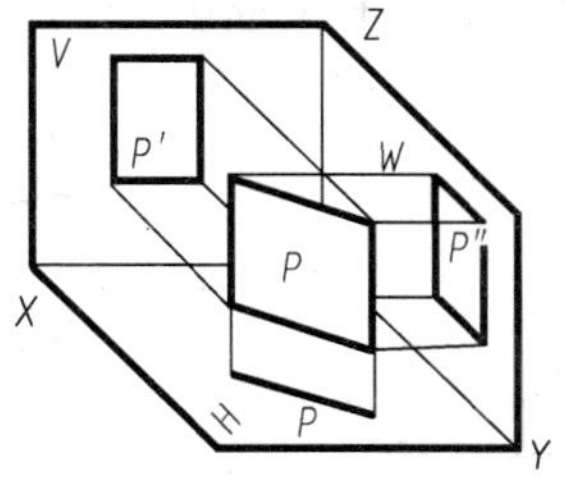	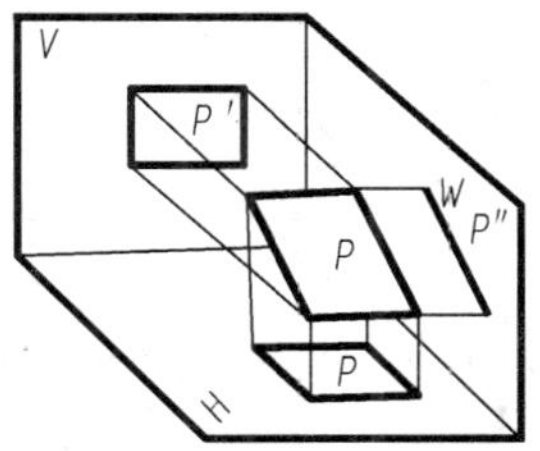
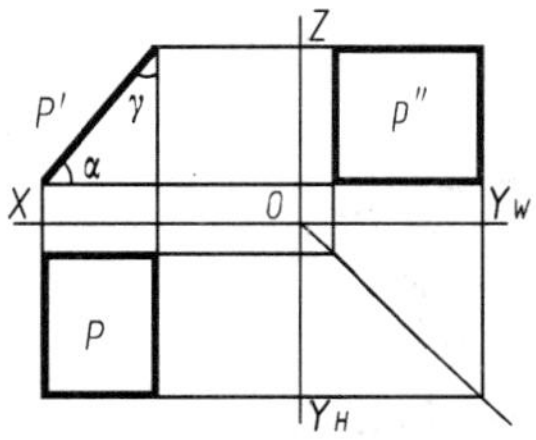	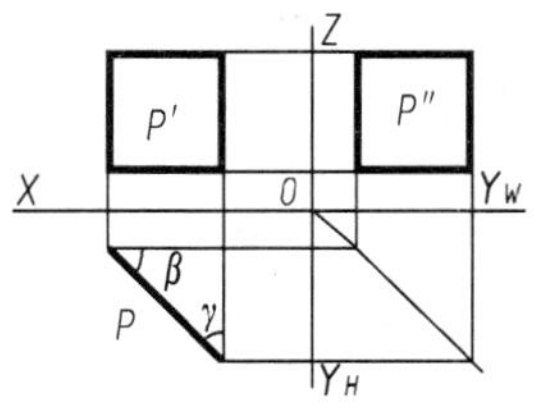	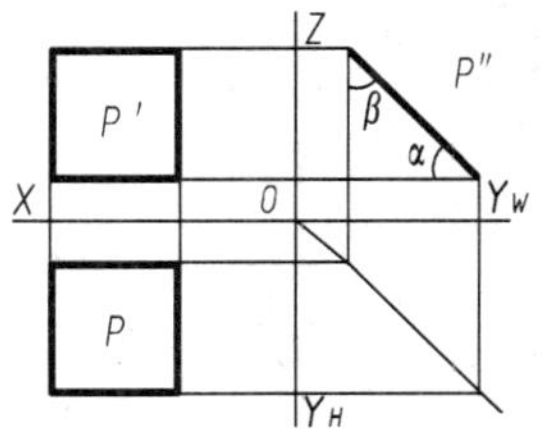

投影特性：

在与平面垂直的投影面上，该平面的投影为一倾斜线段，有积聚性，且反映与另两投影面的倾角；

其余两个投影都是缩小的类似形，不反映实形。

3. 一般位置平面

与三个投影面均倾斜的平面，称为一般位置平面。如图 2-22 所示，△*ABC* 与 *H*、*V*、*W* 面均倾斜，所以在三个投影面上的投影△*abc*、△*a′b′c′*、△*a″b″c″*均为缩小了的类似形。三个投影面上的投影都不能直接反映该平面对投影面的倾角。

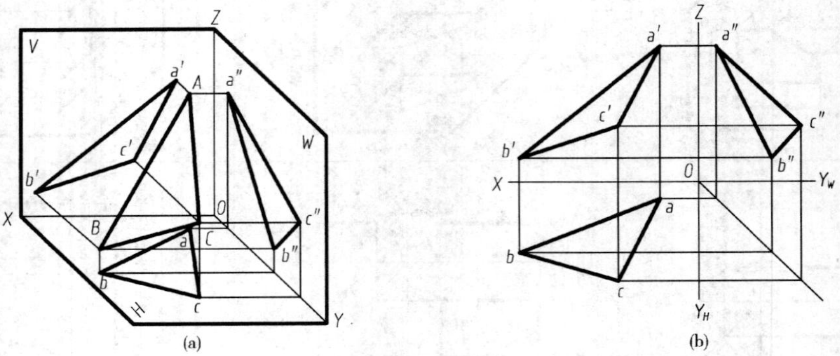

图 2-22　一般位置平面

三、平面内取直线和点

1. 平面内取直线

直线在平面上的条件是：

① 通过平面上的两点；

② 通过平面内一点并平行于平面上的另一直线。

如图 2-23(a)所示，*AB*、*AC* 为两条相交直线，点 *M* 在直线 *AB* 上，点 *N* 在直线 *AC* 上，则直线 *MN* 必在两相交直线 *AB*、*AC* 决定的平面 *P* 上，图 2-23(b)为其投影图。

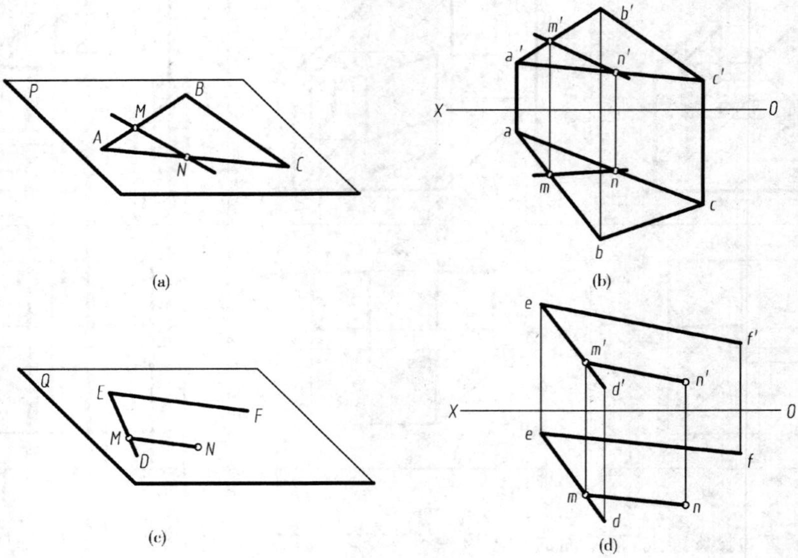

图 2-23　平面上取直线

如图 2-23(c)所示，DE 与 EF 两条相交直线决定一平面 Q。在 DE 上取一点 M，过 M 作 $MN \parallel EF$，则 MN 必在 Q 平面上，图 2-23(d)为其投影图。

2. 平面上取点

点在平面上的条件是：如果点在平面上的某一直线上，则此点必在该平面上。如图 2-24(a)所示，两条相交直线 AB 和 BC 决定一平面，点 D 在直线 AB 上，点 E 在直线 BC 上，因此，点 D 及 E 均在 AB 和 BC 所决定的平面上，图 2-24(b)为其投影图。

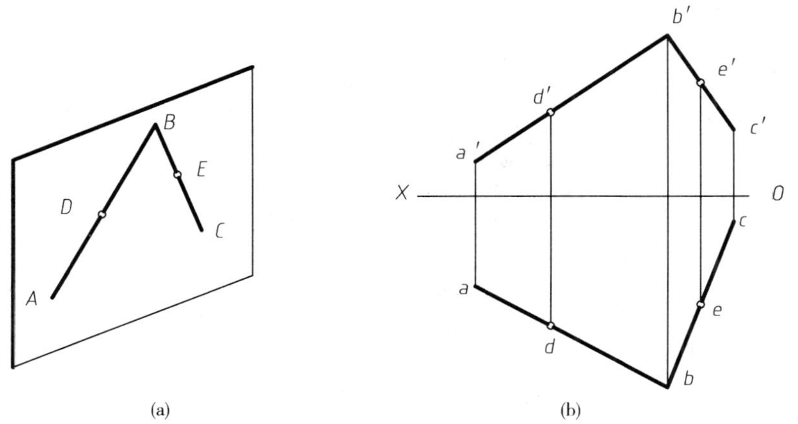

图 2-24　平面上取点

【例 2-5】 如图 2-25 所示，已知△ABC 所表示的平面上一点 K 的 H 面投影 k。试求作其 V 面投影 k'。

分析： 点 K 在平面内，则必在平面内的一条直线上。所以过点的已知投影 k，任作平面上一辅助直线，可以求出此线的 V 面投影，即可求出 k'。引辅助线时，应使作图尽量简单，可以过平面上两已知点作辅助线，如图 2-25(a)所示；也可以过平面上一已知点，作平面上已知直线的平行线，如图 2-25(b)所示，还可以在平面内任意引直线，如图 2-25(c)所示。其中图 2-25(a)作图最简单。

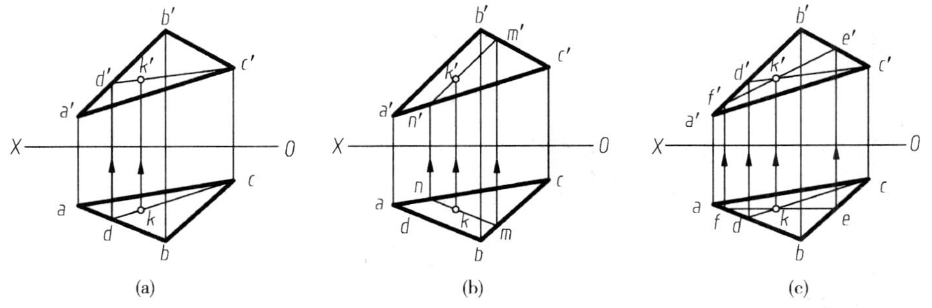

图 2-25　在平面上取点

【例 2-6】如图 2-26(a)所示，已知四边形 $ABCD$ 的正面投影和 BC、CD 的水平投影，试完成四边形的水平投影。

分析：BC 和 CD 是相交两直线。现已知其两面投影，故该平面是已知的。而点 A 是属于该平面上的一点，故可应用取属于平面的点的方法求点的水平投影。

作图过程如图 2-26(b)所示，连接 $b'd'$ 和 bd，再连接 $a'c'$，并与 $b'd'$ 相交于 k'。由 k' 作投影线与 bd 相交于 k。连接 ck 并延长，与 a' 的投影线相交得 a，即为点 A 的水平投影。连接 ab 和 ad，即完成四边形 $ABCD$ 的水平投影。

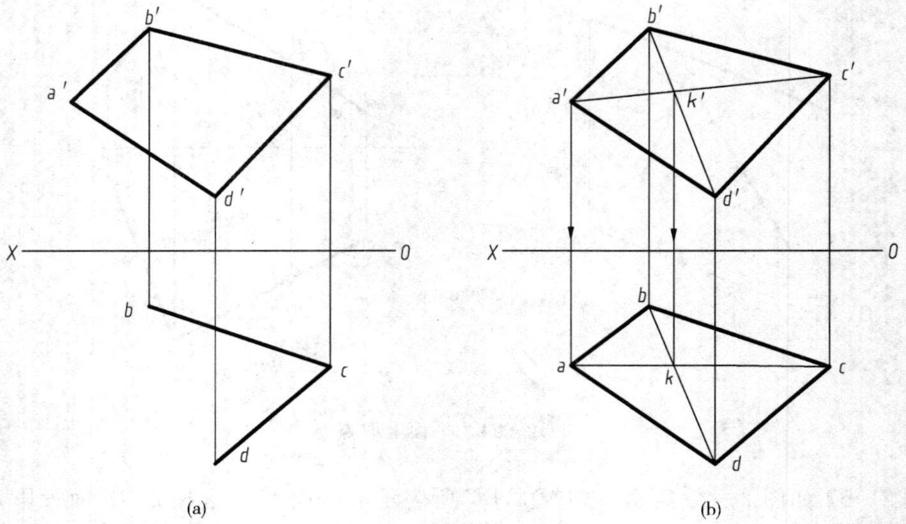

图 2-26　完成四边形的水平投影

第三章　立体的投影及表面交线

第一节　立体及表面上点的投影

立体的形状是各种各样的，但任何复杂的立体都可以分解成一些简单的几何体，这些简单的几何体统称为基本几何体。根据其表面的几何性质，可分为两大类：

① 平面立体　由平面所围成的立体，如棱柱、棱锥等。

② 回转面立体　由回转面或回转面与平面所围成的立体，如圆柱、圆锥等。

一、平面立体

平面立体中，最常见的是棱柱和棱锥。它们均是由棱面和底面围成，其中相邻的两棱面的交线称为棱线，底面与棱面的交线称为底边。

1. 棱柱

棱柱的棱线互相平行。常见的棱柱有三棱柱、四棱柱、五棱柱和六棱柱等。以图 3－1 所示的五棱柱为例，分析其投影特征和作图方法。

(1) 投影分析　图示正五棱柱的两端面(顶面和底面)平行于水平面，后棱面平行于正面，其余棱面均垂直于水平面。在这种位置下，五棱柱的投影特征是：顶面和底面的水平投影重合，并反映实形。五个棱面的水平投影分别积聚为五边形的五条边。

(2) 作图方法

① 作五棱柱的对称中心线和底面基线，确定各投影的位置，先画出具有投影特征的投影——水平投影的正五边形，如图 3－1(b)所示。

② 按投影关系并量取五棱柱的高度画出正面投影，不可见棱线的投影画虚线，按投影关系画出侧面投影，如图 3－1(c)所示。

(3) 棱柱表面上取点　如图 3－1(d)所示，已知五棱柱棱面 $ABCD$ 上点 M 的正面投影 m'，要求作 M 的另外两投影 m、m''。由于 M 所在棱面 $ABCD$ 是铅垂面，其水平投影积聚成直线 $abcd$，因此点 M 的水平投影 m 必在 $abcd$ 上，即可由 m' 直接作出 m，然后由 m 和 m' 作出 m''。由于棱面 $ABCD$ 的侧面投影可见，所以 m'' 可见。

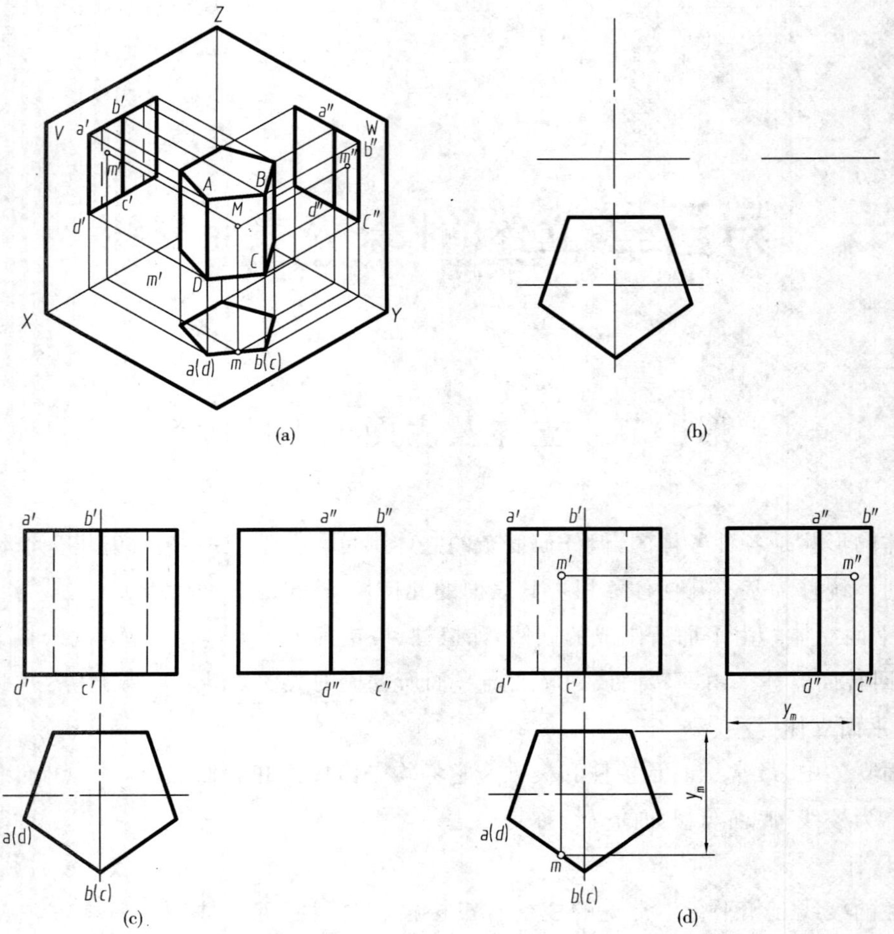

图 3-1　五棱柱的三面投影及表面上的点

2. 棱锥

棱锥的棱线交于一点。常见的棱锥有三棱锥、四棱锥和五棱锥等。以图 3-2 所示的四棱锥为例，分析其投影特征和作图方法。

(1) 投影分析　图示四棱锥的底面平行于水平面，其水平投影反映实形。左、右两个棱面垂直于正面，它们的正面投影积聚成直线。前、后两个棱面垂直于侧面，它们的侧面投影积聚成直线。与锥顶相交的四条棱线既不平行，也不垂直于任何一个投影面，所以它们在三个投影面上的投影都不反映实长。

(2) 作图方法

① 作四棱锥的对称中心线和底面基线，画出底面的水平投影(四边形)，如图 3-2(b)。

② 根据四棱锥的高度在正面上定出锥顶的投影位置，然后在正面投影、水平投影上分别过锥顶与底面各点的投影用直线连接，即得四条棱线的投影。由于是正四棱锥，其四条棱

线的水平投影为底面投影矩形的两条对角线。再由正面投影、水平投影作出侧面投影，如图 3－2(c)所示。

(3) 棱锥表面上取点　如图 3－2(d)所示，已知四棱锥棱面 SAB 上点 M 的正面投影 m'，求作点 M 的另外两个投影 m 和 m''。用辅助线法由 s' 过 m'，作辅助线 $s'1'$，再由 $s'1'$ 作出 $s1$，在 $s1$ 上定出 m。由于棱面 SAB 是侧垂面，可由 m' 直接作出 m''。

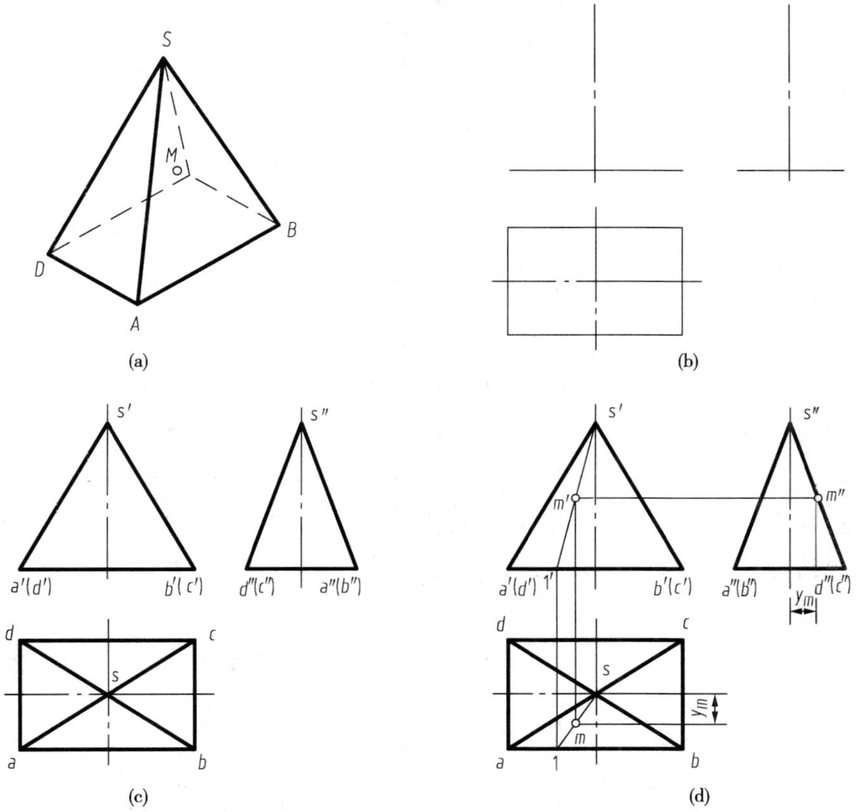

图 3－2　四棱锥的三面投影及表面上的点

【例 3－1】如图 3－3(a)所示，已知物体的两面投影，求作第三面投影。

分析：从已知物体的正面投影、水平投影(参照立体图)可以想像出，该物体由两部分组成：下部为四棱柱；上部为被正垂面左、右各切去一个斜面的三棱柱。三棱柱的棱线垂直于侧面，它的底面与四棱柱的顶面重合。

作图：

① 如图 3－3(b)所示，先补画出下部四棱柱的侧面投影。

② 作三棱柱上面中间棱线的侧面投影，由于该棱线垂直于侧面，其侧面投影积聚为一点(在图形中间)，过该点与矩形两端点连线，即完成侧面投影，如图 3－3(c)所示。应该注意：侧面投影上的三角形为三棱柱左、右两个斜面(垂直于正面)在侧面上的投影，两条斜线

为三棱柱前、后两个斜面(垂直于侧面)的积聚性投影。

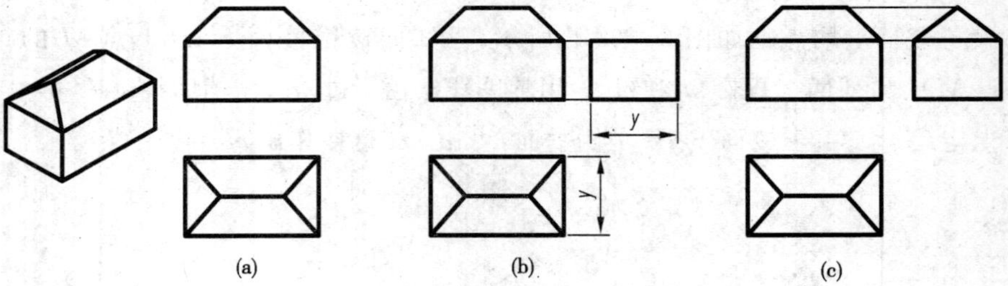

图 3-3 已知两面投影求作第三面投影

二、回转面立体

1. 圆柱

圆柱体由圆柱面与上、下两端面围成。圆柱面可看作由一条直母线绕平行于它的轴线回转而成。圆柱面上任意一条平行于轴线的直母线,称为圆柱面的素线。

(1) 投影分析　如图 3-4 所示,当圆柱轴线垂直于水平面时,圆柱上、下端面的水平投影为圆,且反映实形,正、侧面投影积聚成直线。圆柱面的水平投影积聚为一圆周,与两端面的水平投影重合。在正面投影中,前、后两半圆柱面的投影重合为一矩形,矩形的两条竖线分别是圆柱面最左、最右素线的投影,也是圆柱面前、后分界的转向轮廓线。在侧面投影中,左、右两半圆柱面的投影重合为一矩形,矩形的两条竖线分别是圆柱面最前、最后素线的投影,也是圆柱面左、右分界的轮廓线。

(2) 作图方法　画圆柱的三面投影时,应先画出圆的中心线和圆柱轴线各投影,然后从为圆的投影画起,逐步完成其他投影。

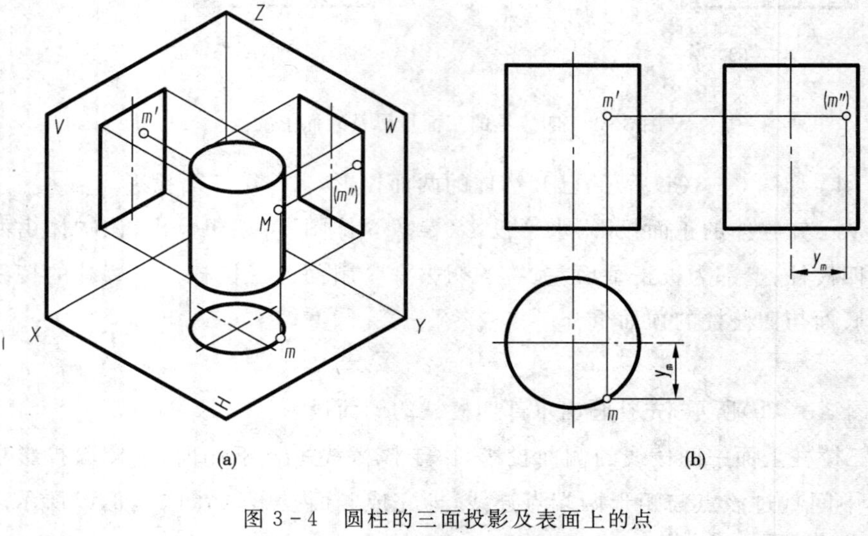

图 3-4 圆柱的三面投影及表面上的点

(3) 圆柱表面上点的投影 如图 3-4(b)所示,已知圆柱面上点 M 的正面投影 m',求作点 M 的另外两个投影 m 和 m''。首先根据圆柱面水平投影的积聚性作出 m,由于 m''是可见的,则点 M 必在前半圆柱面上,m 必在水平投影圆的前半圆周上。再按投影关系作出 m''。由于点 M 在右半圆柱面上,所以 m''为不可见,通常将不可见投影加括号以(m'')表示。

2. 圆锥

圆锥体是由圆锥面和底面围成。圆锥面可看作由一条直母线绕与它斜交的轴线回转而成。

(1) 投影分析 如图 3-5 所示为轴线垂直于水平面的正圆锥的三面投影。锥底面平行于水平面,水平投影反映实形,正面和侧面投影积聚成直线。圆锥面的三个投影都没有积聚性,其水平投影与底面的水平投影重合,全部可见。正面投影由前、后两个半圆锥面的投影重合为一等腰三角形,三角形的两腰分别是圆锥最左、最右素线的投影,也是圆锥面前、后分界的轮廓线。圆锥的侧面投影由左、右两半圆锥面的投影重合为一等腰三角形,三角形的两腰分别是圆锥最前、最后素线的投影,也是圆锥面左、右分界的轮廓线。

(2) 作图方法 画圆锥的三面投影时,应先画出圆的中心线和圆锥轴线的各投影,再画出圆的投影,然后作出锥顶的各投影,完成圆锥的三面投影。

(3) 圆锥表面上取点 由于圆锥面的投影没有积聚性,所以需要在锥面上作一条包含该点的辅助线(直线或圆),先求出辅助线的投影,然后利用线上点的投影关系求出圆锥表面上点的投影。

图 3-5(b)所示为用辅助素线法求圆锥表面上点的投影。过锥顶包含点 M 作辅助素线 SA($s'a'$、sa、$s''a''$),根据求线上点的作图方法,m、m''必在 sa、$s''a''$上,所以可由 m'求出 m 和 m'',其三面投影都为可见。

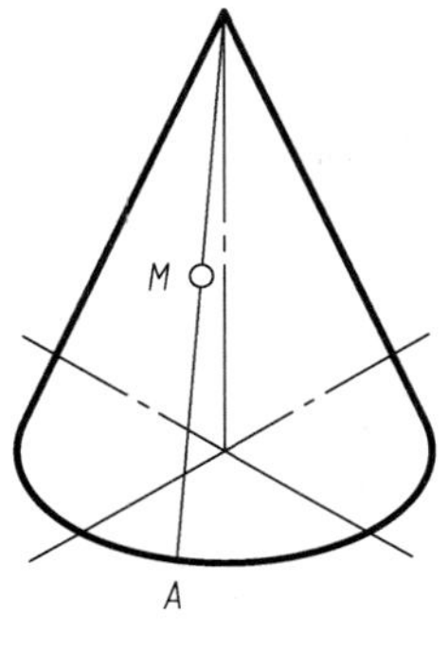

(a)

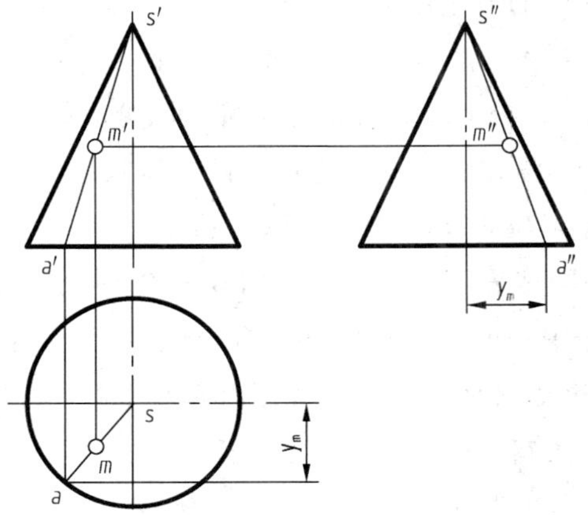

(b)

图 3-5 用辅助素线法求圆锥表面上的点

如图 3-6(a)所示为用辅助纬圆法求锥面上点的投影。在锥面上过点 M 作一水平纬圆(垂直于圆锥轴线的圆)，点 M 的各投影必在该圆的同面投影上。

如图 3-6(b)所示，过 m' 作圆锥轴线的垂直线，交圆锥左、右轮廓线于 a'、b'，$a'b'$ 即辅助纬圆的正面投影，以 s 为圆心，$a'b'$ 为直径，作辅助纬圆的水平投影。由 m' 求得 m，由于 m' 是可见的，所以 m 在前半锥面上。再由 m'、m 求得 m''。由于 M 点在右半圆锥面上，所以 m'' 为不可见。

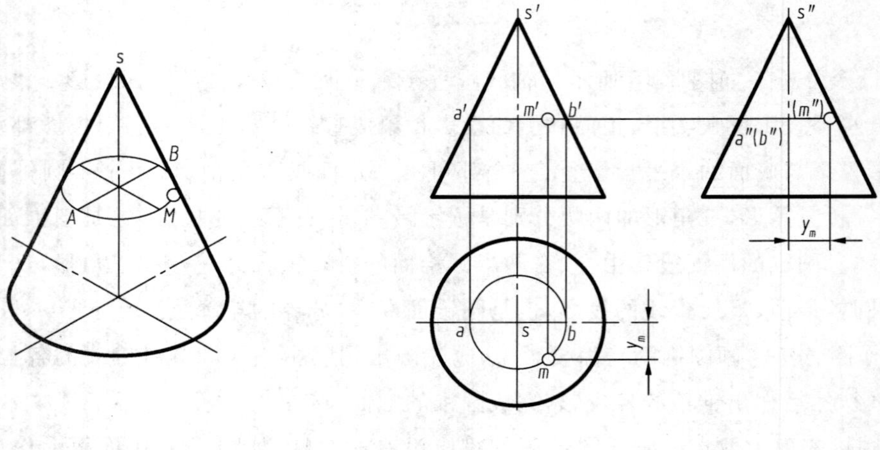

图 3-6　用辅助纬圆法求圆锥表面上的点

3. 圆球

圆球的表面可看作由一条圆母线绕其直径回转而成。

(1) 投影分析　从图 3-7 可看出，圆球的三面投影都是等径圆，并且是圆球表面平行于相应投影面的三个不同位置的最大轮廓圆。正面投影的轮廓圆是前、后两半球面可见与不可见的分界线，水平投影的轮廓圆是上、下两半球面可见与不可见的分界线，侧面投影的轮廓圆是左、右两半球面可见与不可见的分界线。

(2) 作图方法　先确定球心的三个投影，过球心分别画出圆球轴线的三投影，再画出三个与球等直径的圆，如图 3-7(b)所示。

(3) 圆球表面上取点　如图 3-7(c)所示，已知球面上点 M 的正面投影(m')，求作 m 和 m''。由于球面的三个投影都没有积聚性，可用辅助纬圆法求解。过(m')作水平纬圆的正面投影(积聚成水平线) $a'b'$，再作出其水平投影(以 o 为圆心，$a'b'$ 为直径画圆)。在该圆的水平投影上求得(m)，由于(m')是不可见的，则(m)必在下半、后半球面上。最后由(m')、(m)求出 m''，由于点 M 在左半球面上，则 m'' 为可见。

也可以作侧平辅助纬圆求作圆球表面上点的投影，作图过程请读者自行分析。

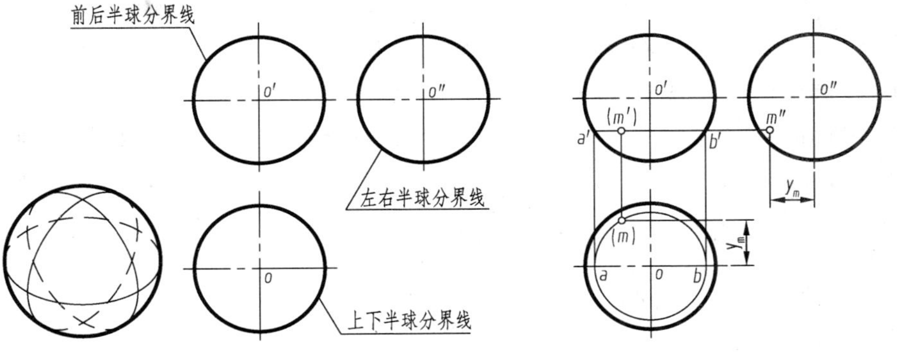

(a) (b) (c)

图 3-7 圆球的三面投影及表面上的点

4. 圆环

圆环的表面可看作由一圆母线绕不通过圆心，但在同一平面上的轴线回转而形成。

(1) 投影分析 如图 3-8 所示是轴线为铅垂线的圆环在三投影面体系中的立体图和投影图。

如图 3-8(b)所示，圆环的正面投影和侧面投影形状完全一样，水平投影是三个同心圆(其中一个是细点画线圆)。

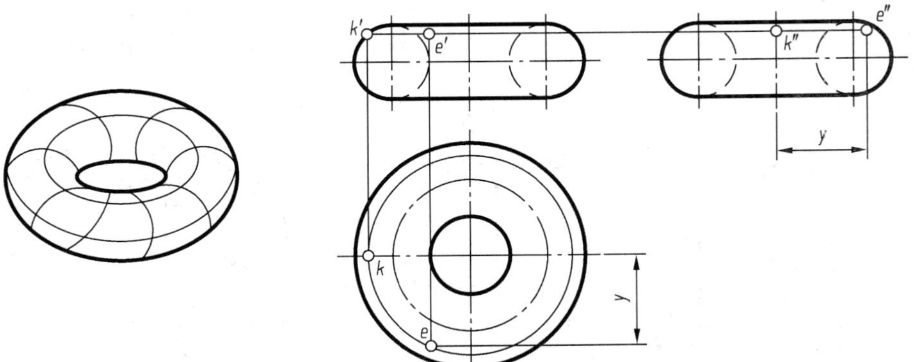

(a) (b)

图 3-8 圆环的三面投影及表面上的点

圆环的正面投影中的两个圆是最左、最右素线的投影，虚线半圆表示内环面的轮廓线，粗实线半圆为外环面的轮廓线，上、下两条水平线是最高和最低纬圆的正面投影，也是内、外环面的分界线的正面投影，它们均为各自正投影的轮廓线。

圆环的侧面投影中的两个圆是最前、最后素线的投影。

圆环的水平投影中的两个实线同心圆是最大、最小纬圆的水平投影，细点画线圆是母线圆心轨迹的水平投影。

(2) 圆环表面取点　在图 3－8(b)中,已知圆环上的点 K 的 V 面投影 k',求 k 和 k''。

因为 K 在正面投影方向的轮廓线上,所以可直接求得。

又如,已知 E 点的 V 面投影 e',求 e 和 e''。

过 E 在圆环面上作一纬圆,求出其水平投影为一圆,则 E 的 H 面投影 e 在此圆周上。因 e' 可见,所以点 e 在外圆环面的纬线上,由 e、e' 求出 e''。

第二节　平面与立体相交

平面与立体表面相交所产生的交线称为截交线,该平面称为截平面,由截交线所围成的平面图形称为截断面。由于立体有各种不同的形状,平面与立体相交时又有各种不同的相对位置,因此截交线的形状也各不相同,但都具有以下两个基本特性:

① 截交线为封闭的平面线框。截交线的形状取决于立体的几何性质及其与截平面的相对位置,通常由平面多边形、平面曲线或平面曲线和直线组成。

② 截交线既在截平面上,又在立体表面上,因此截交线是截平面与立体表面的共有线,截交线上的点都是截平面与立体表面的共有点。所以,求作截交线就是求截平面与立体表面的共有点和共有线。

一、平面与平面立体相交

如图 3－9(a)所示,三棱柱被正垂面 P 截切,求作截切后三棱柱的三面投影。

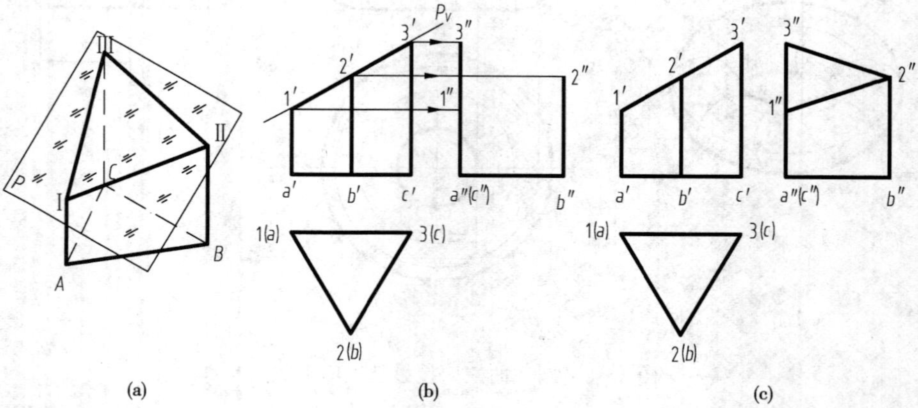

图 3－9　平面与三棱柱相交

分析:三棱柱被正垂面 P 截切。截平面 P 与三棱锥的三条棱线都相交,所以截交线是一个三角形。三角形的顶点为各棱线与面 P 的交点。截交线的正面投影积聚在 P_V 上,$1'$、$2'$、$3'$ 分别为各棱线与 P_V 的交点;截交线的水平投影为其在各棱线的积聚性投影。可利用直线上点的投影性质作出侧面投影。

作图：

① 先求出截平面 P 与三棱柱三条棱线的交点的正面投影 $1'$、$2'$、$3'$，如图 3－9(a)(b)所示。

② 由 $1'$、$2'$ 和 3，根据投影规律关系直接作出水平投影 1、2、3 和侧面投影 $1''$、$2''$、$3''$，如图 3－9(b)所示。

③ 用直线连接各点的同面投影即为所求截交线，擦去作图线，加深轮廓线，如图 3－9(c)所示。

【例 3－2】如图 3－10 所示，求正垂面与正四棱锥相交的截交线。

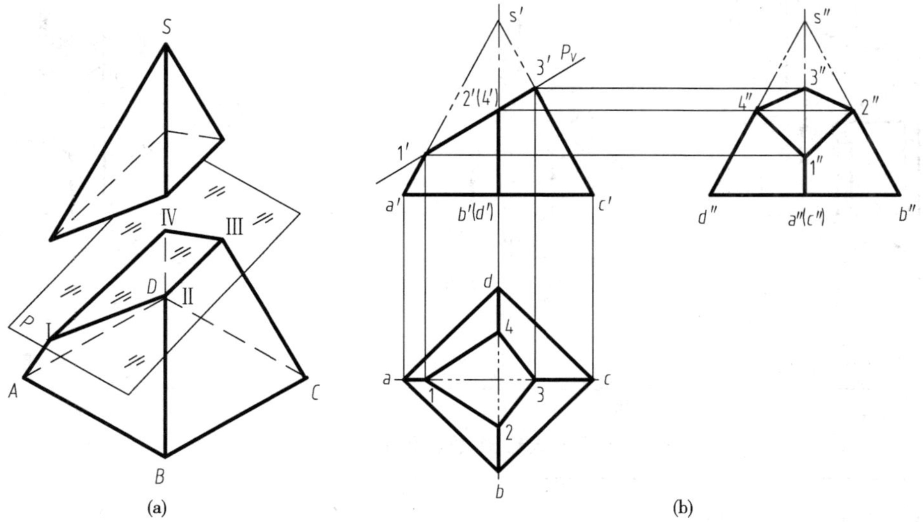

图 3－10　平面与四棱锥相交

分析：由图 3－10(a)可见，截平面 P 与四棱锥的四个侧表面都相交，所以截交线为四边形，其顶点为四棱锥的四条棱线与截平面 P 的交点，由于截平面 P 为正垂面，所以，截交线的正面投影积聚成直线，可直接确定，然后再求水平投影和侧面投影。

作图：

① 直接确定截平面 P 与四棱锥四条棱线的交点的正面投影 $1'$、$2'$、$3'$、$4'$。

② 根据点的投影规律，在四棱锥各棱线的水平和侧面投影中求出 1、2、3、4 及 $1''$、$2''$、$3''$、$4''$。

③ 将各点的同面投影顺次连接，即得截交线的各面投影，去掉被截切的部分，即为正四棱锥被正垂面 P 截切后的投影。

二、平面与回转面立体相交

平面与回转面立体相交时，其截交线一般为封闭的平面曲线，特殊情况下是直线。作图的基本方法是求出曲面立体表面上若干条素线与截平面的交点，然后光滑连接而成。截交线上一些能确定其形状和范围的点，如最高、最低点，最左、最右点，最前、最后点，以及可见与不可见的分界点等，均称为特殊点。作图时，通常先作出截交线上的特殊点，再按需要作出一些中间点，最后依次连接各点，并注意投影的可见性。

平面与回转面立体相交时，截交线的形状取决于立体表面的形状和截平面与立体的相对位置。如表 3－1、3－2 所示。

表 3－1　平面与圆柱相交位置不同时的三种截交线

与轴线平行截交	与轴线垂直截交	与轴线倾斜截交
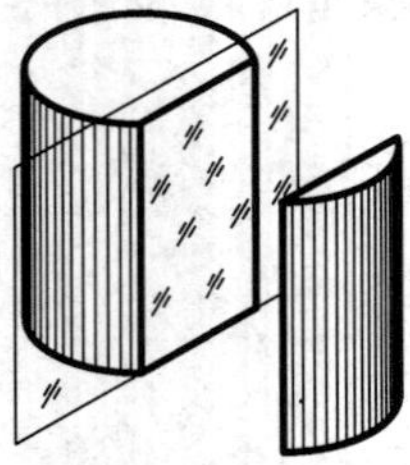	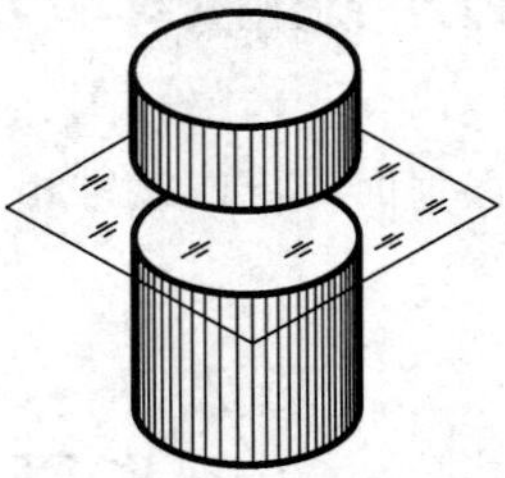	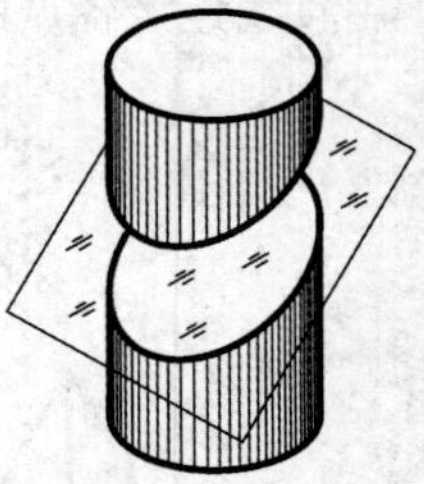
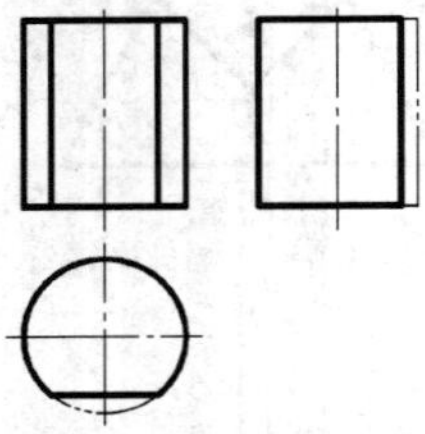	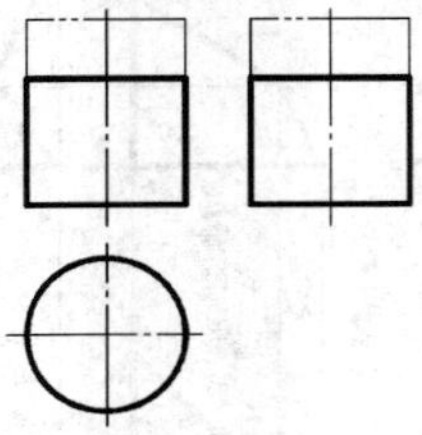	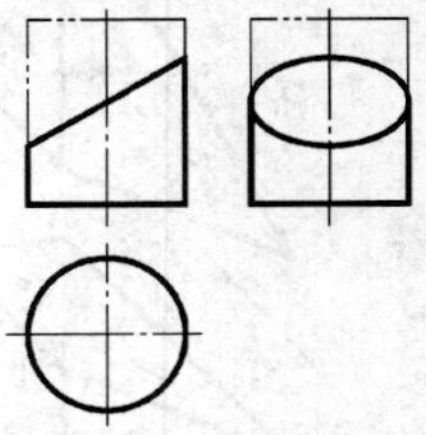
截交线是两直线	截交线是圆	截交线是椭圆

表 3－2　平面与圆锥相交位置不同时的五种截交线

与轴线垂直截交	过圆锥顶点截交	平行于一条素线截交	与轴线倾斜截交	平行于两条素线截交
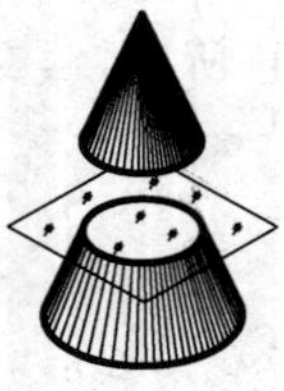	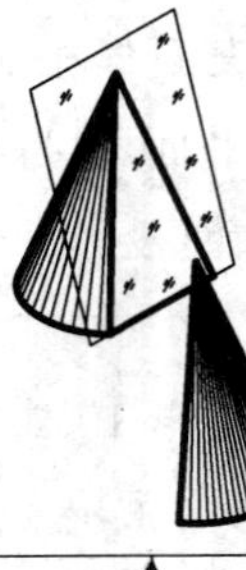		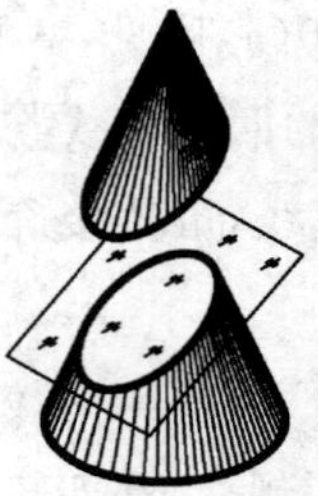	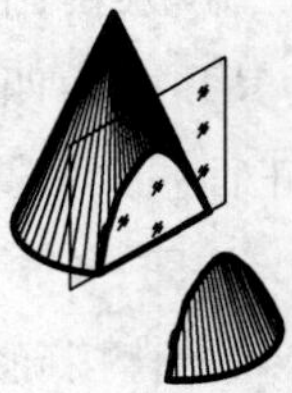
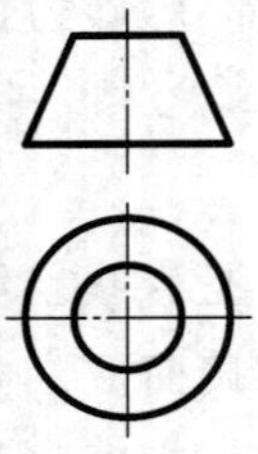	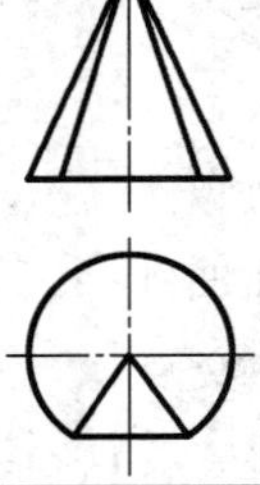	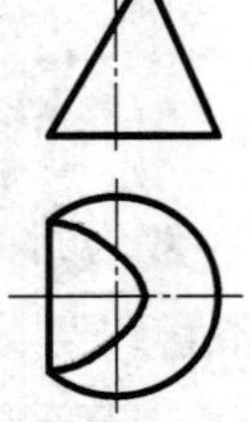	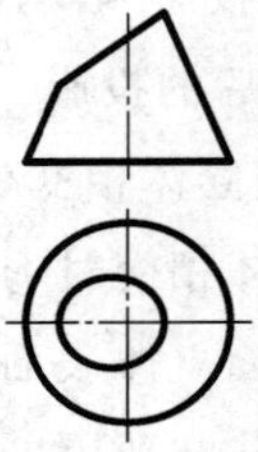	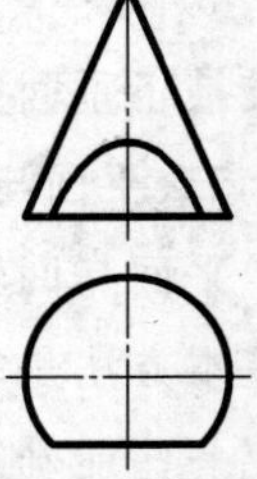
截交线是圆	截交线是两相交直线	截交线是抛物线	截交线是椭圆	截交线是双曲线

1. 平面与圆柱相交

如图 3－11 所示为圆柱被正垂面 P 斜切，截交线为椭圆的作图过程。

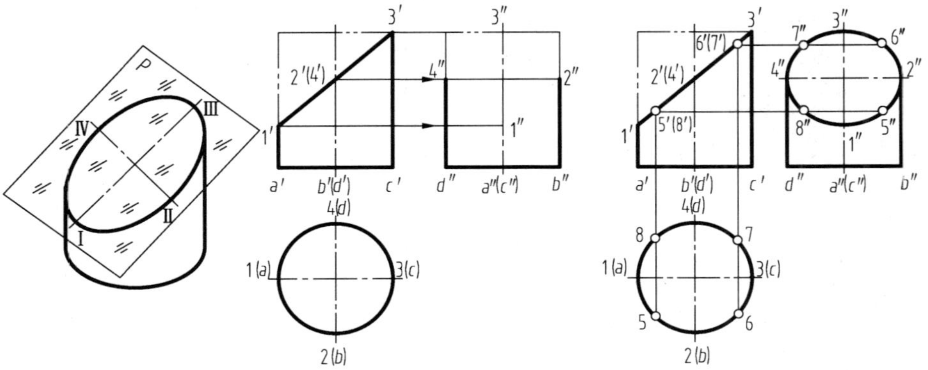

(a)　　(b)　　(c)

图 3－11　平面与圆柱相交

分析：由于截平面 P 为正垂面，所以椭圆的正面投影积聚在 P' 上，水平投影与圆柱面的水平投影重合为圆，侧面投影为椭圆。

作图：

① 求特殊点。由图 3－11(a)可知，最低点Ⅰ、最高点Ⅲ是椭圆长轴两端点，也是位于圆柱最左、最右素线上的点。最前点Ⅱ、最后点Ⅳ是椭圆短轴两端点，也是位于圆柱最前、最后素线上的点。如图 3－11(b)所示，Ⅰ、Ⅱ、Ⅲ、Ⅳ的正面投影和水平投影可利用积聚性直接求得。然后根据正面投影 1′、2′、3′、4′和水平投影 1、2、3、4 求得侧面投影 1″、2″、3″、4″。

② 求中间点。为了准确作图，还必须在特殊点之间作出适当数量的中间点，如图 3－11(c)中的Ⅴ、Ⅵ、Ⅶ、Ⅷ各点，可先作出它们的水平投影，再作出正面投影，然后根据水平投影 5、6、7、8 和正面投影 5′、6′、7′、8′ 作出侧面投影 5″、6″、7″、8″。

③ 依次光滑连接 1″5″2″6″3″7″4″8″，即为所求截交线椭圆的侧面投影，如图 3－11(c)所示。

必须注意：随着截平面 P 与圆柱轴线倾角的变化，所得截交线椭圆的长、短轴的投影也相应变化。当 P 面与轴线成 45°时，椭圆长、短轴的投影相等，即为圆。

【例 3－3】如图 3－12(a)所示，已知圆柱顶部开有长方槽的正面投影和水平面投影，试作其侧面投影。

分析：圆柱顶部被左、右对称的两个侧平面和一个水平面截切，两个侧平面与圆柱面的截交线为四条平行于圆柱轴线的铅垂线，水平面与圆柱面的截交线为平行于水平面的两段圆弧，利用截平面与圆柱表面投影的积聚性，可直接求出截交线的投影。

作图：

① 画出圆柱侧面投影的轮廓线，如图 3－12(b)所示；

② 由两侧平面与圆柱面所交的四条直线的水平投影积聚为 aa_1、bb_1、cc_1、dd_1 及正面投影为直线段 $a'a'_1$、$b'b'_1$、$c'c'_1$、$d'd'_1$，可直接求出其侧面投影 $a''a''_1$、$b''b''_1$、$c''c''_1$、$d''d''_1$；

③ 由水平面与圆柱面所交的两段圆弧的水平投影 a_1ec_1、$b_1e_1d_1$ 与正面投影 $a'_1e'c'_1$、$b'_1e'_1d'_1$，可直接求出其侧面投影 $a''_1e''c''_1$、$b''_1e''_1d''_1$；

④ 在侧面投影中，处于切口底面的截交线由于被圆柱面遮住一段不可见，应画成虚线。

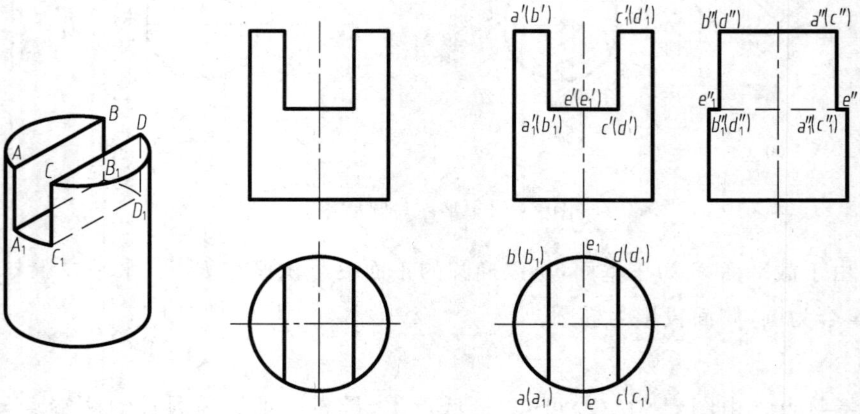

(a) (b) (c)

图 3－12 圆柱顶部开槽的画法

2. 平面与圆锥相交

如图 3－13 所示为圆锥被正平面切割后形成截交线的作图过程。

分析：由于截平面为正平面，所以截交线的水平投影积聚为直线，再由其水平投影用辅助纬圆法或辅助素线法求作正面投影，如图 3－13(a)所示。

作图：

① 求特殊点。截交线的最低点 A、B 是截平面与圆锥底圆的交点，可直接作出 a、b 和 a'、b'。由于截交线的最高点 C 是截平面与圆锥面上最前素线的交点，所以最高点的水平投影在 ab 的中点处 c，过 c 作水平纬圆，该圆的正面投影为水平线，由 c 作出 c'，如图 3－13(b)所示。

② 求中间点。在截交线的适当位置作水平纬圆，该圆的水平投影与截交线的水平投影交于 d、e，即为截交线上两点的水平投影，由 d、e 作出 d'、e'。依次光滑连接 $a'd'c'e'b'$，即为截交线的正面投影，如图 3－13(c)所示。

③ 再根据正面投影和水平投影作出切割后圆锥的侧面投影。

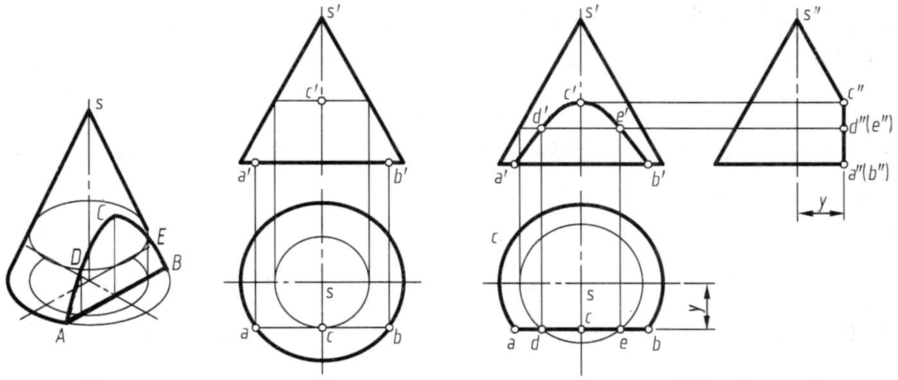

(a)　　(b)　　(c)

图 3-13　正平面与圆锥相交

3. 平面与圆球相交

平面与圆球相交时，其截交线均为圆。当截平面平行于投影面时，截交线在该投影面上的投影反映真实大小的圆，另外两投影则分别积聚成直线；当截平面为投影面垂直面并倾斜于另两个投影面时，截交线在该投影面上的投影积聚成直线，另外两投影为椭圆；当截平面倾斜于三个投影面时，截交线在空间虽为圆，但三个投影均为椭圆。

图 3-14 为圆球被正垂面 P 切割后形成截交线的作图过程。

分析：圆球被正垂面切割，截交线的正面投影积聚成直线，水平投影（侧面投影）为椭圆。

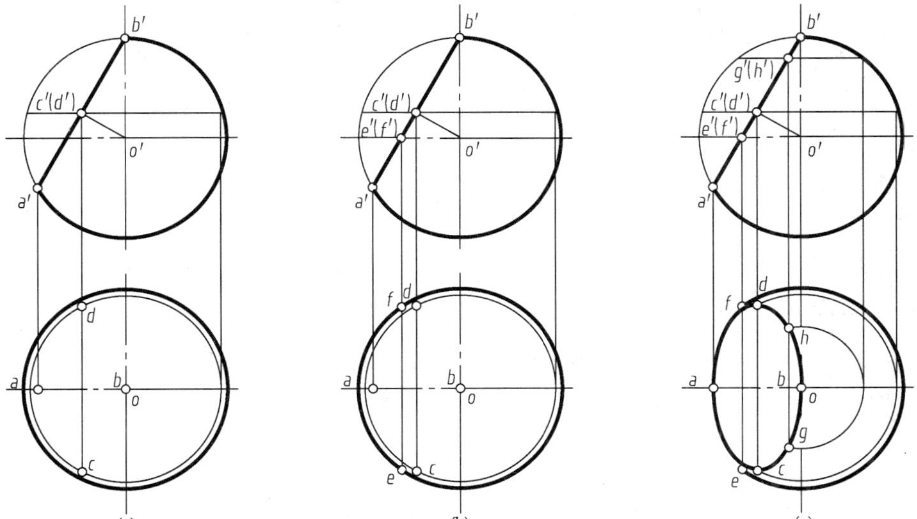

(a)　　(b)　　(c)

图 3-14　平面与圆球相交

作图：

① 求特殊点。截交线的最低点 A 和最高点 B 也是最左点和最右点，并且是截交线水平投影椭圆短轴的两端点，其正面投影 a'、b' 是截平面与球的正面投影轮廓线的交点。水平投

影 a、b 在其正面投影轮廓线的水平投影(与中心线重合)上。$a'b'$ 的中点 $c'(d')$ 是截交线的水平投影椭圆长轴两端点的正面投影,过 $c'(d')$ 作水平纬圆求得 c、d,如图 3-14(a)所示。

在正面投影上截平面与水平中心线相交处定出 $e'(f')$,由 $e'(f')$ 在球面水平投影的轮廓线(即球面的上下分界圆的水平投影)上作出 e、f,即为球面被切割后的水平投影轮廓线的切点,如图 3-14(b)所示。

② 求中间点。在截交线的正面投影上适当位置定出 $g'(h')$,作水平纬圆求得 g、h。

③ 光滑连接 $aecgbhdf$ 即为截交线椭圆的水平投影,如图 3-14(c)所示。

必须注意:在水平投影上,椭圆长轴两端点 c、d 是截交线的最前、最后点,e、f 是球面被切割后的水平投影轮廓线的端点。

【例 3-4】如图 3-15(a)所示,已知半圆球开槽的正面投影,求作水平投影和侧面投影。

分析:半球上的方槽可看成由一个水平面和两个侧平面切割球面而成。切口各面与半球表面的交线都是圆弧,其半径分别为 R_1、R_2。

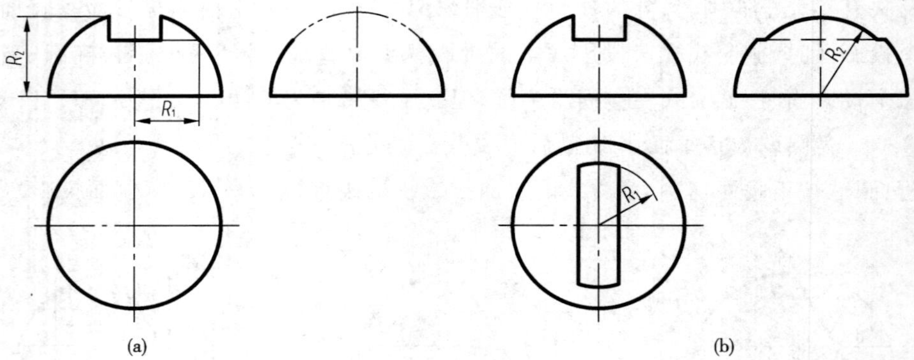

图 3-15 半球切槽的画法

作图:

① 如图 3-15(b),作切槽的水平投影。切槽底面的水平投影由两段相同的圆弧和两段积聚性直线组成,圆弧的半径为 R_1,从正面投影中量取。

② 作切槽的侧面投影。因切槽的两侧面为侧平面,其侧面投影为圆弧,半径 R_2 从正面投影中量取。切槽的底面为水平面,其侧面投影积聚为一直线,中间部分不可见,画成虚线。

第三节 两回转立体相交

两回转体相交,表面形成的交线称为相贯线。两回转体相交时,相贯线具有以下特性:

① 相贯线是两回转体表面的共有线,也是两回转体表面的分界线,相贯线上的点是两回转体表面的共有点。

② 相贯线一般为封闭的空间曲线，特殊情况下可能是平面曲线或直线。

本节着重讨论最常见的几种回转体相贯线的画法。

一、圆柱与圆柱相交

1. 不同直径两圆柱正交

分析：如图 3－16 所示两圆柱轴线垂直相交，直立圆柱的直径小于水平圆柱的直径，它们的相贯线为封闭的空间曲线，且前后、左右对称。

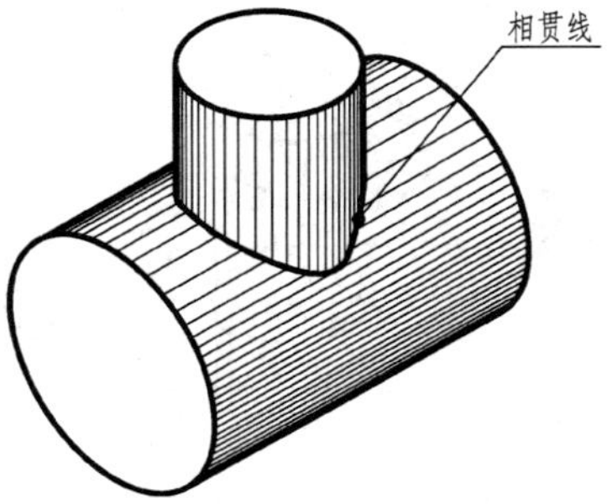

(a)

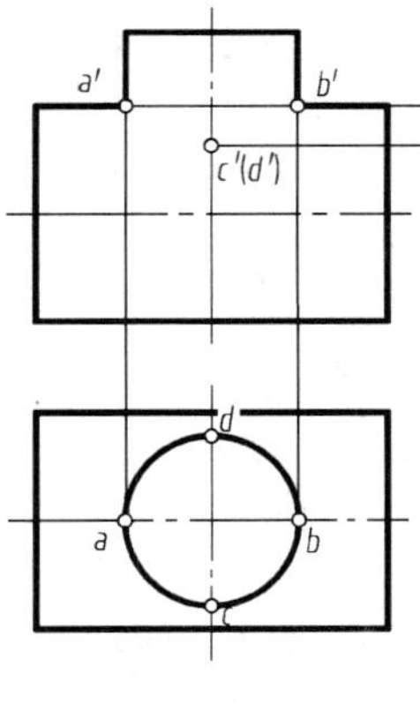

(b)

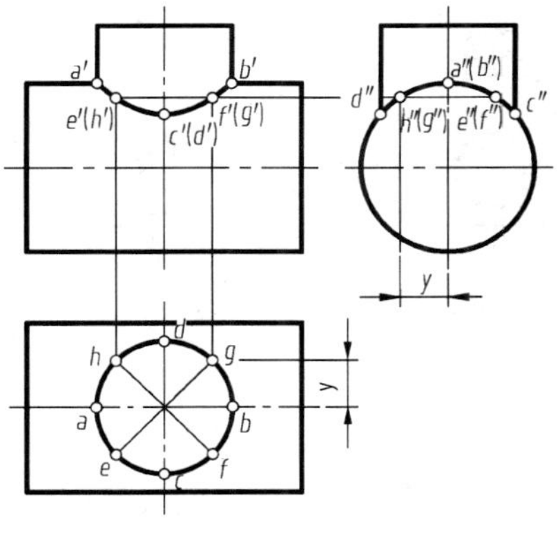

(c)

图 3－16　不同直径两圆柱正交

由于直立圆柱的水平投影和水平圆柱的侧面投影都有积聚性，所以相贯线的水平投影和侧面投影分别积聚在它们有积聚性的圆周上。因此，只要求作相贯线的正面投影即可。

因为相贯线的前后、左右对称，在其正面投影中，可见的前半部与不可见的后半部重合，且左右对称。

作图：

① 求特殊点。水平圆柱的最高素线与直立圆柱的最左、最右素线的交点 A、B 是相贯线上的最高点，也是最左、最右点。a'、b'、a、b 和 a''、b'' 均可直接作出。直立圆柱的最前、最后素线与水平圆柱表面的交点 C、D 是相贯线上的最低点，也是最前、最后点。c''、d''、c、d 可直接

作出，再由 c''、d''、c、d 求得 c'、d'，如图 3-16(b)所示。

② 求中间点。利用积聚性，在侧面投影和水平投影上定出 e''、f''和 e、f，再由 e''、f''和 e、f 作出 e'、f'。同样方法可再作出相贯线上一系列点。

③ 光滑连接各点即为相贯线的正面投影，如图 3-16(c)所示。

2. 正交两圆柱相对大小的变化引起相贯线的变化

正交两圆柱如图 3-17 所示放置：

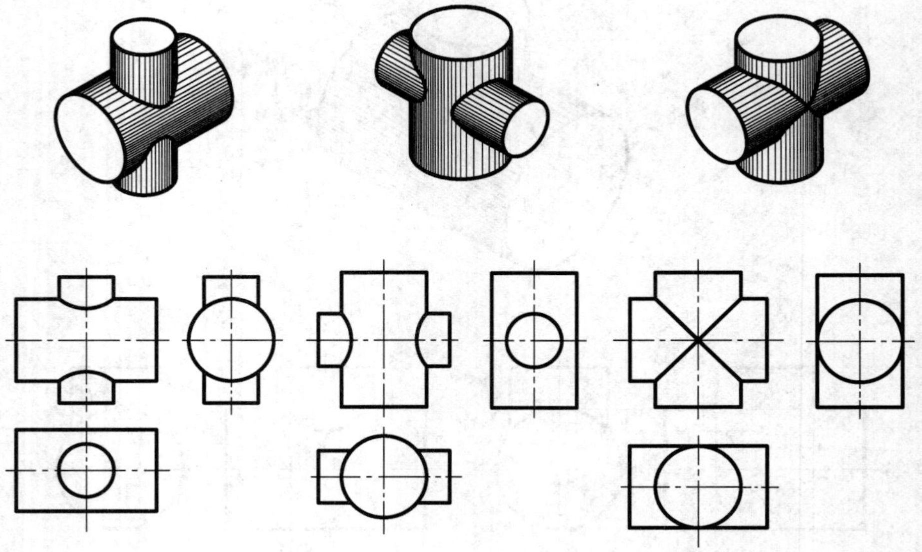

(a)　　(b)　　(c)

图 3-17　两圆柱直径和位置不同时相贯线的变化情况

当大圆柱呈水平位置时，相贯线为空间曲线，其正面投影为上、下对称的两条曲线，如图 3-17(a)所示；

当大圆柱呈垂直位置时，相贯线为空间曲线，其正面投影为左、右对称的两条曲线，如图 3-17(b)所示；

当两圆柱直径相等时，相贯线为两个相交的椭圆，其正面投影积聚为正交两直线，如图 3-17(c)所示。

必须注意：两个不等径正交圆柱的相贯线，总是由小圆柱向大圆柱内弯曲，并且两圆柱直径相差越小，曲线顶点越向大圆柱轴线靠近。

3. 内、外圆柱表面相交的情况

圆柱孔与圆柱面相交时，在孔口会形成相贯线，如图 3-18(a)所示。两圆柱孔相交时，其内表面也会形成相贯线，如图 3-18(b)、(c)所示。内表面相贯线的形状和作图方法与外表面相贯线一样。

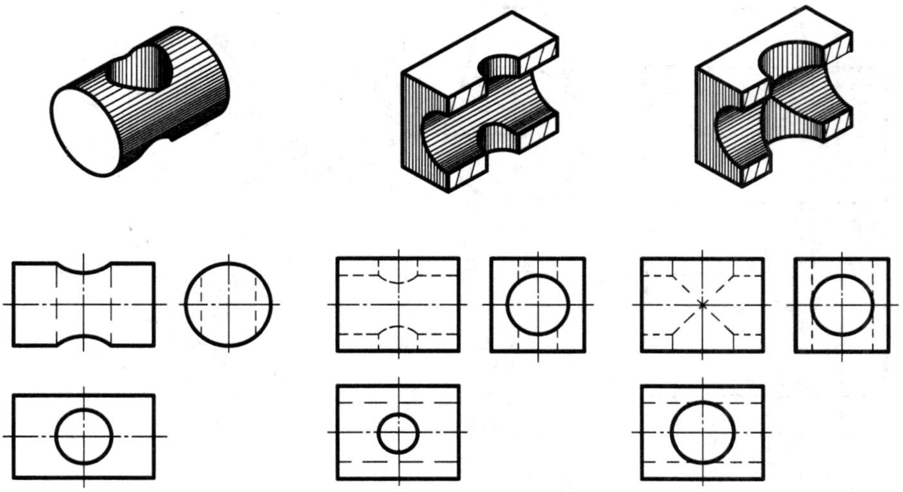
(a)　(b)　(c)

图 3－18　内外圆柱表面相交时的相贯线情况

二、圆柱与圆锥相交

1. 圆柱与圆锥正交

分析：圆柱与圆锥轴线垂直相交，其相贯线为封闭的空间曲线，并且相贯线的前后、左右对称。由于圆柱轴线垂直于侧面，所以相贯线的侧面投影与圆柱面的侧面投影重合为一段圆弧。相贯线的正面投影和水平投影采用辅助平面法求作。

作图：

① 求特殊点。根据相贯线最高点 C、D（也是最左、最右点）和最低点 A、B（也是最前、最后点）的侧面投影 a''、b''、c''、d''可作出正面投影 a'、b'、c'、d'和水平投影 a、b、c、d，如图 3－19(a)。

② 求中间点。在最高点与最低点之间的适当位置作辅助平面 P，P 面与圆锥的交线是圆，其水平投影反映实形，该圆的半径可在侧面投影中量取。P 面与圆柱的交线是两条平行直线，它们在水平投影中的位置也可从侧面投影中量取(Y_3、Y_4)。在水平投影中，圆和两条平行直线的交点 e、f、g、h 即为相贯线上四个点的水平投影。其正面投影 e'、f'、g'、h'应在 P'上，侧面投影 e''、f''、g''、h''应位于 P''与圆的相交处，如图 3－19(b)、(c)所示。

③ 在正面投影及水平投影上分别依次光滑连接所作各点的投影，作图结果如图 3－19(d)所示。

2. 正交的圆柱与圆锥直径不同时引起相贯线的变化

如图 3－20 所示，圆锥直径不变，而随着圆柱的直径变化时，相贯线也随之发生变化。

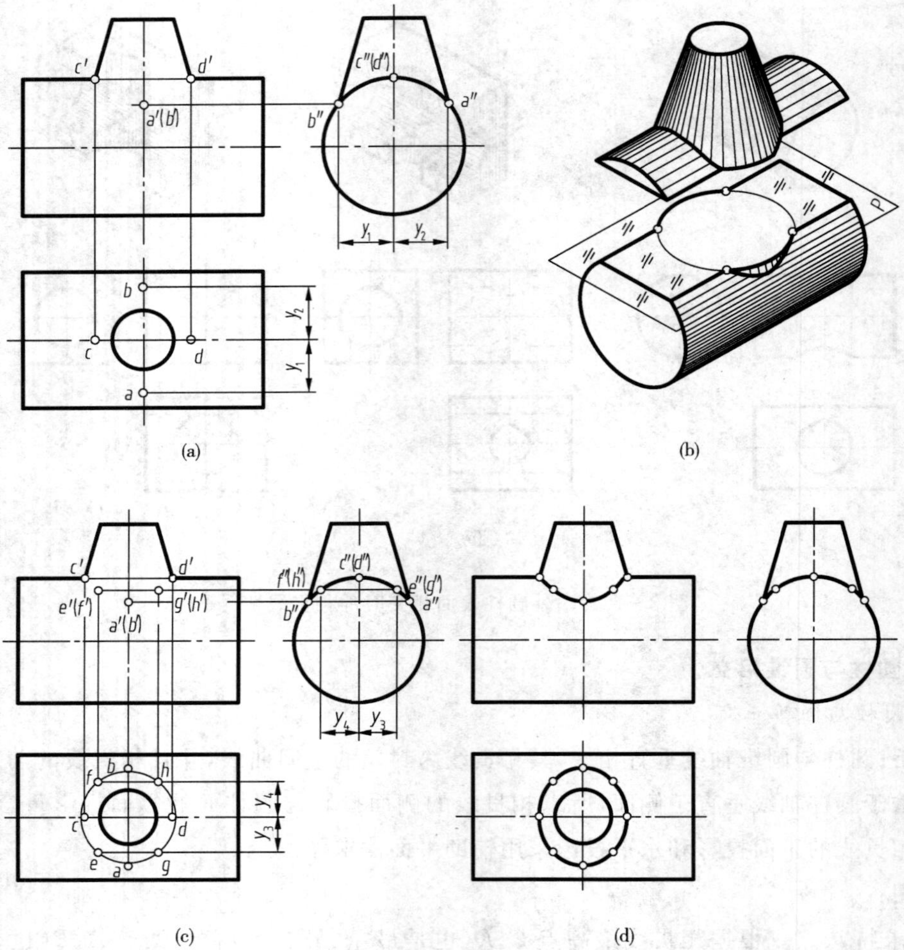

图 3-19 圆柱与圆锥正交

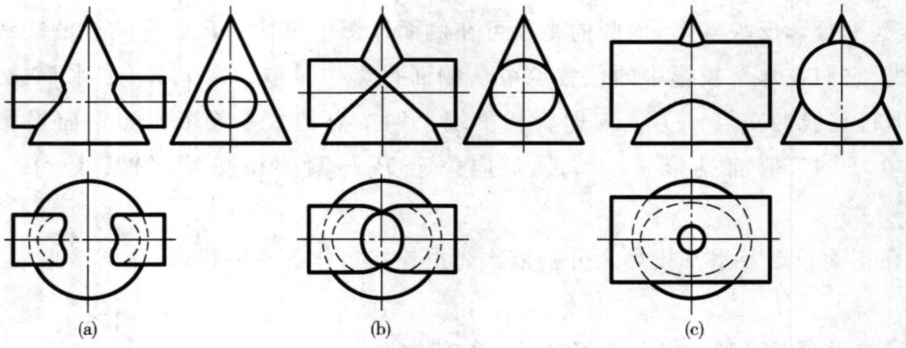

图 3-20 圆柱与圆锥相交直径不同时其相贯线的变化

三、圆柱(或圆锥)与圆球相交

当圆柱(或圆锥)的轴线通过球心时,其相贯线为垂直于轴线的圆,若轴线平行于某投影面,则相贯线(圆)在该面上投影积聚为直线,如图 3-21 所示。

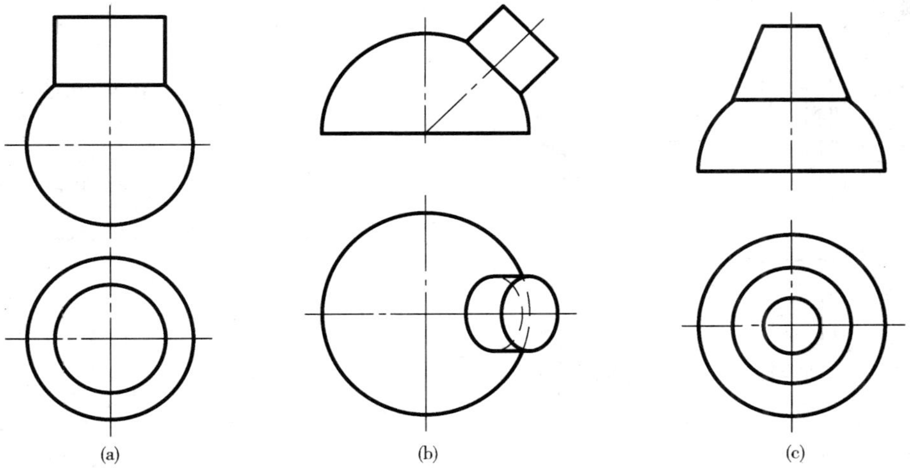

图 3-21　圆柱(或圆锥)与球相交

【例 3-5】如图 3-22 所示,求作半球与两个圆柱的组合相贯线。

分析:小圆柱上半部与半球相交,由于它们的轴线垂直于侧面,所以相贯线为平行于侧面的半圆弧。其侧面投影 $a''b''c''$ 与小圆柱有积聚性的圆弧重合,正面投影和水平投影均为垂直于小圆柱轴线的直线段 $a'b'(c')$ 和 abc。小圆柱下半部与大圆柱的交线为一段空间曲线。由于小圆柱轴线垂直于侧面,大圆柱轴线垂直于水平面,所以相贯线的侧面投影和水平投影分别积聚成 $a''d''c''$ 和 adc 两段圆弧。根据相贯线的侧面投影和水平投影作出正面投影,必要时还可作出若干中间点,如 e''、f'' 和 e、f。

作图过程如图 3-22(a)所示,作图结果如图 3-22(b)所示。

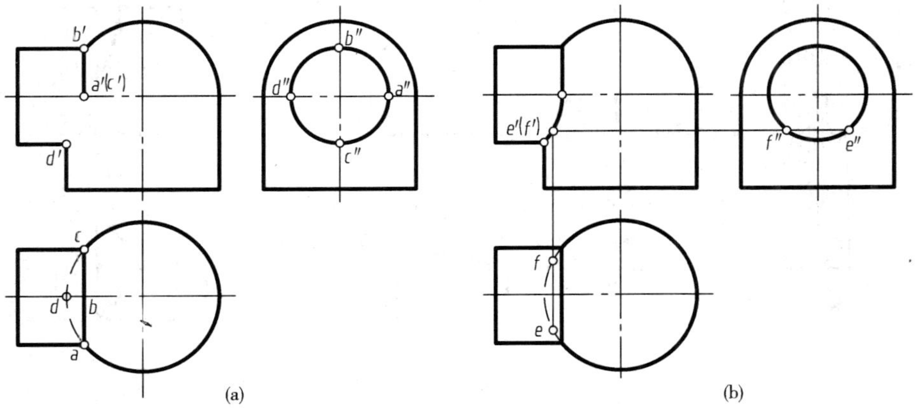

图 3-22　半球与两圆柱相交

四、相贯线的简化画法

如两圆柱的轴线垂直相交,如图 3-23 所示,在不致引起误解的情况下,其相贯线的投影可用圆弧代替。画法如下:分别以 1′或 2′为圆心,以大圆柱的半径 R 为半径画圆弧,与小圆柱的轴线相交与 O 点,再以 O 为圆心,R 为半径,以 1′和 2′为端点画圆弧,即为相贯线的投影。

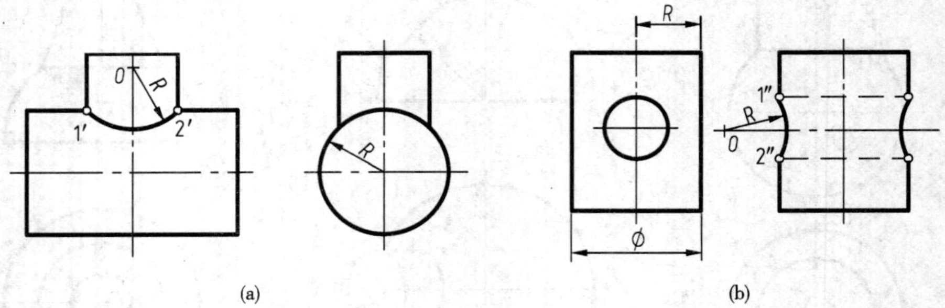

图 3-23　正交两圆柱相贯线的简化画法

第四节　立体的尺寸注法

立体的视图只能表达其形状结构,而要表达其大小,则必须在视图上标注尺寸。掌握立体的尺寸注法,是图样中标注尺寸的基础。

一、基本立体的尺寸注法

1. 平面立体的尺寸注法

平面立体一般应标注长、宽、高三个方向的尺寸,如图 3-24 所示。标注正方形尺寸时,可在正方形边长尺寸数值前加注"□"符号,如图 3-24(d)所示。

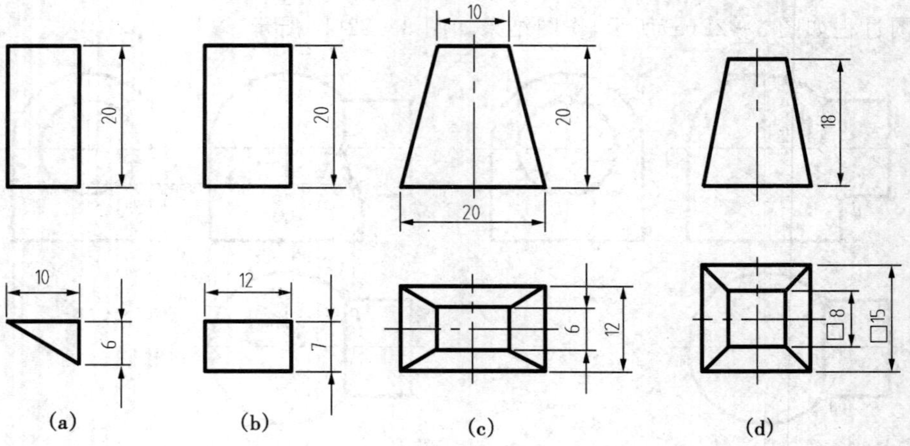

图 3-24　棱柱、棱锥台的尺寸注法

对于正棱柱和正棱锥，除标注高度尺寸外，一般应注出其底面的外接圆直径。如图 3－25(a)、(b)所示。但也可按其他形式注出，如图 3－25(c)、(d)所示。

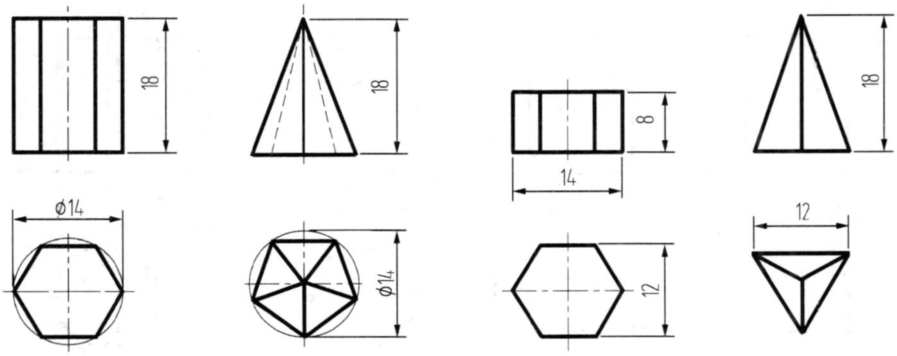

(a) (b) (c) (d)

图 3－25 正棱柱、正棱锥的尺寸注法

2. 回转立体的尺寸注法

圆柱和圆锥台(或圆锥)应注出高和底圆直径。标注直径时，应在尺寸数值前加注符号"ϕ"。如图 3－26(a)、(b)所示。标注球面的直径或半径时，应在"ϕ"或"R"前加注符号"S"，如图 3－26(c)、(d)所示。

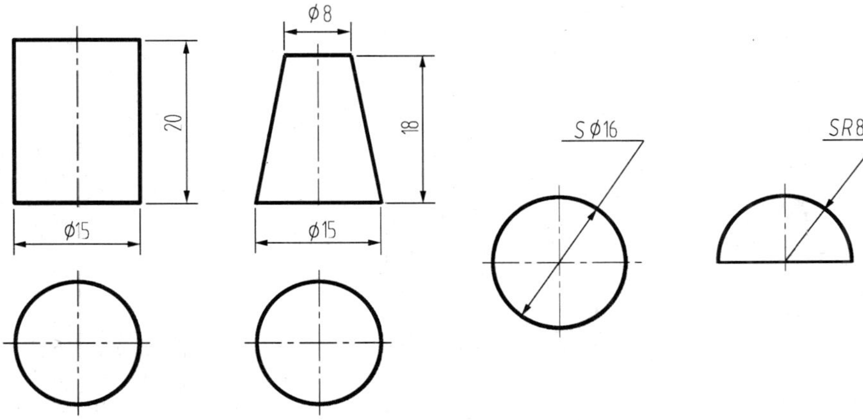

(a) (b) (c) (d)

图 3－26 圆柱、圆锥台、圆球的尺寸注法

二、切口、开槽立体的尺寸注法

带切口的立体，除了注出基本体的尺寸外，还必须注出切口的定位或定形尺寸，如图 3－27(a)、(b)所示的两种注法。

开槽立体,除了注出基本体的尺寸外,还必须注出槽的定形尺寸和定位尺寸,如图 3-27(c)、(d)所示。

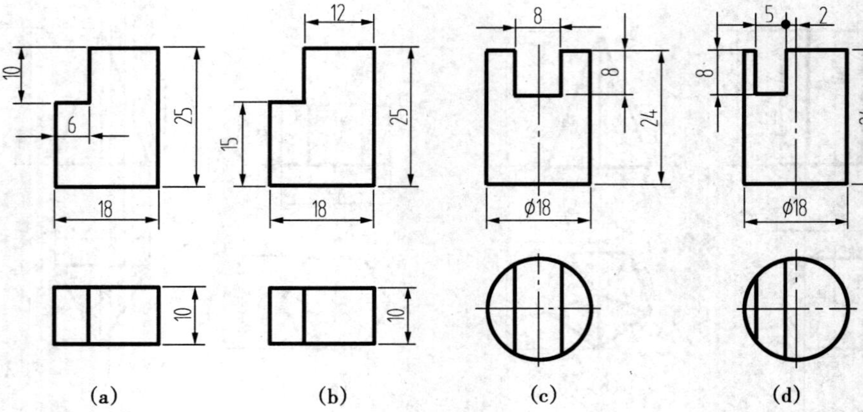

图 3-27　切口、开槽立体的尺寸注法

第四章 轴测图

第一节 轴测图的基本知识

应用正投影法绘制物体的三面视图，虽然能准确地表达物体的形体，但缺乏立体感，给视图的阅读带来一定困难。轴测图是一种能反映物体三维空间形状的投影图，富有立体感，因而较容易看懂，如图 4－1 所示。电力、化工、石油、建筑等工程上常采用轴测图的表达方法绘制给排水，输送油、气、粉，采暖通风管道图。

学习轴测图也能帮助分析和构思形体，培养和发展空间想像力。

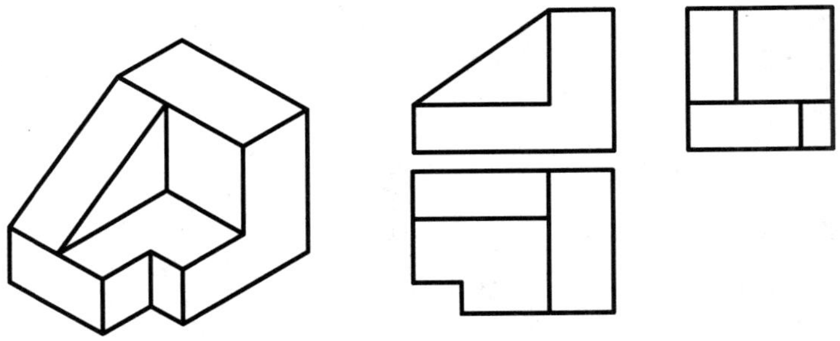

图 4－1 轴测图和三视图

一、轴测图的形成

将物体连同确定空间位置的直角坐标 X、Y、Z，用平行投影法投影到投影面上，所得到的投影图称为轴测投影图，简称轴测图。用于投影的投影面称为轴测投影面。用正投影法投影得到的轴测图称为正轴测图，用斜投影法投影得到的轴测图称为斜轴测图，如图 4－2 所示。

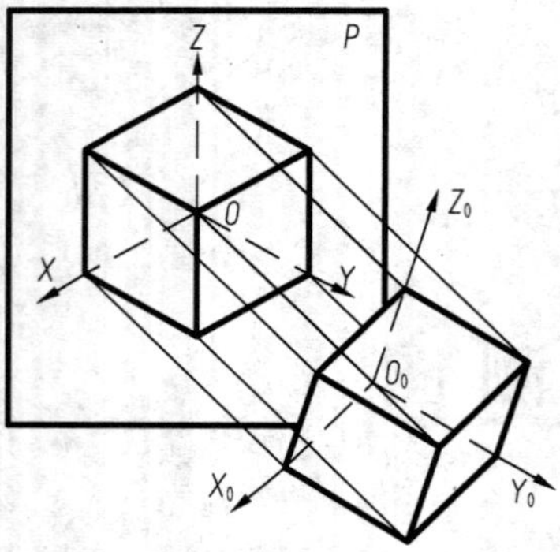

(a) 正轴测投影

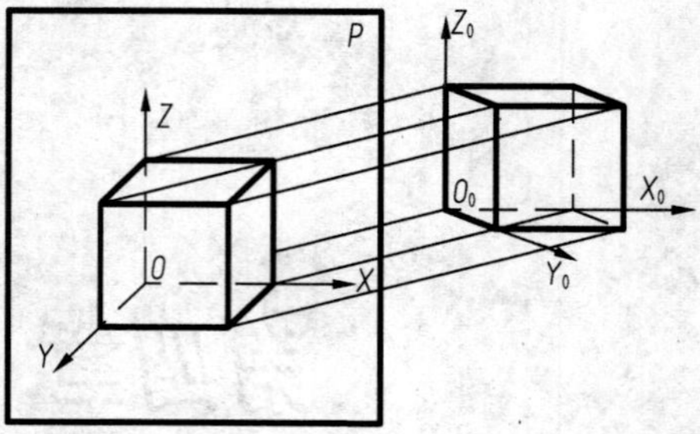

(b) 斜轴测投影

图 4－2　轴测图的形成

二、轴测轴、轴间角、轴向伸缩系数

1. 轴测轴

空间直角坐标 OX、OY、OZ 在轴测投影面上的投影称为轴测轴。

2. 轴间角

轴测轴之间的夹角称为轴间角。不同类型的轴测图，其轴间角也不同。

3. 轴向伸缩系数

由于物体上三个坐标轴倾斜于轴测投影面，故其轴测投影长度缩短。轴测轴上的线段与空间坐标轴上对应线段的长度之比，称为轴向伸缩系数。OX、OY、OZ 的轴向伸缩系数分别以 p、q、r 表示。

三、轴测图的分类

轴测图的分类如下：

- 轴测图
  - 正轴测图
    - 正等轴测图　($p=q=r$)
    - 正二轴测图　($p=r\neq q$)
    - 正三轴测图　($p\neq q\neq r$)
  - 斜轴测图
    - 斜等轴测图　($p=q=r$)
    - 斜二轴测图　($p=r\neq q$)
    - 斜三轴测图　($p\neq q\neq r$)

常用的有正等轴测图和斜二轴测图两种。

四、轴测图的投影特性

轴测投影应用的是平行投影法。它具有两种基本特性：

(1) 平行性　物体上相互平行的线段，轴测投影后也相互平行。物体上与坐标轴平行的线段，轴测投影后仍平行于相应的轴测轴。

(2) 沿轴性　物体上凡是与坐标轴平行的线段，绘制轴测投影时可以沿着轴向直接度量。所谓“轴测”就是指沿轴向进行测量的意思。

第二节　正等轴测图

将物体上三个坐标轴放置与轴测投影面倾角相同时，用正投影法向轴测投影面投影得到的轴测图称为正等轴测图，如图 4－2(a)所示。

一、正等轴测图的轴测轴、轴间角及轴向伸缩系数

1. 轴测轴、轴间角

如图 4－3 所示为正等轴测图的轴测轴，它的三个轴间角均为 120°，其 OZ 轴为铅垂方向，OX 和 OY 两轴分别与水平线成 30°角。

2. 轴向伸缩系数

正等轴测图三个轴的轴向伸缩系数都相同，$p=q=r=0.82$。为了方便作图，规定采用简化伸缩系数 $p=q=r=1$。绘制正等轴测图可直接度量物体的实际尺寸，如图 4－3(b)。用这种方法绘制的轴测图比实物要大，但作图方便，工程上都用这种简化方法绘图。

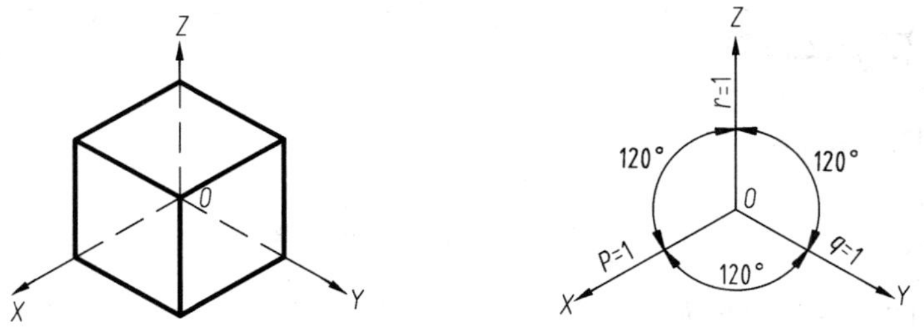

(a)　　(b)

图 4－3　正等轴测图的轴测轴、轴间角及轴向伸缩系数

二、平面体的正等轴测图画法

绘制平面体的正等轴测图，一般先确定立体上各点的轴测坐标，然后再按顺序连点为直线或平面，最后画出平面体的正等轴测图。

如图 4－4 所示为正六棱柱的正等轴测图的作图步骤和方法。

绘制正六棱柱的正等轴测图时，先画出棱柱上各顶点的正等轴测图，再将相应点按顺序连为直线段，即得到正六棱柱的正等轴测图。轴测图上不可见的轮廓线(虚线)一般省略不画。

如图 4－5 所示为简单体正等轴测图的作图方法和步骤。

根据三视图分析，该简单体为切割式形体。可先画出基本几何体——长方体，再按照切割去的形体大小和位置画出左边的斜角及斜角上的槽口，最后得到简单体的正等轴测图。

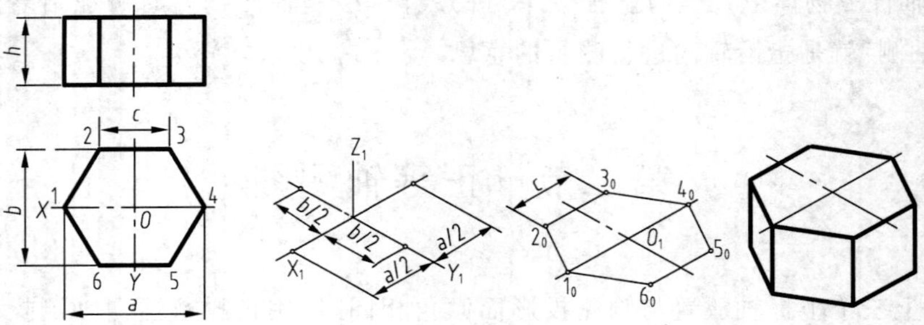

(a) 视图　　　　　　　　(b) 作图步骤

图 4－4　正六棱柱正等轴测图作法

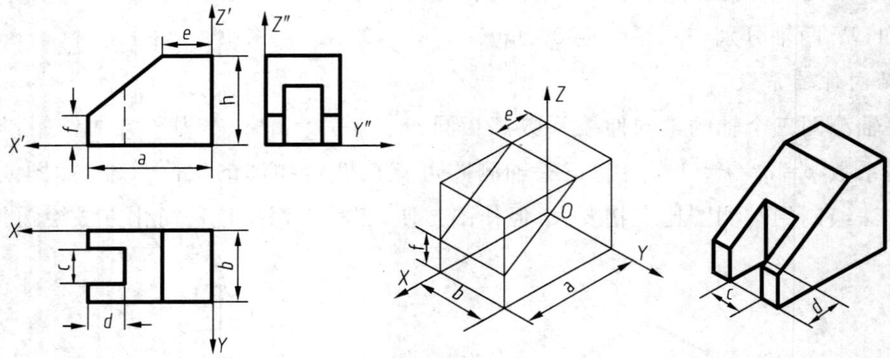

(a) 视图　　　　　　　　(b) 作图步骤

图 4－5　简单切割体的正等轴测图作法

三、回转体的正等轴测图画法

1. 平行于坐标面圆的正等轴测图

平行于坐标面圆的正等轴测图都是椭圆。除了椭圆的方位不同外，其画法都相同。如图 4－6 所示为平行于三个不同坐标面圆的正等轴测图。

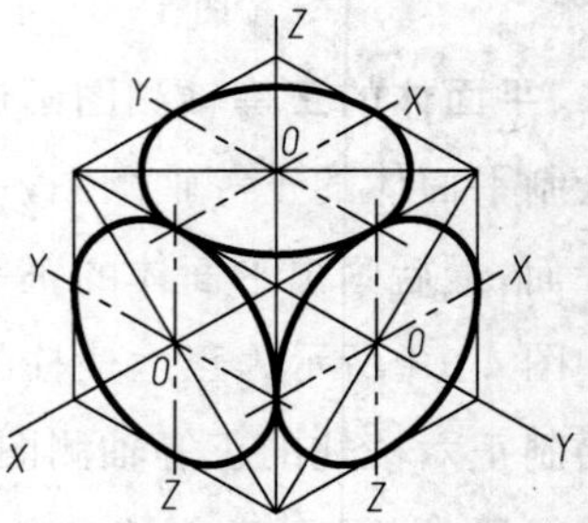

图 4－6　平行各坐标面圆的正等轴测图

通过图 4－6 可以看出，平行于 XOY 坐标面的圆的正等轴测图，其椭圆的长轴垂直于 OZ 轴测轴，短轴平行于 OZ 轴测轴；平行于 XOZ 坐标面的圆的正等轴测图，其椭圆的长轴垂直于 OY 轴测轴，短轴平行于 OY 轴测轴；平行于 YOZ 坐标面的圆的正等轴测图，其椭圆的长轴垂直于 OX 轴测轴，短轴平行于 OX 轴测轴。

正等轴测图中的椭圆采用菱形四心法绘制，具体作图方法如图 4－7 所示。

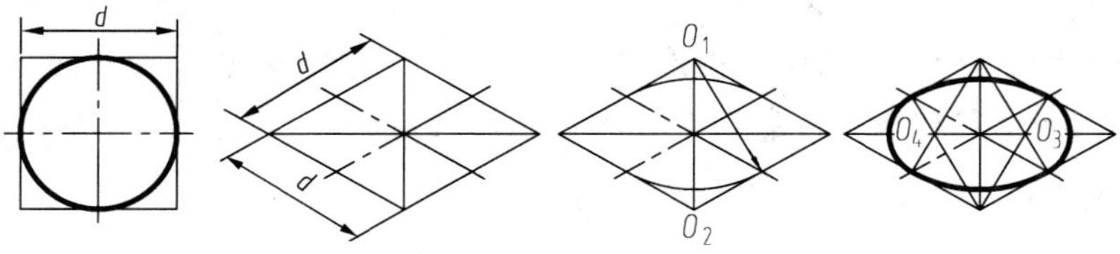

图 4-7 菱形四心法作椭圆的方法

2. 圆柱体的正等轴测图画法

如图 4-8 所示为圆柱体的正等轴测图作图方法和步骤。

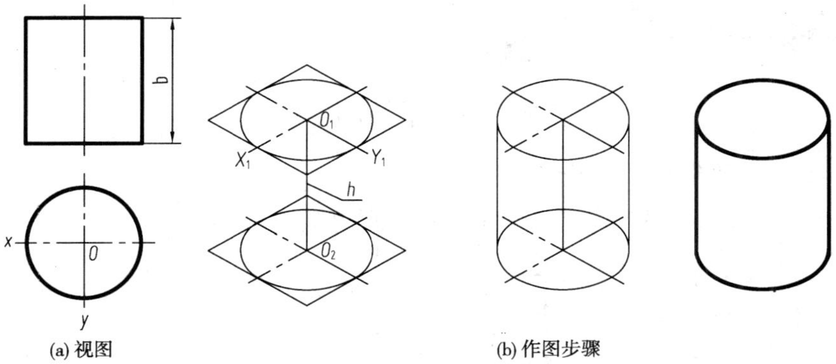

图 4-8 圆柱体正等轴测图的作法

绘制圆柱体的正等轴测图，可先画出圆柱顶面的轴测图——椭圆，再按圆柱的高度 h 确定圆柱底面椭圆的中心 O_2 画出椭圆(两个都是平行于水平面的圆)，最后画出上下两椭圆的两边公切线而得到圆柱体的正等轴测图。

如图 4-9 所示为对称缺口圆柱体的正等轴测图的作图方法和步骤。

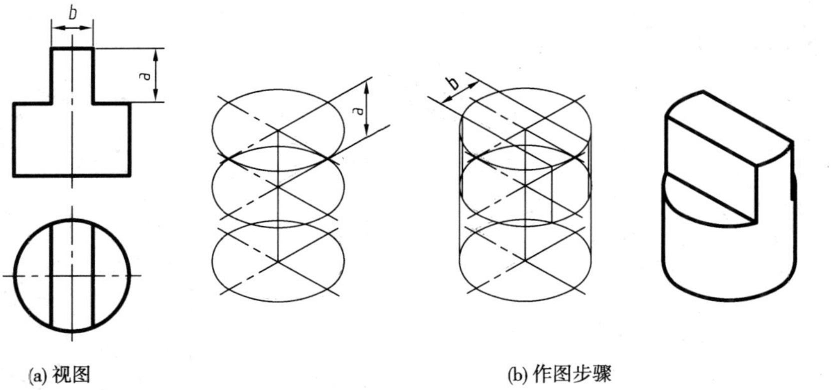

图 4-9 对称缺口圆柱体正等轴测图作法

缺口圆柱体上的圆和圆弧都平行于水平面，故采用 OX 和 OY 轴测轴画椭圆。画缺口部分的椭圆弧首先要在圆柱的中轴线上沿轴度量 a 距离长度确定椭圆弧的中心，再度量缺口宽度 b。其余画法与圆柱体正等轴测图基本相同。

3. 圆角的正等轴测图画法

如图 4－7 所示，椭圆画法中的菱形框格的钝角与椭圆的大圆弧相对应，锐角与椭圆的小圆弧相对应，菱形相邻两条边的中垂线的相交点就是圆心。由此可以得出平板上圆角的正等轴测图的近似画法，如图 4－10 所示。

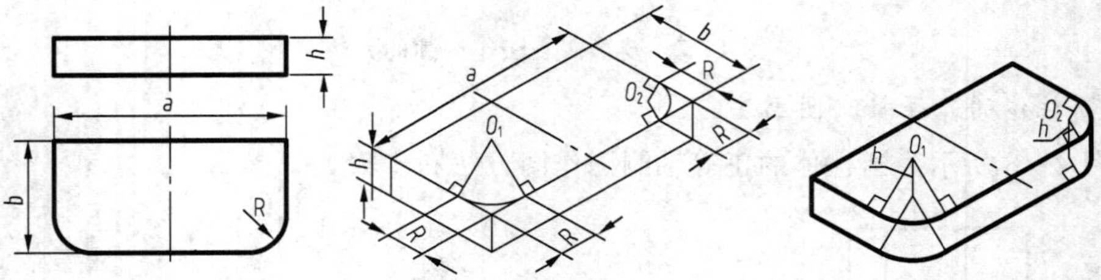

(a) 视图　　(b) 作图步骤

图 4－10　圆角的正等轴测图的作法

4. 轴承座的正等轴测图画法

如图 4－11 所示为轴承座的正等轴测图的作图方法和步骤。

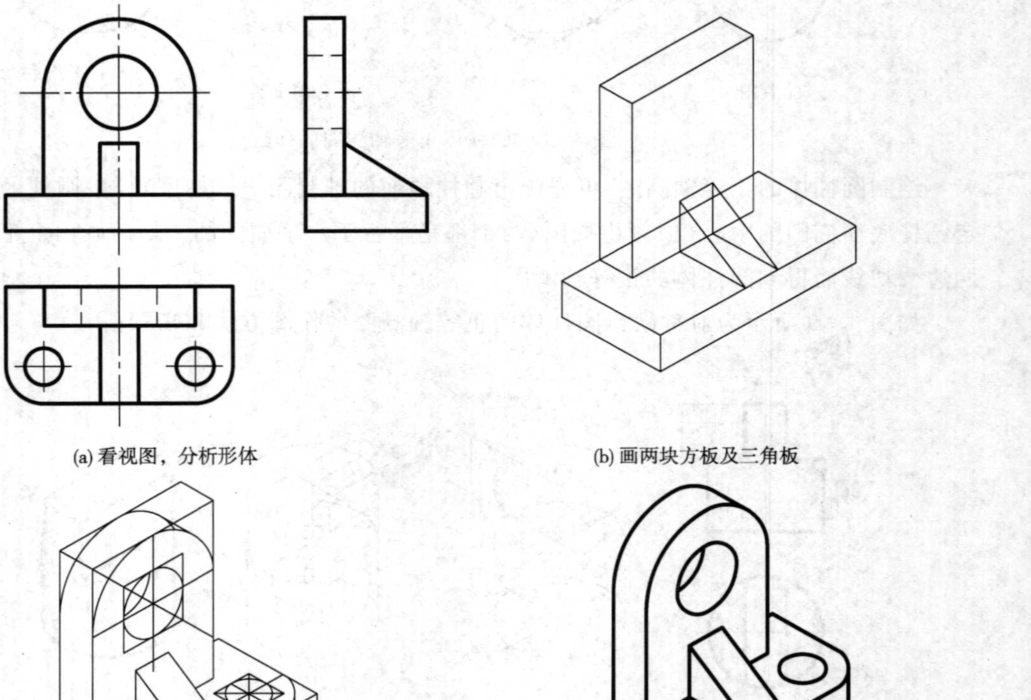

(a) 看视图，分析形体　　(b) 画两块方板及三角板

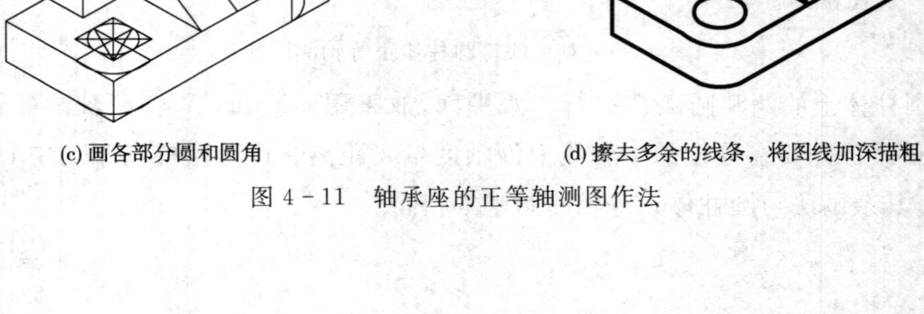

(c) 画各部分圆和圆角　　(d) 擦去多余的线条，将图线加深描粗

图 4－11　轴承座的正等轴测图作法

第三节 斜二轴测图

将物体上的两个坐标轴(一般是 OX 轴和 OZ 轴)放置与轴测投影面平行时,用斜投影法向轴测投影面投影得到的轴测图称为斜二轴测图。

一、斜二轴测图的轴测轴、轴间角及轴向伸缩系数

如图 4-12 所示为斜二轴测图的轴测轴。

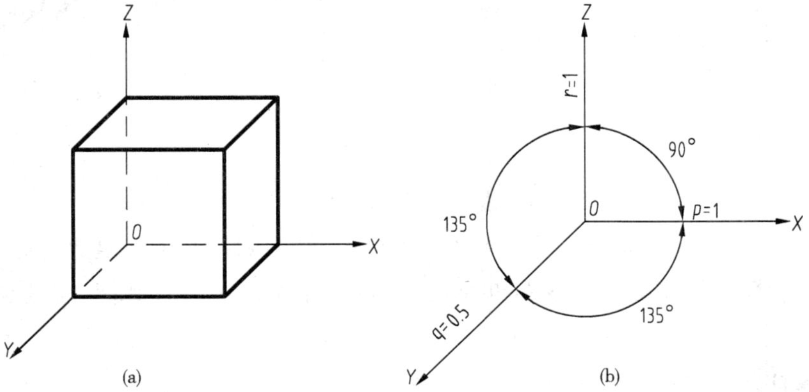

图 4-12 斜二轴测图的轴测轴、轴间角及轴向伸缩系数

由于物体上有两个坐标轴平行于轴测投影面,故这两个坐标轴的轴测投影反映真长和真角,其轴间角为 90°,轴向伸缩系数 $p=r=1$。另一个坐标轴(OY 坐标轴)的轴测投影不反映真长,轴向伸缩系数 $q=0.5$,与 OX、OZ 两个轴测轴的轴间角都是 135°。

在斜二轴测图中,由于物体上平行于 OX、OZ 坐标面的直线和平面反映实形,因此,物体的一个方向有较多的圆或曲线以及形状结构较复杂时,采用斜二轴测图绘制比较简便。

二、平面体的斜二轴测图画法

如图 4-13 所示为平面体的斜二轴测图的作图方法和步骤。

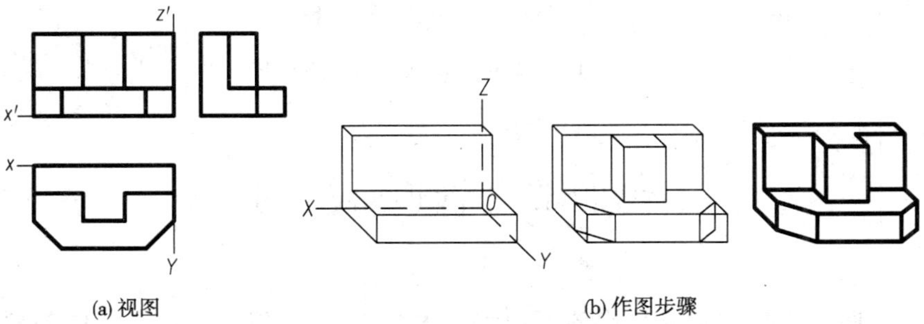

图 4-13 平面体的斜二轴测图作法

三、回转体的斜二轴测图画法

如图 4－14 所示为圆筒的斜二轴测图的作图方法和步骤。

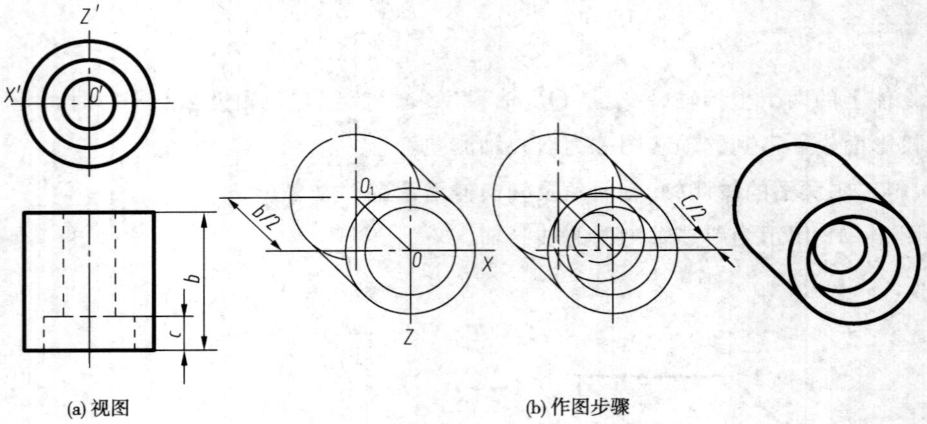

图 4－14　圆筒的斜二轴测图作法

由于圆筒反映圆的一面平行于 OX、OZ 坐标面，其轴测投影仍然是大小、形状与实物相同的圆，只要沿着圆筒的轴线（OY 轴测轴）确定好各个圆的中心点画圆，用公切线连接相对应的圆弧而成。

四、轴承座的斜二轴测图画法

如图 4－15 所示为轴承座的斜二轴测图的作图方法和步骤。

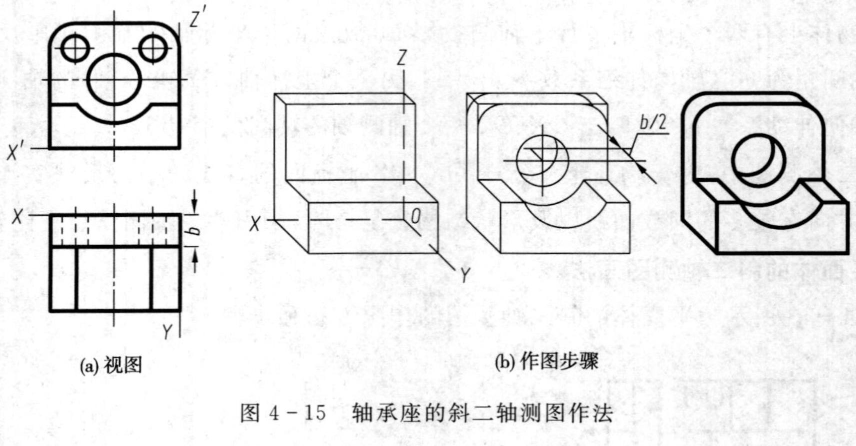

图 4－15　轴承座的斜二轴测图作法

第四节　管道轴测图

管道轴测图也是根据轴测投影的原理和方法绘制而成，用来表达管道的布置、空间位置和走向以及管道的连接关系等，在管道施工安装及检修工程中应用较为广泛。管道轴测图有双线画法和单线画法两种，工程施工和检修中常采用单线管道轴测图画法。

管道中要安装许多零件和附件，这些零件和附件称为管件，如弯管、三通管、阀门和法兰等。这些管件一般都采用规定的符号表示，常见的管件名称及符号见表 4-1。

表 4-1 常见的管件名称及符号

符 号	名 称	符 号	名 称
	直 管		焊接管
	弯 管		法兰连接阀门
	三通管		螺纹连接阀门
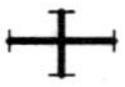	四通管		焊接阀门
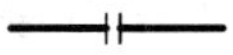	法兰连接管		面向管口
	螺纹连接管		背向管口

一、单线管道正等轴测图画法

如图 4-16 所示为单线管道正等轴测图的作图方法和步骤。

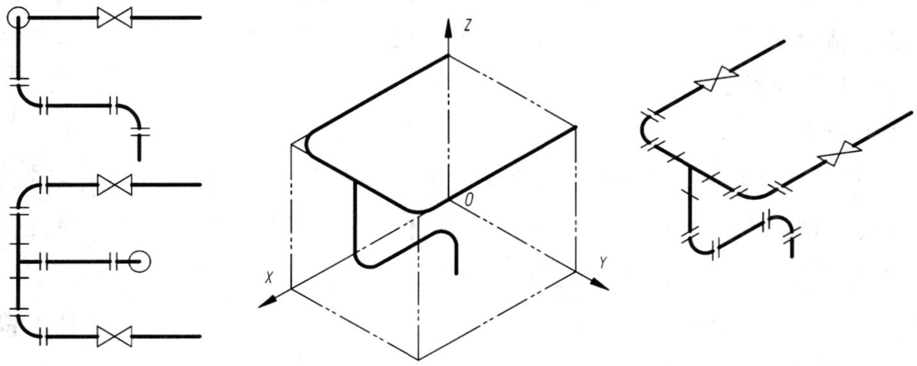

(a) 投影图　　(b) 轴测图

图 4-16 单线管道正等轴测图作法

绘制管道正等轴测图时，首先要弄清楚管道的空间位置关系和走向，确定管道布置的空间立方形和管道走向相对应的轴测轴。平行于轴测轴的管线应沿着轴向度量画出，水平位置的管线应平行于 OX、OY 坐标面，平行于正面的管线应平行 OX、OZ 坐标面，平行于侧面的管线应平行 OX、OZ 坐标面。

二、单线管道斜二轴测图画法

如图 4-17 所示为单线管道斜二轴测图的作图方法和步骤。

单线管道斜二轴测图的画法与正等轴测图画法相同，只是选择的轴测轴不同而已。

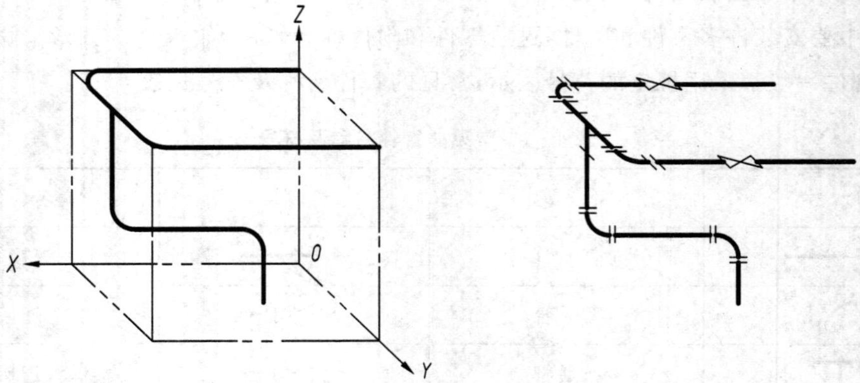

图 4-17　单线管道斜二轴测图作法

第五节　轴测草图

用尺规绘制轴测图比较麻烦，在生产实践中常采用轴测草图的画法。所谓轴测草图，就是按照机件的比例大小，用目测估计的方法徒手绘制的轴测图。由于这种轴测图不需用尺规绘制，图形精确度要求不高，画起来快而简便，因此应用较为广泛。

一、正等轴测草图画法

1. 徒手画正等轴测椭圆

如图 4-18 所示为正等轴测椭圆的画法。由于该圆平行于水平面，故先作 OX、OY 轴测轴，根据圆的直径 D 作菱形框格（正方形的正等轴测图），得四段圆弧的切点 1、2、3、4。将 $O4$ 或（$O3$）作三等分得等分点 A 点，过 A 点作 OY（或 OX）的平行线，交于椭圆长轴得 5 点，过 5 点依次作 OX、OY 轴的平行线，再交椭圆长、短轴于 6、7、8 点。依次光滑地连接八个点即为正等轴测椭圆的近似画法。

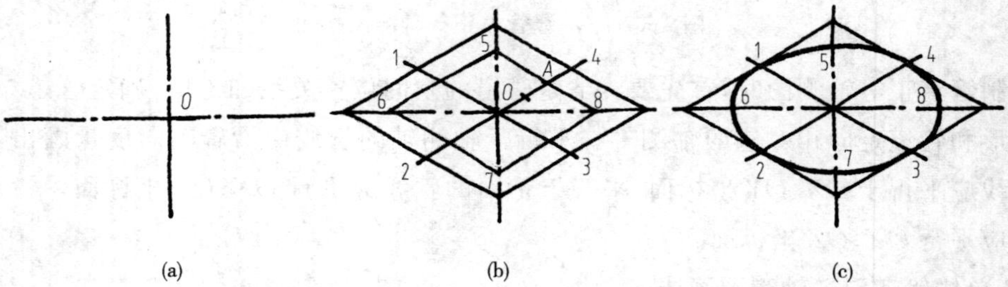

图 4-18　画正等轴测椭圆草图

2. 接头的正等轴测草图画法

如图 4－19 所示为接头正等轴测草图的作图方法和步骤。先画出长方体，按照切割的步骤和形体大小画出连接在一起的三块方板，然后在方板上完成平行于不同坐标面的椭圆和圆角的正等轴测图。

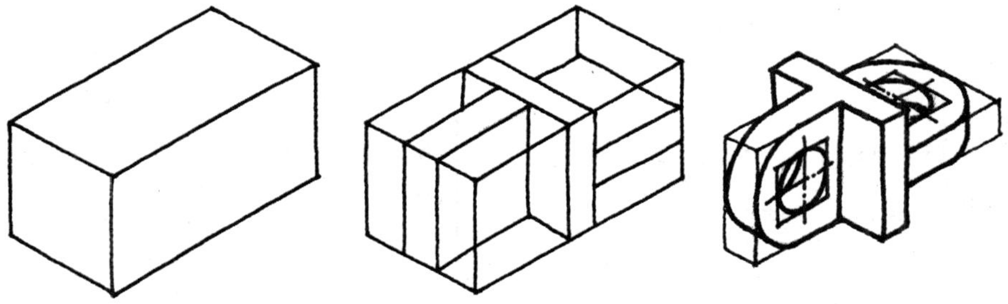

(a) (b) (c)

图 4－19 画接头正等轴测草图

二、斜二轴测草图

如图 4－20 所示为六角螺栓毛坯的斜二轴测草图。首先作 OY 轴测轴（六角螺栓的中轴线），在轴上确定正六边形和圆的圆心位置，然后在各自的圆心位置上画出正六边形和圆，最后作两个正六边形对应顶点的直线连接和两圆的外公切线而成。

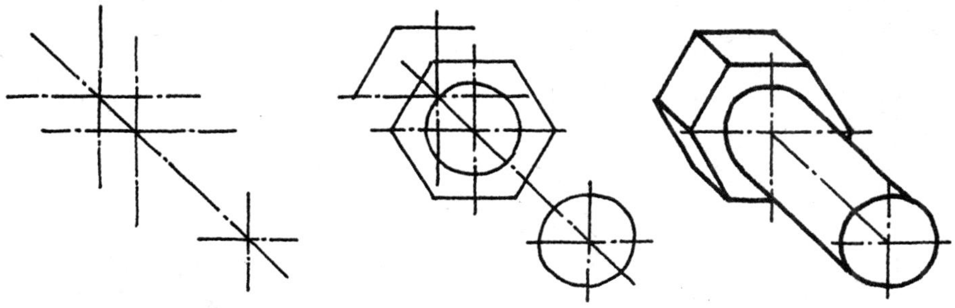

图 4－20 六角螺栓毛坯的斜二轴测草图

第五章 组合体

由两个或两个以上基本几何体所组成的物体，称为组合体。本章重点讨论组合体的画图方法、看图方法和尺寸注法。

第一节 组合体的形体分析

一、形体分析法

任何复杂的物体，仔细分析起来，都可看成是由若干个基本几何体组合而成的。如图5-1(a)所示的轴承座，可看成是由两个尺寸不同的四棱柱和一个半圆柱叠加起来后，如图5-1(b)所示，再切出一个大圆柱体和两个小圆柱体而成的，如图5-1(c)所示。画组合体的视图时，可采用“先分后合”的方法。就是说，先在想象中把组合体分解成若干个基本几何体，然后按其相对位置逐个画出各基本几何体的投影，综合起来即得到整个组合体的视图。这样，就可把一个复杂的问题分解成几个简单的问题加以解决。这种为了便于画图、看图和标注尺寸，通过分析将物体分解成若干个基本几何体，并搞清它们之间的相对位置和组合形式的方法，称为形体分析法。

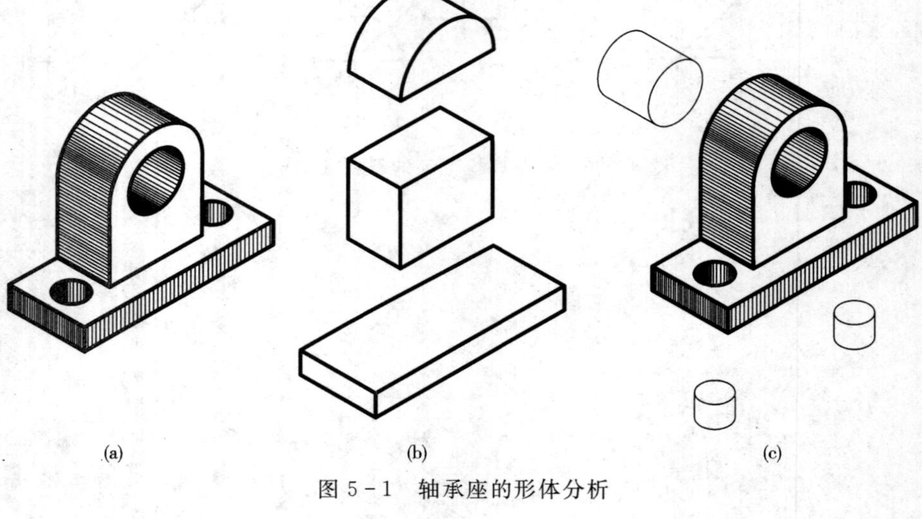

(a) (b) (c)

图5-1 轴承座的形体分析

二、组合体的组合形式

组合体的组合形式，可粗略地分为叠加型、切割型和综合型等三种。叠加型组合体是由若干基本体叠加而成，如图 5－2(a)所示；切割型组合体可看作由基本体经过切割或穿孔后形成的，如图 5－2(b)所示；综合型组合体的组合形式既有叠加又有切割，如图 5－2(c)所示。

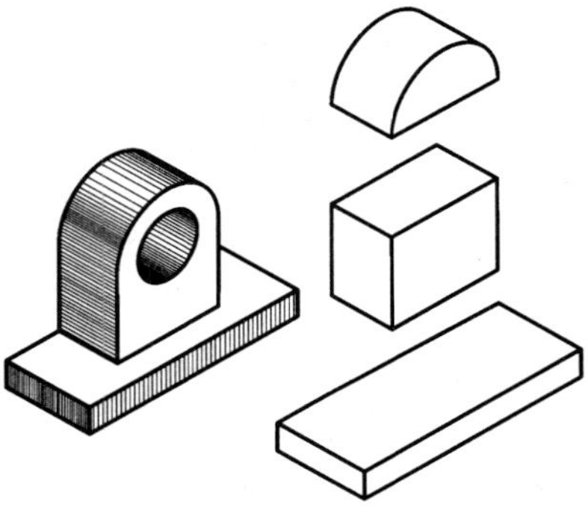

(a)叠加型

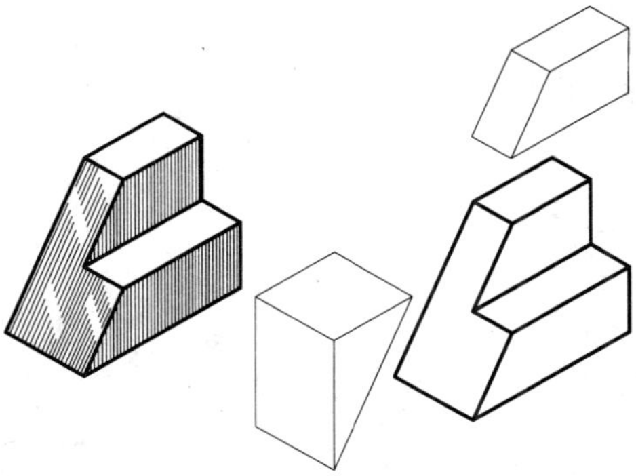

(b)切割型

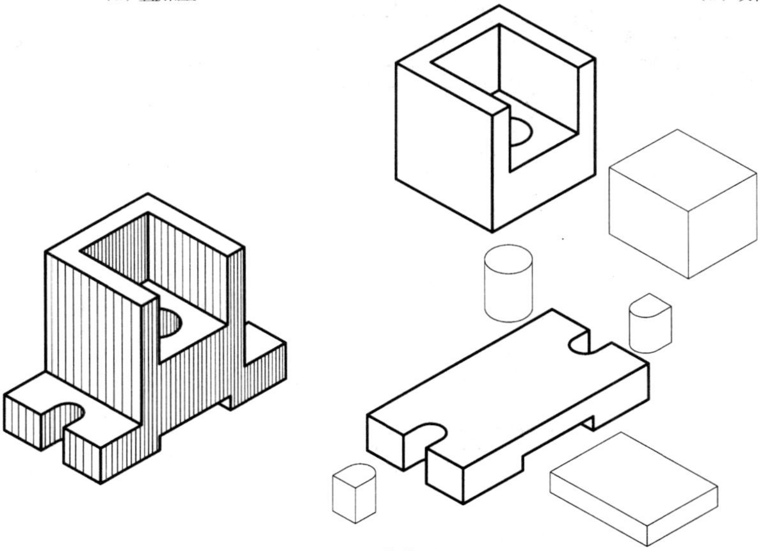

(c)综合型

图 5－2　组合体的组合形式

三、组合体表面的连接关系

从组合体的整体来分析，各基本体之间都有一定的相对位置，并且各形体之间的表面也存在一定的连接关系。

1. 表面平齐和不平齐

当相邻两形体的表面平齐连成一个平面，结合处没有界线，如图 5－3(a)所示。在画图时，主视图的上下形体之间不应画线。

如果两形体的表面不平齐，如图 5－3(b)所示，在主视图上要画出两表面间的界线。

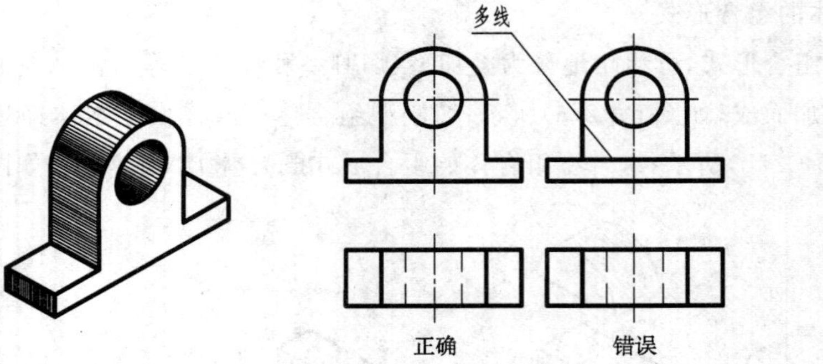

(a) 表面平齐连接

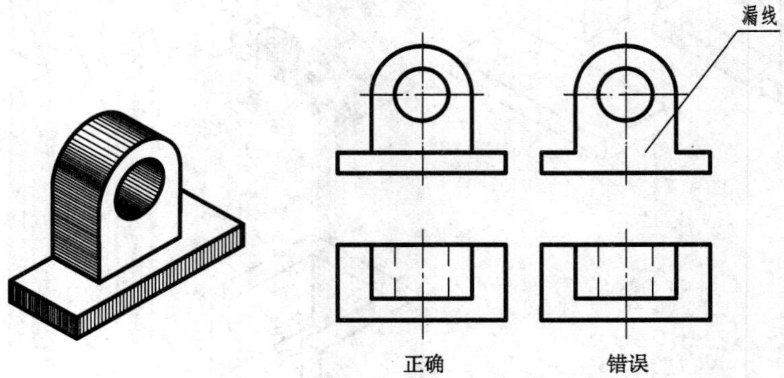

(b) 表面不平齐连接

图 5－3　表面平齐和不平齐的连接

2. 两形体表面相切

相切是指两个基本体的相邻表面(平面与曲面或曲面与曲面)光滑过渡,如图 5－4 所示。相切处不存在轮廓线,在视图上不画出分界线。

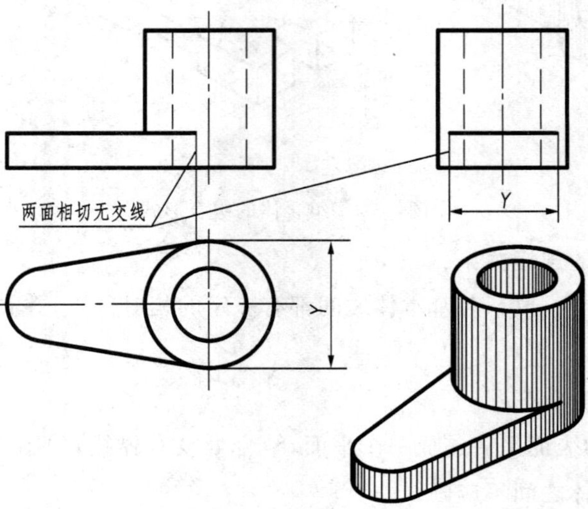

图 5－4　相切表面连接

3. 两形体表面相交

相交是指两基本体的表面相交产生交线(截交线或相贯线),应画出交线的投影,如图5-5所示。

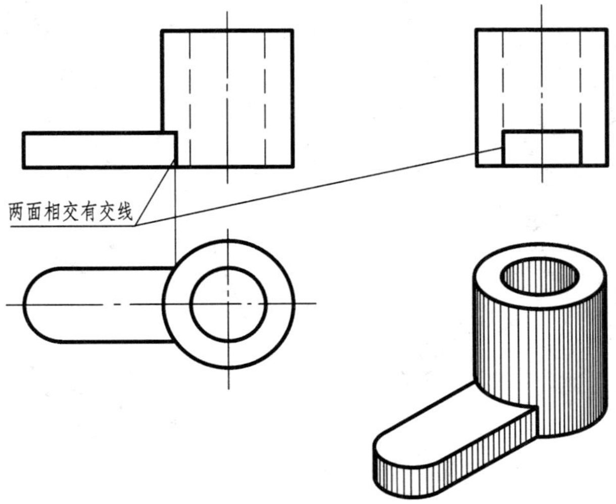

图 5-5 相交表面连接

第二节 组合体三视图的画法

下面以如图 5-6 所示轴承座为例,说明画组合体三视图的方法和步骤。

1. 形体分析

画图之前,首先应对组合体进行形体分析,将其分解成几个组成部分,明确组合形式,进一步了解相邻两形体之间表面连接关系,然后再来考虑视图的选择。

如图 5-6(a)所示轴承座是由底板、圆筒、肋板和支承板组成的,也就是说可分为如图5-6(b)所示的几个组成部分。底板、肋板和支承板之间的组合形式为叠加,支承板的左右侧面与圆筒外表面相切,肋板与圆筒表面属于相交,其交线为直线,肋板的前面上半部分与圆筒的前端面平齐。

2. 选择主视图

主视图应能明显地反映出物体形状的主要特征,同时还要考虑到物体的正常位置,并力求使主要形状特征与投影面平行,以便使投影获得实形。如图5-6(a)所示的轴承座,从箭头方向看去所得的视图,满足了上述的基本要求,可作为主视图。主视图投射方向选定以后,俯视图和左视图也就随之确定了。

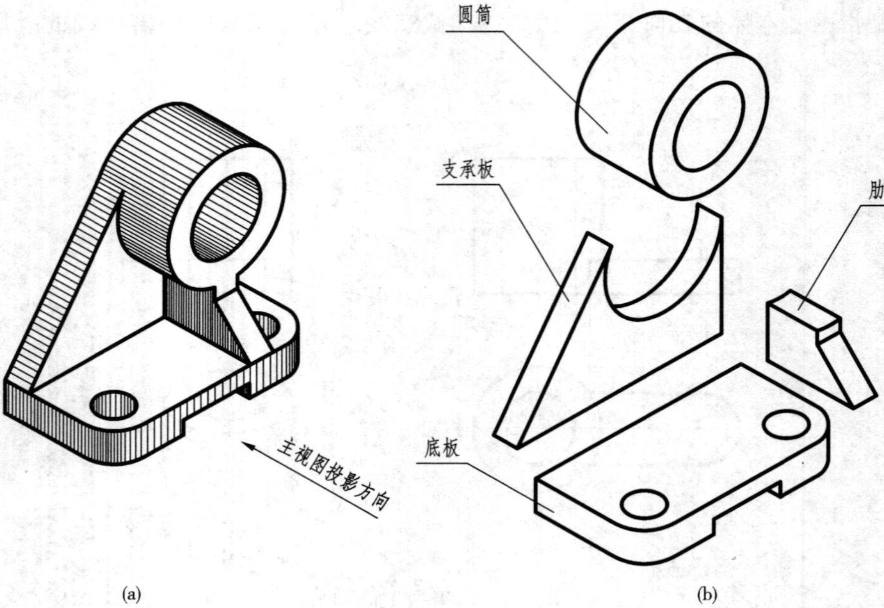

图 5-6　组合体的形体分析

3. 选比例，定图幅

视图确定以后，便要根据物体的大小和复杂程度，按标准规定选定作图比例和图幅。应注意，所选的幅面要比绘制视图所需的面积大一些，留有余地，以便标注尺寸和画标题栏等。

4. 布置视图

布图时，应将视图匀称地布置在幅面上，视图间的间隔应保证能注全所需的尺寸。

5. 绘制底稿

轴承座的画图步骤如图 5-7 所示。

为了迅速而正确地画出组合体的三视图，画底稿时，应注意以下两点：

(1) 画图的先后顺序，一般应从形状特征明显的视图入手。先画主要部分，后画次要部分；先画看得见的部分，后画看不见的部分；先画圆或圆弧，后画直线。

(2) 画图时，物体的每一组成部分，最好是三个视图配合着画。就是说，不要先把一个视图画完再画另一视图。这样，不但可以提高绘图速度，而且还能避免多线、漏线。

6. 检查描深

底稿完成后，应认真进行检查：在三视图中依次核对各组成部分的投影对应关系正确与否，分析清楚相邻两形体连接处的画法有无错误，是否多线或漏线，再以模型或轴测图与三视图对照。确认无误后，再描深图线，完成全图，如图 5-7(d)所示。

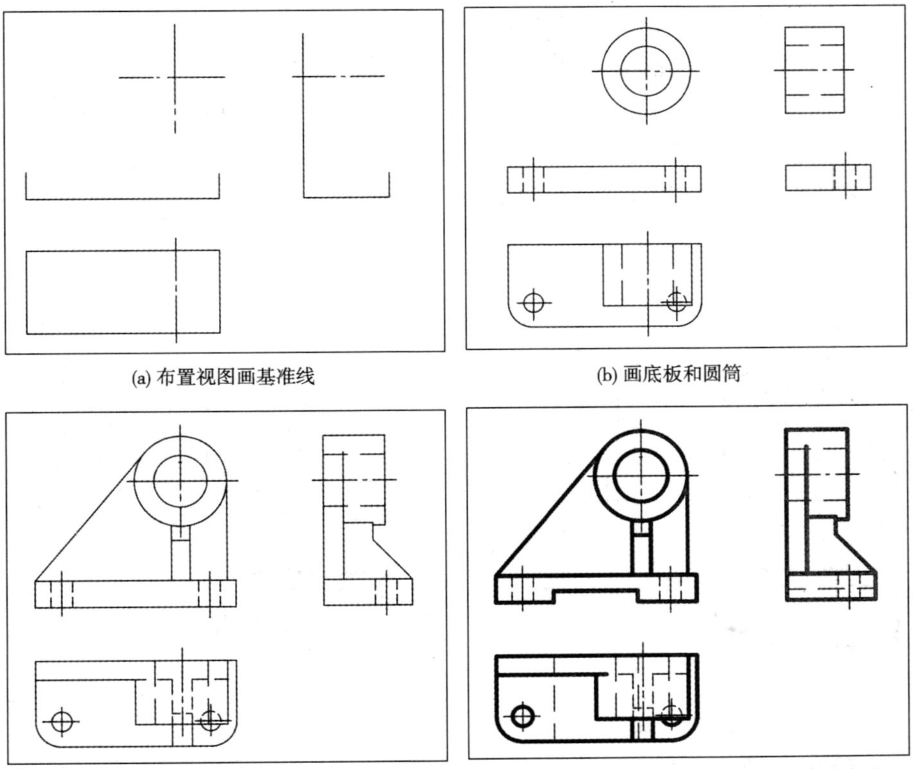

(a) 布置视图画基准线　(b) 画底板和圆筒　(c) 画支承板和肋板　(d) 画细部，检查，描深加粗图线，完成全图

图 5－7　组合体的画图步骤

第三节　组合体的尺寸注法

视图只能表达物体的形状，而要表示它的大小，则必需完整注出尺寸。

一、尺寸种类

为了将尺寸标注得完整，在组合体的视图上，一般需标注下列几种尺寸：

(1) 定形尺寸　确定组合体各组成部分长、宽、高三个方向的大小尺寸；

(2) 定位尺寸　表示组合体各组成部分相对位置的尺寸；

(3) 总体尺寸　表示组合体外形大小的总长、总宽、总高的尺寸。

具体标注如图 5－8 所示。

首先按形体分析法，将组合体分解为若干个组成部分，然后逐个注出各组成部分的定形尺寸。如图 5－8(b)中确定圆筒的大小，应标注外径ϕ28、孔径ϕ16和长度 18 这三个尺寸；底板的大小，应标注长 61、宽 28、高 9 这三个尺寸；其他部分尺寸的标注如图 5－8(d)所示。

其次标注确定各组成部分相对位置的定位尺寸。图 5－8(c)中圆筒与底板的相对位置，需标注水平轴线距底板底面的高 40 和圆筒相对于底板右端面的长 17 这两个尺寸。底板上的两个⌀6 孔的相对位置，应标注 45 和 20 这两个尺寸。

最后标注总体尺寸。如图 5-8(d)所示，底板的长度 61 即为轴承座的总长（不必另行标注）。总宽即为底板宽 28，总高由圆筒的轴线高 40 加上圆筒外径的一半决定，三个总体尺寸已全。在这种情况下，总高是不直接注出的，即组合体的一端或两端为回转体时，必须采用这种标注形式，否则就会出现重复尺寸。

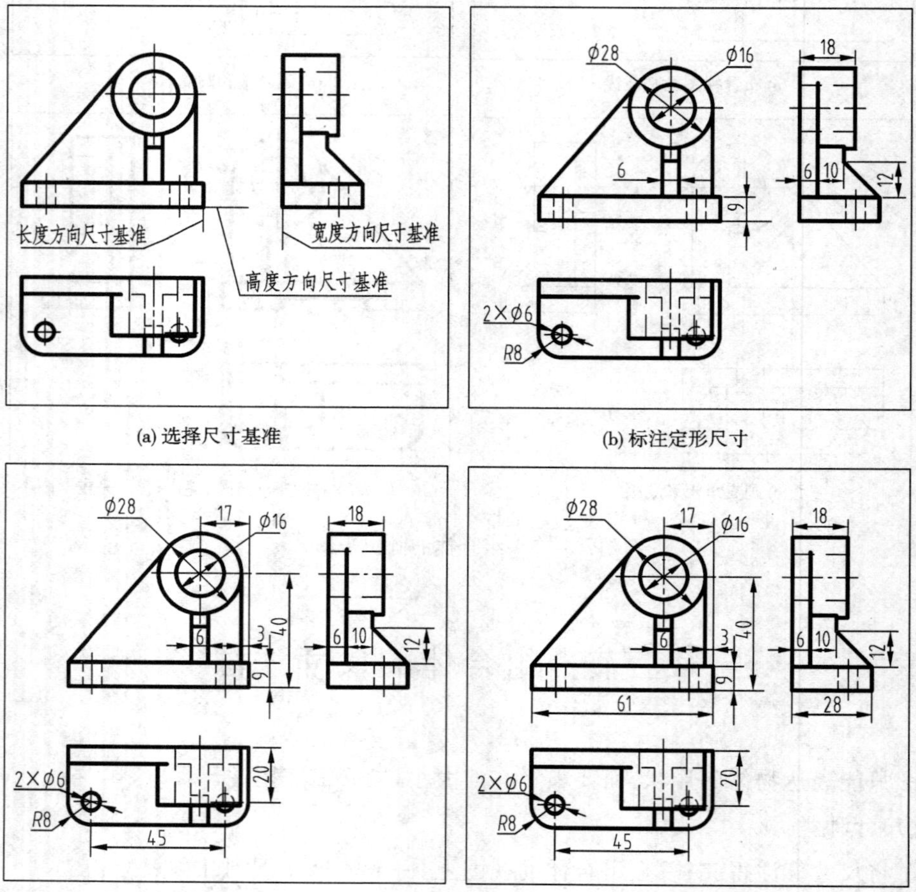

(a) 选择尺寸基准　　(b) 标注定形尺寸

(c) 标注定位尺寸　　(d) 最后标注总体尺寸

图 5-8　组合体的尺寸标注步骤

二、尺寸基准

在明确了视图中应标注哪些尺寸的同时，还须考虑尺寸基准的问题。所谓尺寸基准，就是标注尺寸的起点。关于基准的确定，一般可选组合体的对称平面、底面、重要端面以及回转体的轴线等作为尺寸基准。如图 5-8(a)所选轴承座的尺寸基准是：以底板左端面为长度方向的基准；以底板和支承板的后面作为宽度方向的基准；以底板的底面作为高度方向的基准。

基准选定后，各方向的主要尺寸就应从相应的尺寸基准进行标注。如图 5-8(d)所示，主、俯视图中的61、17是从长度方向的基准进行标注的；俯、左视图中的20、28、6、18是从宽度方向的基准进行标注的；主、左视图中的9、40、12是从高度方向的基准进行标注的。

三、标注尺寸的注意事项

所注尺寸必须完整、清晰。要达到完整的要求，就须透彻地分析物体的结构形状，明确各组成部分之间的相对位置，然后一部分、一部分地注出定形尺寸和定位尺寸。标注时，要从长、宽、高三个方向考虑。检查时，也要从这三个方向检查尺寸注得是否齐全。此外，还应注意：

(1) 各基本形体的定形、定位尺寸不要分散，要尽量集中标注在一个或两个视图上。例如图5-8(d)中底板上两圆孔的定形尺寸2×ϕ6和定位尺寸45、20就集中注在俯视图上。这样集中标注对看图是比较方便的。

(2) 尺寸应注在表达形体特征最明显的视图上，并尽量避免注在虚线上。如图5-8(d)所示中圆筒孔径ϕ16注在主视图上是为了避免在虚线上标注尺寸的缘故。

(3) 为了使图形清晰，应尽量将尺寸注在视图外面，以免尺寸线、尺寸数字和轮廓线相交。与两视图有关的尺寸，最好注在两视图之间，以便于看图。

(4) 同心圆柱或圆孔的直径尺寸，最好注在非圆的视图上。

第四节 看组合体视图

看图是工程技术人员的一项基本要求，首先要学习看组合体视图的基本方法和要领。

一、看组合体视图的基本要领

1. 要把几个视图联系起来进行识读

在未注尺寸的情况下，只看一个视图不能确定物体的形状。有时虽有两个视图，若视图选取不当，物体的形状也不能确定。例如图5-9中，若只看主视图，物体的形状仍难以确定，因随着俯视图的不同，所示物体可能就会有所不同。

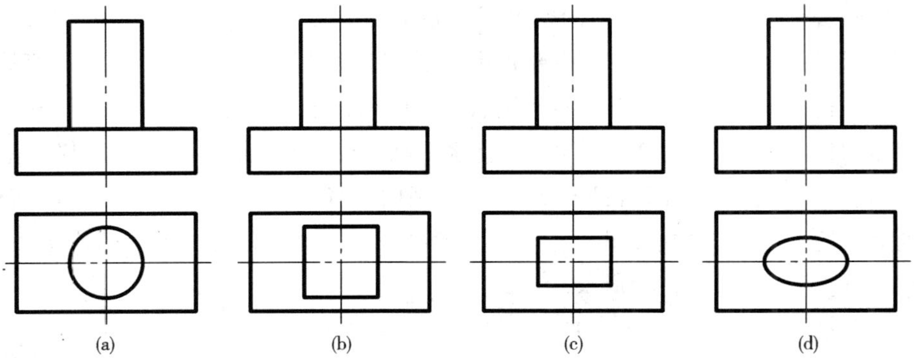

图5-9 几个视图联系起来看图示例

2. 要理解线框的含义

相邻的两个封闭线框是表示位置不同的两个面，这两个面的位置关系须依据该线框的对应投影在另外两个视图上确定。如图 5－10 主视图中的Ⅰ、Ⅱ、Ⅲ线框所示平面的前后位置(其上、下、左、右位置一看即明)必须在俯、左视图上确定(如图中指引线所指)。就是说，主视图不反映“面”的前后关系，俯视图不反映“面”的上下关系，左视图不反映“面”的左右关系。若明确这种关系，就只有依据线框在其他两视图上的对应线条，看懂投影关系。因此，看图时，只要将主视图中的线框向前拉出，或将俯视图中的线框向上拉出，或将左视图中的线框向左拉出，使该线框所示的体的立体形象就可在头脑中初步形成。可见，深刻理解线框的含义，正确运用线框进行投影分析，对读图非常有益。

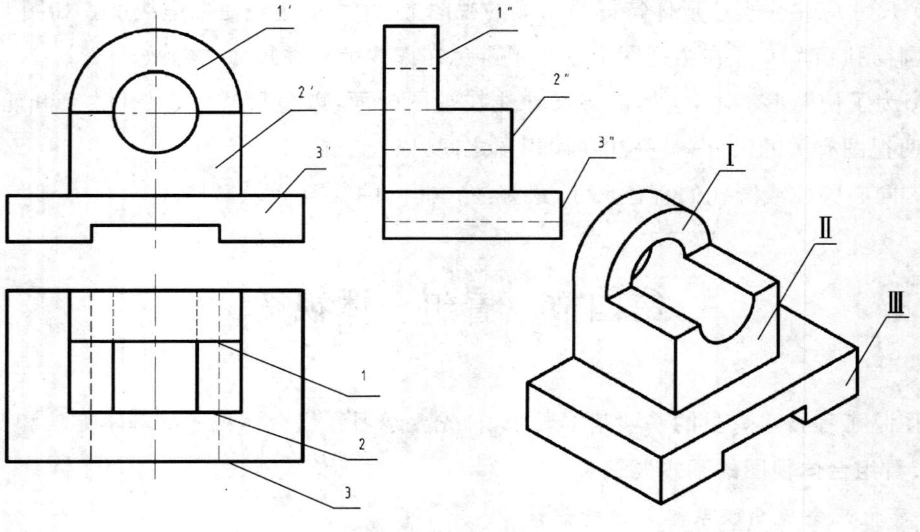

图 5－10　视图中线框的含义

二、看组合体视图的基本方法和步骤

1. 用形体分析法看图

组合体的看图可以看成是画图的逆过程。画图是运用正投影规律将物体用若干个视图来表达物体形状的过程；看图，是根据视图想象物体形状的过程。因此组合体看图的基本方法也是形体分析法。看图时，将几个视图对照，用形体分析的方法，通过对图形进行分解，分析清楚物体的组成部分，使正面保持不动，将水平面、侧面旋回到三个投影面相互垂直的原始位置。然后由各视图向空间引投射线，即将主视图上各点沿投射线向前拔出，将俯视图上各点沿投射线向上升起，将左视图上各点沿投射线向左移动及分析彼此间的连接关系，然后进行综合，才能想象出物体正确形状。

用形体分析法看图的一般步骤是：

(1) 抓住特征看视图　所谓特征，就是指物体的形状特征和组成物体的各基本形体间的位置特征。

先谈什么是形状特征。如图 5－11(a)所示后背板的三视图，假如只看俯、左两个视图，那么除了后背板的长、宽及高度以外，Ⅰ、Ⅱ两部分形状就看不出来了。如果将主、左视图配合起来看，即使不要俯视图，我们也能想出它的全貌。显然，主视图是反映该物体形状特征最明显的视图。

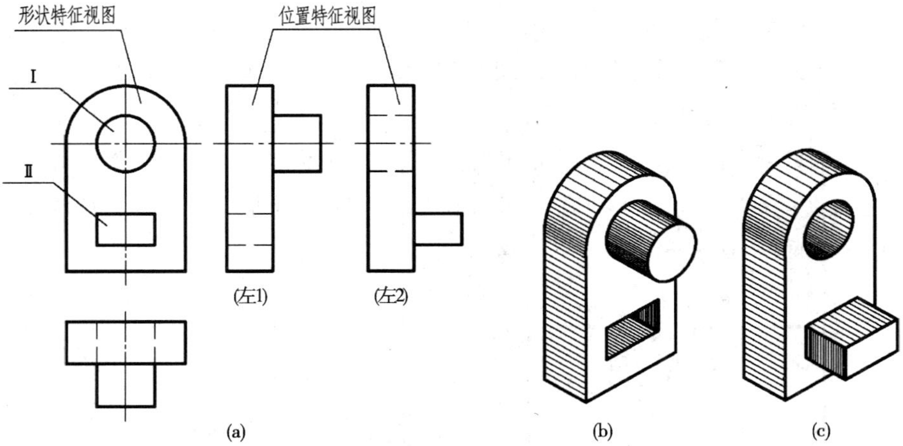

图 5－11 抓住形状特征、位置特征视图看图

再看什么是位置特征。在图 5－11(a)中，如果只看主、俯视图，Ⅰ、Ⅱ两块形体哪个凸出、哪个凹进是不能确定的。因为这两个图可以表示图 5－11(b)的情况，也可以表示图 5－11(c)的情况。但如果将主、左视图配合起来看，则不仅形状容易想清楚，而且Ⅰ、Ⅱ两形体的凸出和凹进情况也确定了。如果左视图为图 5－11(a)中的左 1，则形体Ⅰ凸出，形体Ⅱ凹进，对应的形体只能是图 5－11(b)所示的情况；如果左视图为图 5－11(a)中的左 2，则形体Ⅰ凹进，形体Ⅱ凸出，对应的形体只能是图 5－11(c)所示的情况。显然，左视图是反映该物体各组成部分间相对位置特征最明显的视图。

(2) 旋转归位想形状　将一个较复杂的物体分解成若干个较简单的组成部分，是为了分别识别它们的几何形状。为此，在分清形体的组成部分后，就应分别从体现每部分特征的视图出发，依据“三等”规律把其他视图上的对应投影找出来，然后经过旋转归位，逐个想出每部分的形状。

(3) 综合起来想整体　想出各组成部分的形状之后，再根据它们之间的相对位置和组合形式、综合想像出该物体的整体形状。

2. 用线面分析法看图

用线面分析法看图，就是运用投影规律，把物体表面分解为线、面等几何要素，通过识别这些要素的空间位置、形状，进而想像出物体的形状。

在看切割体的视图时，主要靠线面分析。下面以图 5－12 所示的六角螺柱(未加工螺纹)为例，说明看图的步骤。

首先对六角螺柱进行形体分析：由于六角螺柱的上半部分的主、左视图为完全相同的矩形，俯视图为圆，所以它的基本形体为圆柱；下半部分主、左视图为矩形，俯视图为正六边形，所以它的基本形体为正六棱柱。

(1) 抓住特征分清面　所谓抓住特征，就是指看懂物体上各个面的空间位置和几何形状。

如图 5－12(a)所示，先从主视图矩形线框 1′(粗实线所示)出发，在左视图找出与它对应的投影——矩形线框 1″，在俯视图上找到它对应的投影——圆 1，从三个视图上的投影可知，Ⅰ面为一轴线竖直的圆柱体的轮廓面。

如图 5－12(b)所示，先从俯视图的直线 2(粗实线所示)出发，在左视图找出与它对应的投影——直线 2″，在主视图上找到它对应的投影——矩形线框 2′，从 3 个视图上的投影可知，Ⅱ面为正平面。

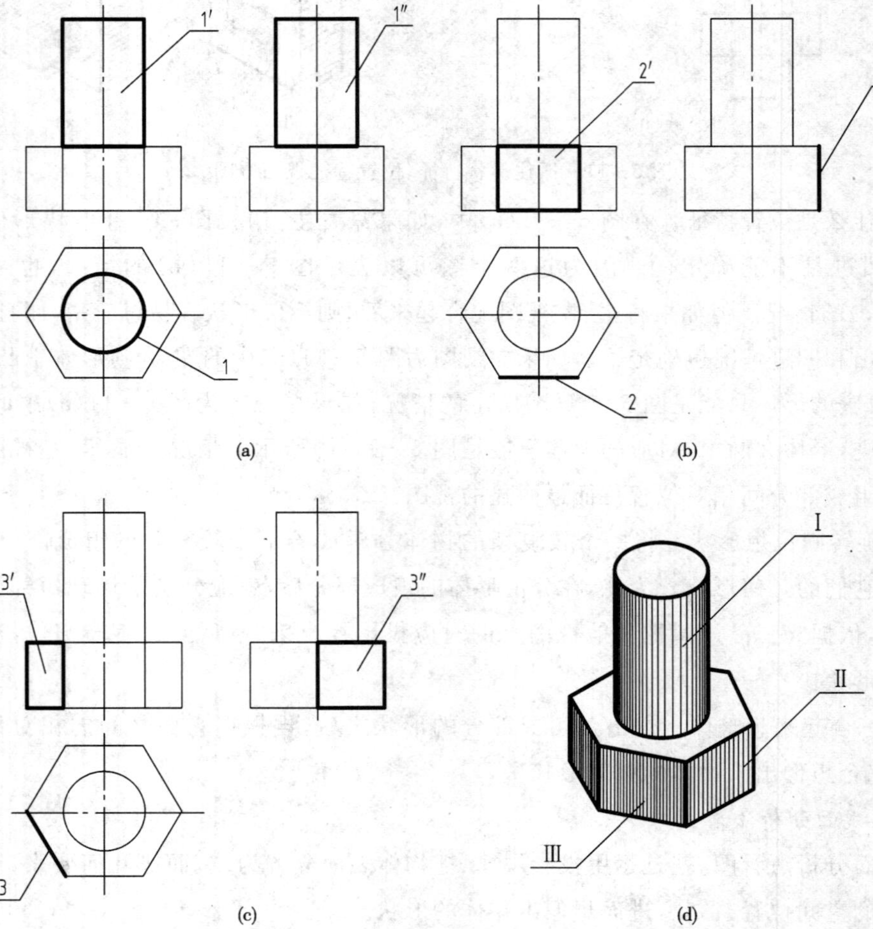

图 5－12　应用线面分析法看图

如图 5-12(c)所示，先从俯视图的直线 3(粗实线所示)出发，在主视图找出与它对应的投影——矩形线框 3′，在左视图上找到它对应的投影——矩形线框 3″，从三个视图上的投影可知，Ⅲ面为铅垂面。

其他线、面不再一一分析。

(2) 综合起来想整体　在看懂六角螺柱各表面的空间位置与形状后，还必须根据视图分析面与面间的相对位置，进而综合想象出六角螺柱的整体形状，如图 5-12(d)所示。

应当指出，在上述看图过程中，没有利用尺寸来帮助看图。但有时图中的尺寸是有助于分析物体的形状的。如直径代号ϕ表示圆孔或圆柱，半径代号 R 表示圆角等。

综合上面的分析可知，看图时应以形体分析法为主，而线面分析法在一般情况下只作为一种辅助手段，用来分析视图中难以看懂的图线和线框的含义。

三、看图练习

在看图练习中，常常要求由给出的两个视图，补画所缺的第三视图；或给出三个视图，但缺漏某些图线，要求补画缺漏的图线。这都是培养和检验看图能力的一种有效方法。进行补画第三视图和补画图线的要领是：已确定的机件形状及投影方向，然后运用投影的“三等”对应关系，补画所缺的第三视图或图线。在补画第三视图时，要注意体会不同类型组合体在作图顺序上的差异。

先运用看图方法对所给的视图进行投影分析和空间形状的分析和判断，弄清所给的视图的表达含义。

1. 已知两视图补画第三视图

补画视图，是看图与画图的综合练习，故一般可分两步进行：第一步应根据已给的视图按前述方法将图看懂并想象出物体的形状。第二步则是在想象出形状的基础上进行作图。作图时，应根据已给的两视图，按各组成部分逐个地作出第三投影。这样，即可完成整个物体的第三视图。

已知两视图补画第三视图的具体作图步骤如图 5-13 所示。

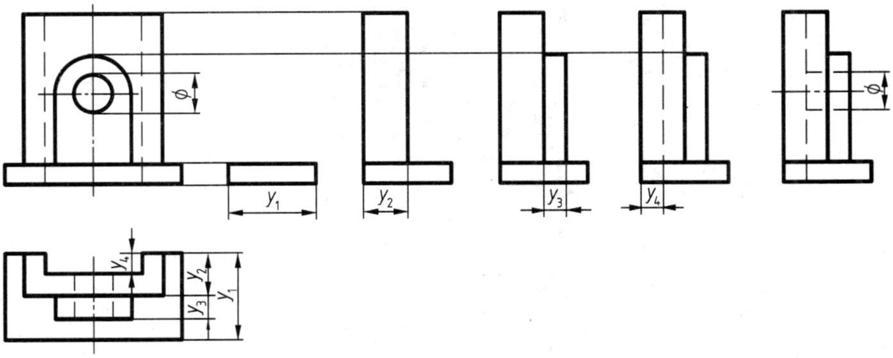

图 5-13　由已知两视图补画第三视图的步骤

2. 补画视图中缺漏的图线

补画视图中所缺的图线的具体作图步骤如图 5－14 所示。

应当指出，补画出第三视图或图线后，必须认真检查。检查的方法是：根据三个视图再想象物体的形状。除了检查各组成部分的形状、各形体间相对位置和形体间的组合形式外，交线尤应注意，即应集中力量找出遗漏的图线，并将多余的图线去掉，确认无误后，按线型的标准描深。

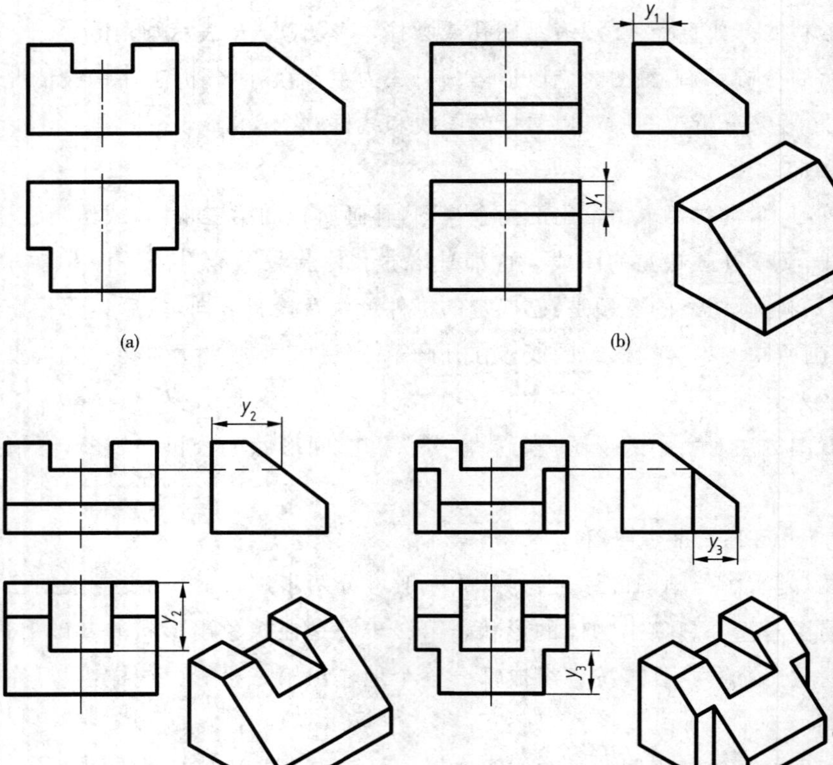

图 5－14　补画视图中缺漏的图线的步骤

第六章 机件的表达方法

由于机件的形状是千差万别的，有的机件外形和内形都较复杂，仅用三视图去表达往往是不够的。为此，国家标准《技术制图》和《机械制图》有关部分中规定了机件的各种表达方法。本章将介绍视图、剖视图、断面图、简化画法等常用表达方法，画图时应根据机件的实际结构形状特点，选用恰当的表达方法。

第一节　视　图

视图主要用于表达机件的外部结构形状。

一、基本视图和向视图

以六面体的六个面作为基本投影面，物体在六个基本投影面上的投影称为基本视图。因此除了原有的三视图之外，再加上三个视图：从后向前投射，得到后视图；从右向左投射，得到右视图；从下向上投射，得到仰视图。六个投影面展开的方法，如图 6－1(a)所示，展开后的视图位置如图 6－1(b)所示，此时不需标注视图名称，各视图之间仍应符合“长对正、高平齐、宽相等”的投影规律，即主、俯、仰、后视图长对正，主、左、右、后视图高平齐，俯、仰、左、右视图宽相等。其中俯、左、仰、右视图靠近主视图里侧均反映物体的后面，而远离主视图的外侧均反映物体的前面，后视图的左侧反映物体的右面，右侧反映物体的左面。

有时根据表达需要，基本视图不按图 6－1(b)位置配置时，应在视图的上方标“×”，并在相应的视图附近用箭头指明投射方向，注上相同的字母，这种表达方法称为向视图，如图 6－2 所示。向视图是可以自由配置的基本视图。“D”相当于右视图，“E”相当于仰视图。

在实际绘图时，应根据机件的复杂程度选用合适的基本视图。

二、局部视图

当机件的主要形状已表达清楚，只有局部结构未表达清楚，而又没有必要用一完整的基本视图表达时，可单独将这一部分向基本投影面投射，以避免其他结构的重复表达。这种将机件的某一部分向基本投影面投射所得的图形称为局部视图。

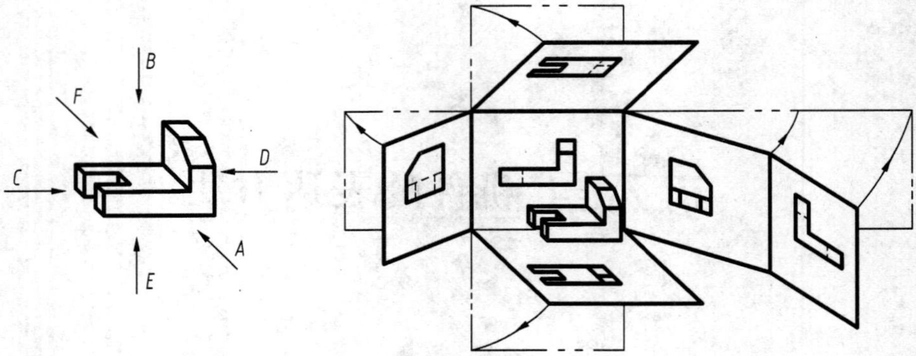

(a) 六面基本视图的形成

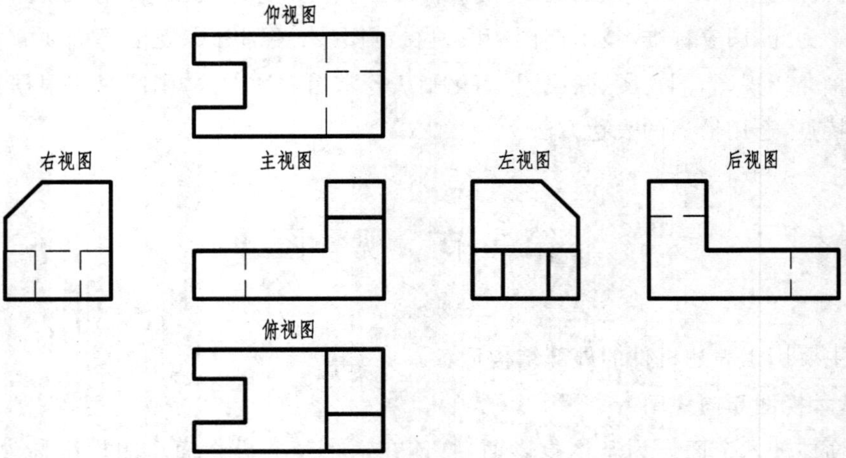

(b) 六面基本视图的位置

图 6－1　六面基本视图

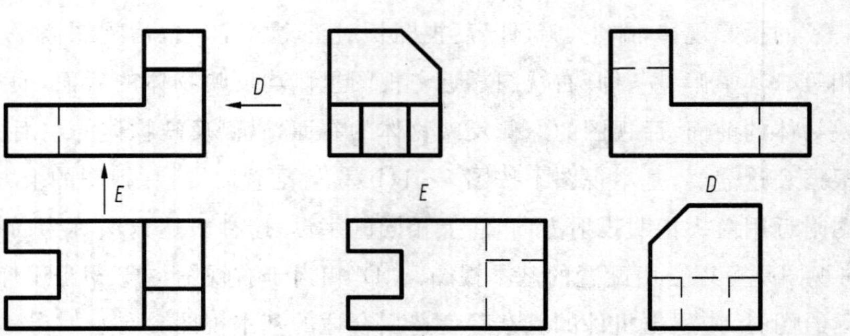

图 6－2　向视图(E 和 D 两图)

绘制局部视图时，一般在其上方标注“×”，在相应的视图附近用箭头指明投射方向，并注上相同的大写拉丁字母，如图 6－3(a)所示。

当局部视图按投影关系配置，中间又没有其他图形隔开时，可以省略标注，如图 6－3(c)所示。

局部视图的断裂边界用波浪线表示，如图 6－3(a)所示。画波浪线时应注意：

(1) 波浪线不应与图形轮廓线重合或在轮廓线的延长线上；

(2) 波浪线不应超出图形轮廓线的范围，不应穿越空心部分；

(3) 当所表达的局部结构是完整的，且外形轮廓又自成封闭时，波浪线可以省略不画。如图 6－3(b)、(c)所示的局部视图。

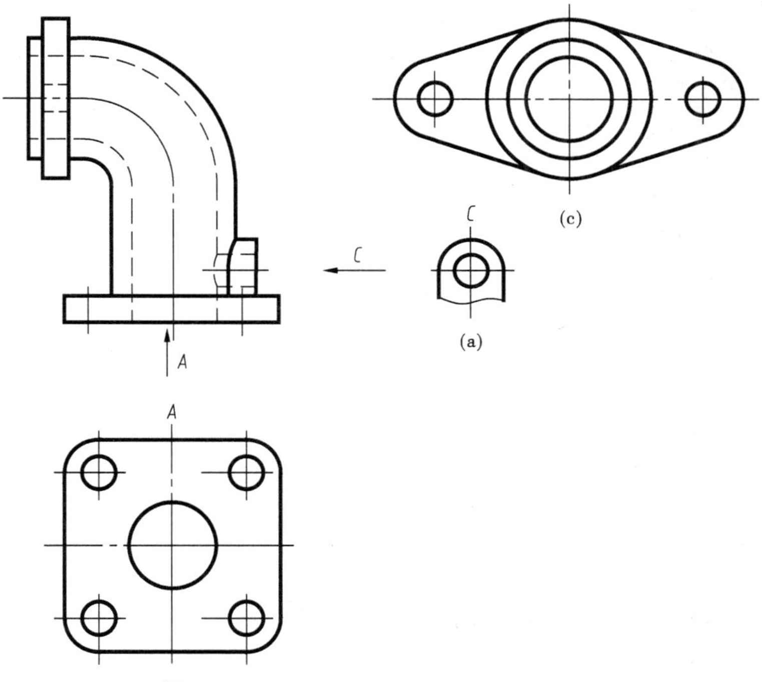

(c)

(a)

(b)

图 6－3 局部视图

三、斜视图

如图 6－4 所示的机件，其倾斜部分的上下表面均为正垂面，在俯、左视图中均反映不出真实形状。这时可另外设置一个与倾斜部分平行的投影面，再将倾斜部分向该投影面投射，所得视图反映了该部分的实形。这种将机件倾斜部分向不平行于基本投影面的平面投射所得的视图称为斜视图。

斜视图只表达机件倾斜部分的实形，其余部分不必在斜视图中画出，而用波浪线断开。当所表达的倾斜部分的结构是完整的，且外轮廓又自成封闭图形时，波浪线可省略不画。

画斜视图时，一般按箭头所指的方向，且符合投影关系布置。在斜视图的上方标注其名称“×”，在相应的视图附近用箭头指明投射方向，并注上相同的大写拉丁字母(字母须水平书写)，如图 6-4(b)所示。在不引起误解的情况下，允许将斜视图旋转摆正，一般以不大于 90°为宜，但要标注旋转符号"⌒"。表示该视图名称的字母应靠近旋转符号的箭头端，也允许将旋转符号注在字母之后，如图 6-4(c)所示。

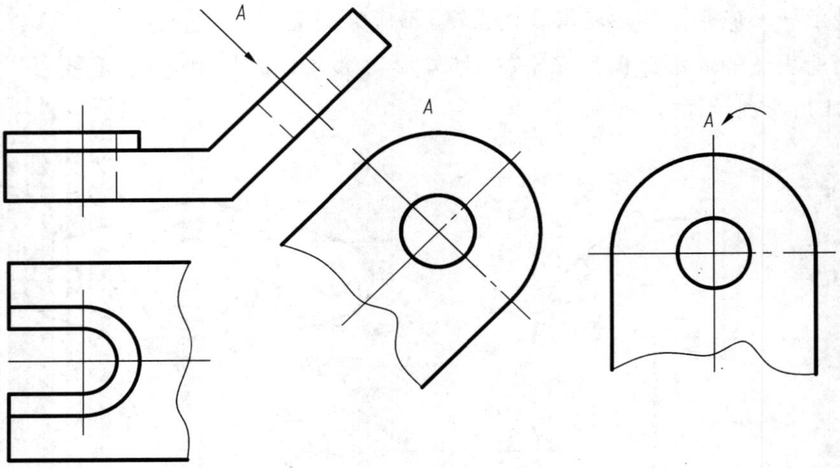

(a) (b) 未旋转 (c) 旋转后

图 6-4 斜视图

第二节 剖视图

用视图表达机件时，机件不可见的轮廓线用虚线表示。机件的内部结构越复杂，虚线就愈多，这样势必出现虚、实交错，使图形不够清晰，既不利于画图，也不利于看图及标注尺寸。为此，国家标准《机械制图》规定了剖视的表达方法。

一、剖视的基本概念

1. 剖视图及其形成

假想用剖切面剖开机件，将处在观察者与剖切面之间的部分移去，而将其余的部分向投影面投射所得的图形，称为剖视图，简称剖视。剖视图主要用于表达机件的内部结构形状。

如图 6-5 所示，为了表达该结构的内形，假想用一个通过各孔轴线的正平面作为剖切面剖开机件，移去剖切面前面的部分，将剩下的部分向 V 面投影，所画出的视图就是剖视图。

2. 剖视图的画法

(1) 剖切面位置的确定　剖视图主要用于表达机件的内形，所以剖切面一般应通过机件上孔的轴线、槽的对称面等位置，如图 6-5(a)所示。

（2）画剖视图　剖切面与机件接触的部分称为断面。画剖视图时，应将断面及剖切面后面的所有可见轮廓线都用粗实线画出，如图 6－5(c)所示。

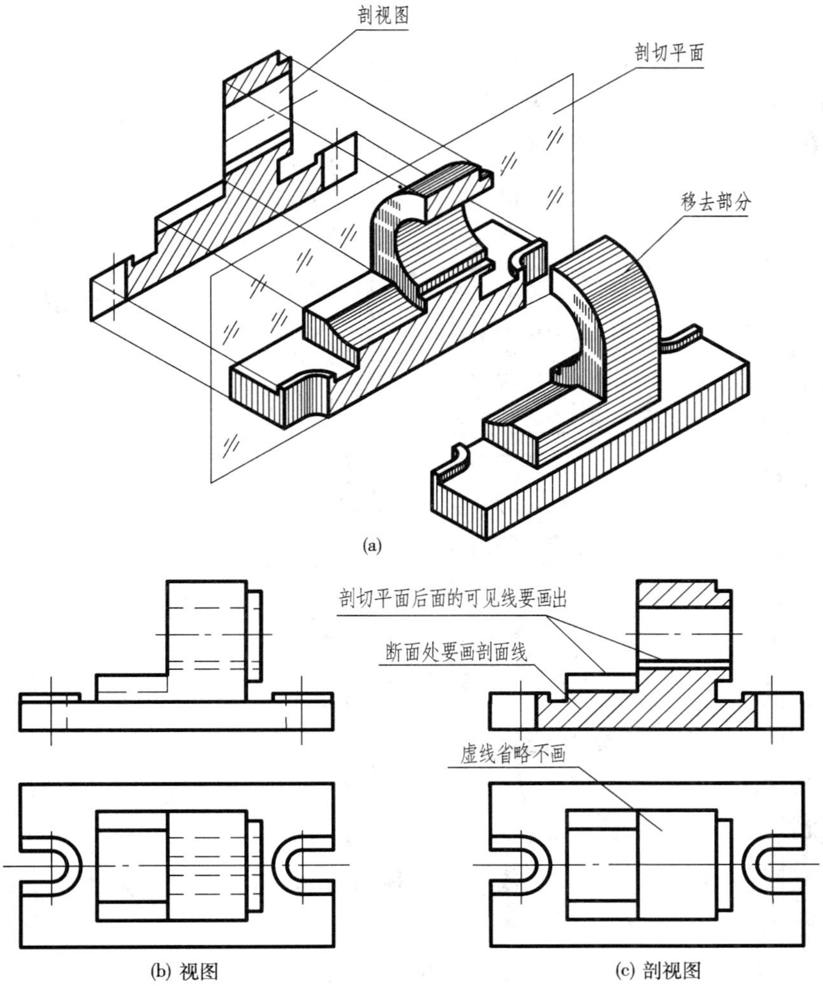

图 6－5　剖视图的形成及画法

按照国家标准《机械制图》的有关规定，在断面上要画出剖面符号。各种材料的剖面符号如表 6－1 所示。剖面符号又称剖面线，如金属材料画剖面线时应遵循如下规定：

① 剖面线一般应画成与水平方向倾斜 45°(向左或向右均可)且间隔相等的细实线；

② 在同一图样中，同一机件在各个剖视图中的剖面线的方向及间隔均应相同；

③ 当图形中的主要轮廓线的方向与水平方向成 45°或接近 45°时，该图形上的剖面线应画成与水平方向成 30°或 60°的平行线，倾斜方向和间距仍应与其他剖视图上的剖面线一致。如图 6－6 的主视图所示。

（3）剖切位置与剖视图的标注　画剖视图时，一般在剖视图的上方用大写拉丁字母标注剖视图的名称“×－×”，在相应的视图上用剖切符号[线宽(1～1.5)b，长约 5～10mm 的粗实线]表示剖切位置，同时在剖切符号的外侧画出与它垂直的细实线和箭头表示投射方向，注意剖切符号不应与图形的轮廓线相交，并在它的起、迄及转折处应标注相同的大写拉丁字母（字母应水平书写）。

表 6-1　剖面符号画法

材料名称		剖面符号	材料名称	剖面符号
金属材料 （已规定的剖面符号除外）		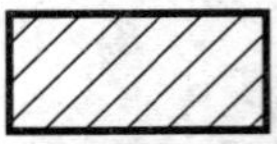	胶合板（不分层数）	
线圈绕组元件		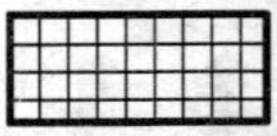	基础周围的泥土	
转子、变压器等的叠钢片			混凝土	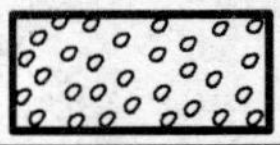
非金属材料 （已规定的剖面符号除外）			钢筋混凝土	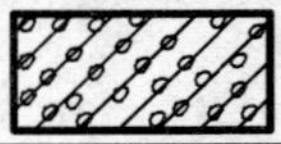
玻璃及其他透明材料			砖	
木	纵剖面		格网（筛网、过网）	
材	横剖面		液体	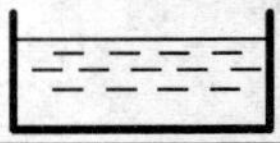

当剖视图按投影关系配置，中间又没有其他图形隔开时，可以只画剖切符号，省略箭头。如图 6-6 俯视图中“A”剖切面的注法。

当剖切面通过机件的对称平面，或基本对称的平面，且剖视图按投影关系配置，中间又没有其他图形隔开时，可以不加任何标注，如图 6-6 所示中的主视图中采用的剖切面。

（4）画剖视图应注意的问题

① 剖切是假想的，因此当机件的一个视图画成剖视时，其他视图仍应完整画出。

② 画剖视图时，应将剖切面后方的所有可见轮廓线画出，不得遗漏。如图 6-7 所示为几种孔的剖视图画法。

③ 在剖视图中一般应省略虚线，只有当不足以表达清楚该结构而为了节省一个视图时，才在剖视图上画出虚线。

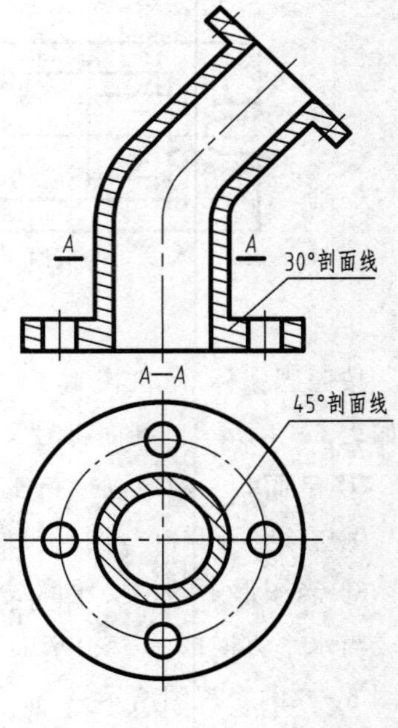

图 6-6　金属材料剖面符号的画法

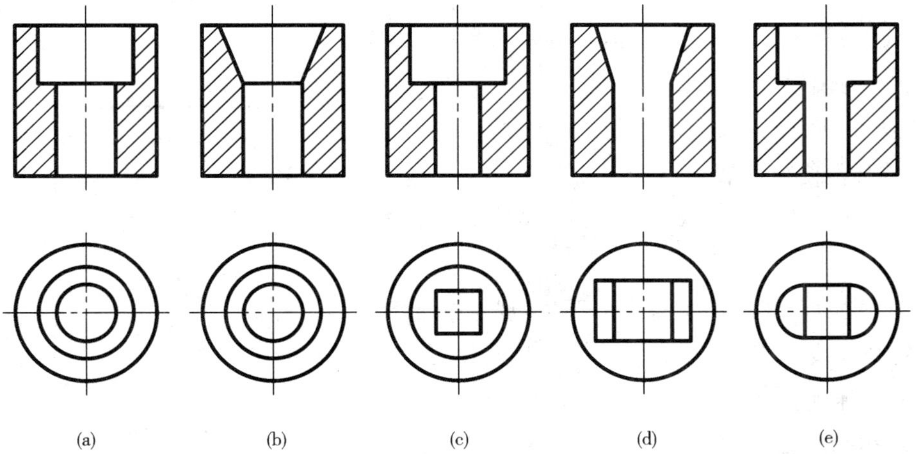

图 6－7　各种孔的剖视图画法

二、剖视图的种类

剖视图按其剖切范围不同分为全剖视图、半剖视图、局部剖视图三种。

1. 全剖视图

用剖切面完全剖开机件所得的剖视图，称为全剖视图。

全剖视图可以用一个剖切面或几个剖切面剖开机件所得。如图 6－5(c)所示机件的主视图即为全剖视图，图 6－7 中各件的主视图也均为全剖视图。

2. 半剖视图

当机件具有对称平面时，在垂直于机件对称面的投影面上，以机件对称中心线（细点画线）为界，一半画成视图，一半画成剖视，这样组合的图形称为半剖视图。如图 6－8 所示。

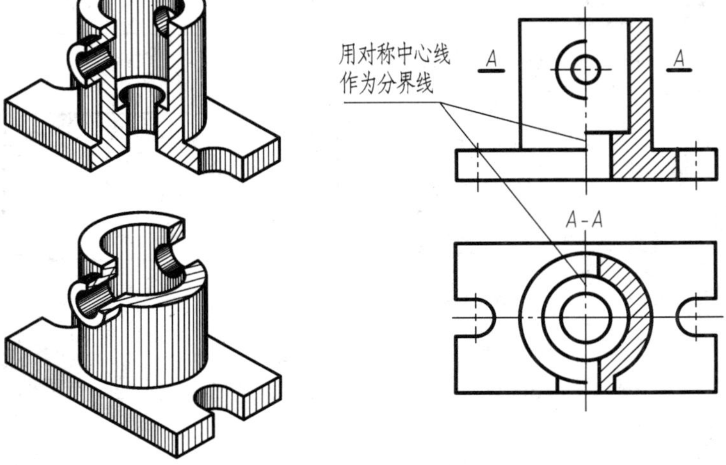

图 6－8　半剖视图画法

半剖视图主要用于表达内形、外形都比较复杂的对称零件。当机件形状接近对称，且不对称部分已另有视图表达清楚时，也可采用半剖视图。

画半剖视图时应注意：

(1) 半个视图与半个剖视图的分界线应是点画线，不能是其他任何图线；

(2) 在表示机件外形的半个视图上，一般不需再画虚线；

(3) 当视图与半剖视图左右配置时，规定把半剖视图画在中心线的右边。当两者是上下配置时，规定把半剖视图画在中心线的下边或右边。

3. 局部剖视图

用剖切面局部剖开机件所得的剖视图称为局部剖视图。如图 6-9 所示。

当不对称机件的内、外形均需要在同一视图上兼顾表达(如图 6-10 所示)或对称机件不宜作半剖视(分界线是粗实线时，如图 6-11(a)所示，可采用局部剖视图表达如图 6-11(b))所示。当实心零件上有孔、凹坑或键槽等局部结构时，也常用局部剖视图表达。

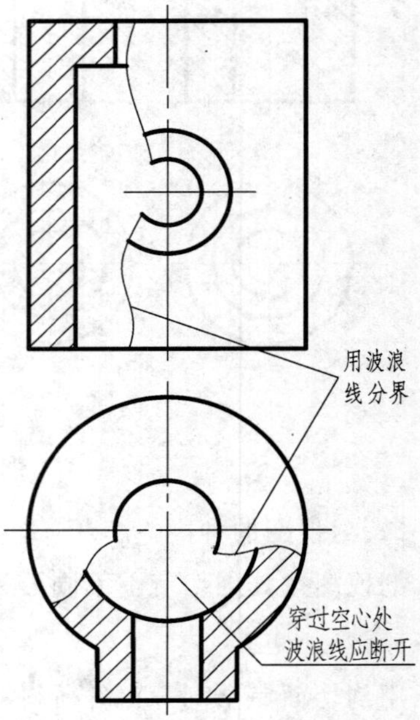

图 6-9　局部剖视图画法

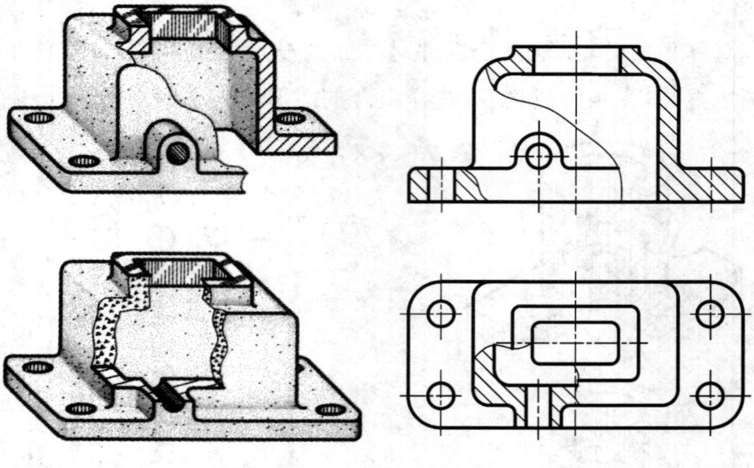

图 6-10　局部剖视图画法

局部剖视图中，剖视图和视图之间应以波浪线为界，此时的波浪线可表示机件断裂处的边界线。其画法应注意以下几点：

(1) 波浪线不能与图形中其他图线重合，也不要画在其他图线的延长线上；

(2) 波浪线不能超出图形轮廓线；

(3) 波浪线不能穿空而过，如遇到孔、槽等结构时，波浪线应断开，如图6－9所示。

对于剖切位置明显的局部剖视图一般不加标注。

局部剖视图的剖切范围可大可小，非常灵活，如运用恰当可使表达重点突出，简明清晰。但同一机件的同一视图上局部剖视图的剖切处数不宜过多，否则会使表达过于凌乱，且会割断它们之间内部结构的联系。

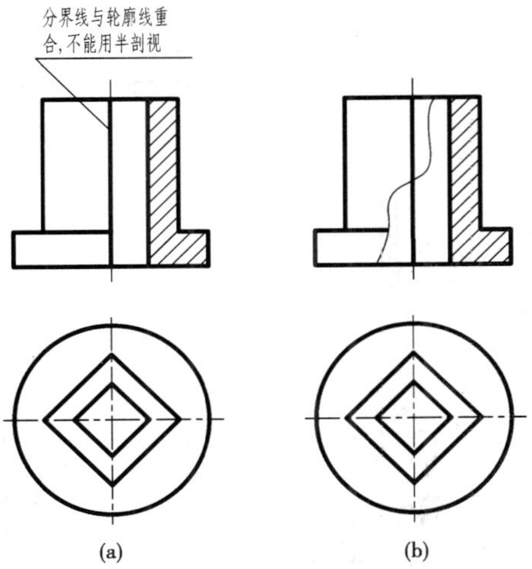

图 6－11　局部剖视图

三、剖切面的种类

1. 单一剖切面

用一个剖切面剖开机件的方法，称为单一剖切。前面介绍的全部视图、半剖视图、局部剖视图都是用单一剖切平面剖切。

2. 两个相交的剖切平面

用两个相交的剖切平面(交线垂直于某一基本投影面)剖开机件的方法称为旋转剖。如图6－12所示的机件，为了表达沿圆周分布的三个小孔及中间的大孔等结构，仅用一个剖切平面不能都剖到。由于该机件具有回转轴线，可以采用两个相交的剖切平面，并使其交线(正垂线)与回转轴重合，让两个剖切平面通过所要表达的孔、槽剖开机件，然后将与投影面倾斜的部分绕回转轴旋转到与投影面平行的位置，再进行投影，这样，机件上所要表达的要素就清楚了。

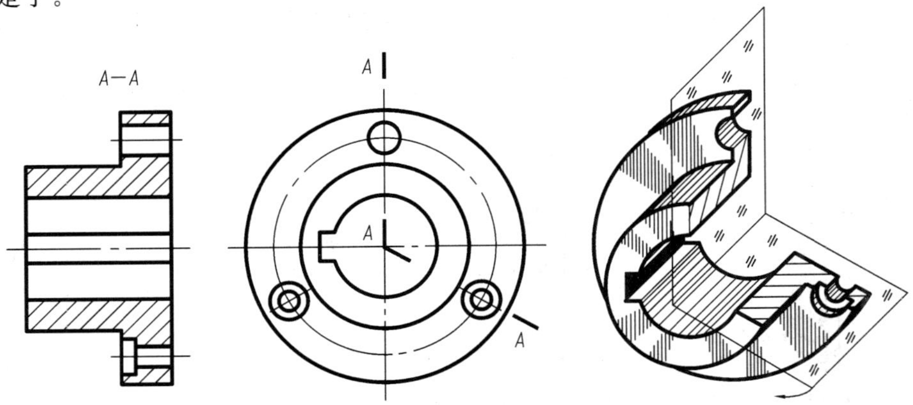

图 6－12　旋转剖视图画法

旋转剖视图需要标注，在剖切平面的起、迄和转折处要画出剖切符号，注上相同的字母，如果转折处地方太小，在不致引起误解的情况下，可以省略字母，在剖视图上方注出相应的字母“×－×”。

3. 几个平行的剖切平面

用几个平行于某一基本投影面的剖切平面剖开机件的方法称为阶梯剖。

如图 6 - 13 所示的机件，为了表达左边圆孔、中间圆孔和右边圆孔的内部，仅用一个剖切平面是不能做到的，为此，采用两个互相平行的剖切平面，让它们分别通过所要表达的孔的轴线剖开机件，把主视图画成剖视图，这样就可以在剖视图上把各个孔的内部表达清楚了。

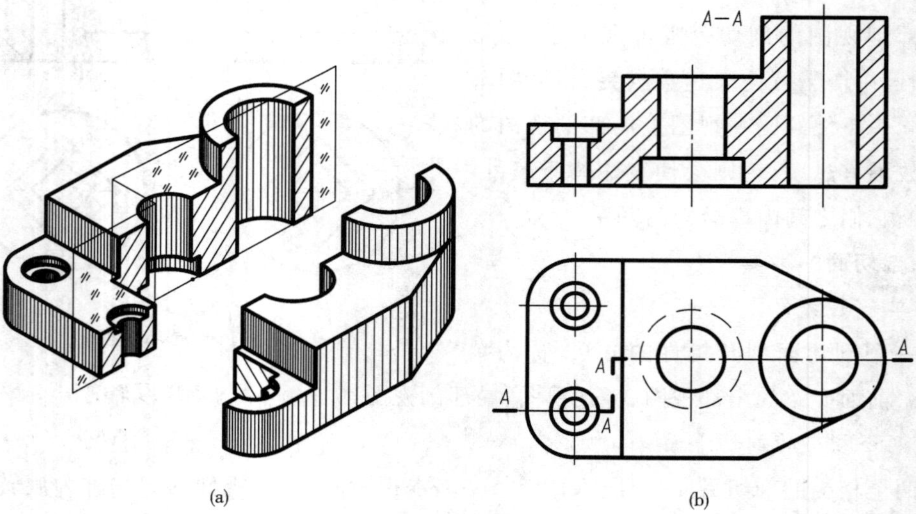

图 6 - 13　阶梯剖视图画法

画阶梯剖视图时要注意：不要画出各个剖切平面的界线；剖切平面转折处的剖切符号不应与视图中的轮廓线重合；要恰当地选择剖切位置，不应在视图上出现不完整的要素。如图 6 - 14所示的画法是错误的，因为左边圆孔的右半孔没有画出，出现不完整要素。

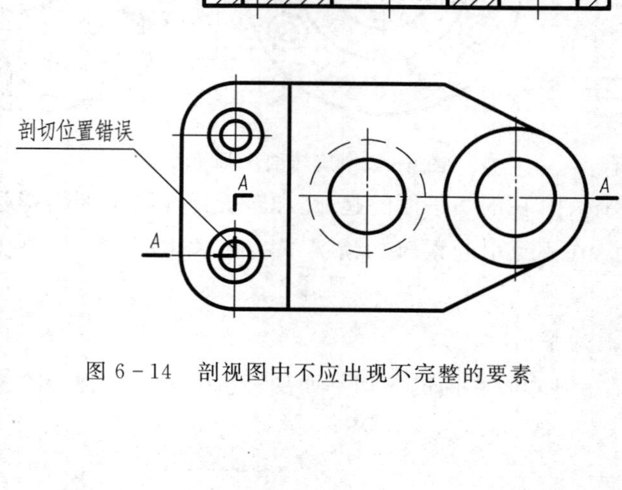

图 6 - 14　剖视图中不应出现不完整的要素

4. 不平行于任何基本投影面的剖切平面

用不平行于任何基本投影面的剖切平面剖开机件的方法称为斜剖。

斜剖的剖切位置与剖视图的标注形式，如图 6－15 所示，注意字母一律水平书写，与倾斜部分的方向无关。

剖视图的位置最好按箭头所指的方向配置，并与基本视图保持投影关系，也可以平移到其他适当位置。在不致引起误解的情况下，允许将图形旋转，如图 6－15(一)(b)所示。

图 6－15(二)所示的 A－A ↶ 即为采用斜剖的方法所得的斜剖视图。

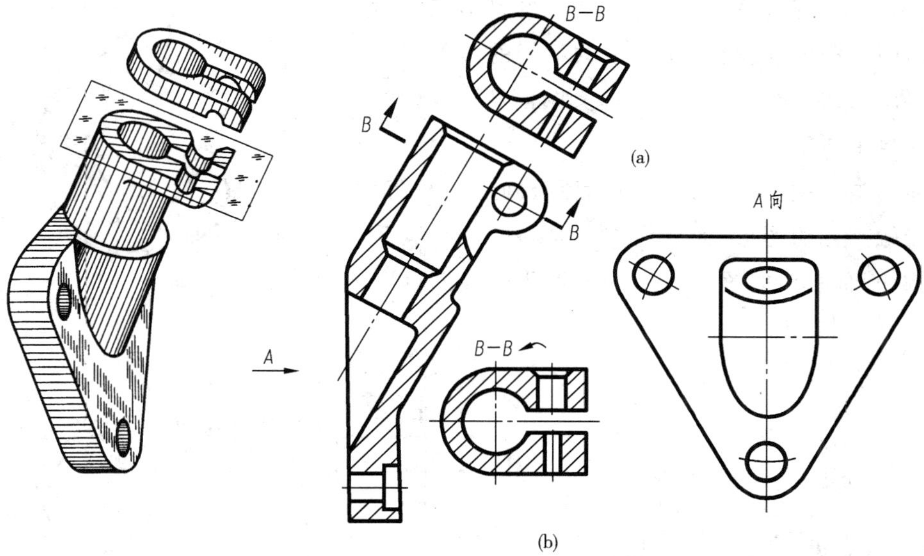

斜剖视图(一)

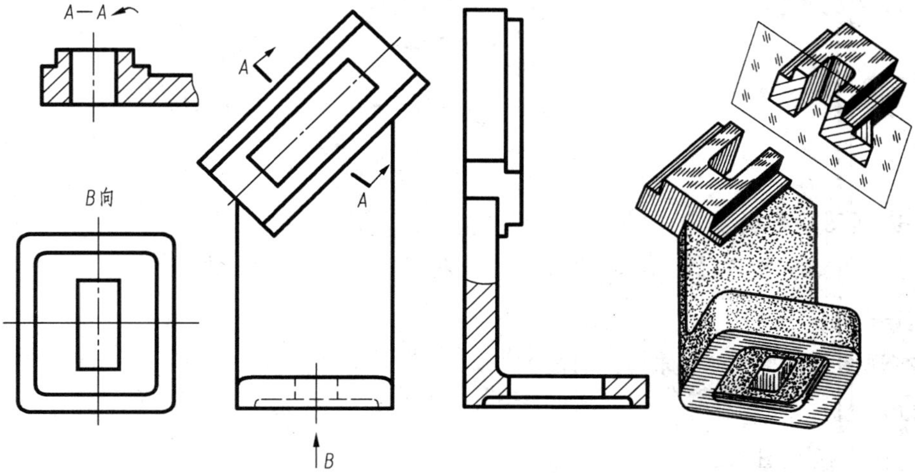

斜剖视图(二)

图 6－15　斜剖视图

第三节　断面图

一、基本概念

假想用剖切平面将机件的某处切断，仅画出该剖切平面与机件接触部分的图形，这个图形称为断面图。

如图 6－16 所示吊钩，只用一个主视图不能表达吊钩的断面结构的变化，因而在吊钩不同的位置用三个剖切平面剖切，画了三个断面图，其断面结构变化的形状就一目了然了。

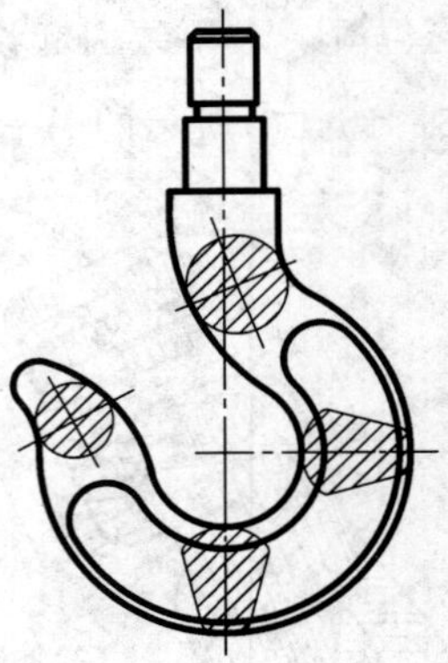

图 6－16　吊钩的断面图

断面图与剖视图的区别是：断面图仅画出剖切面与机件接触部分的图形，而剖视图则是将断面及其后面的结构一起画出，如图 6－17(a)所示为断面图，(b)为剖视图，(c)为视图。

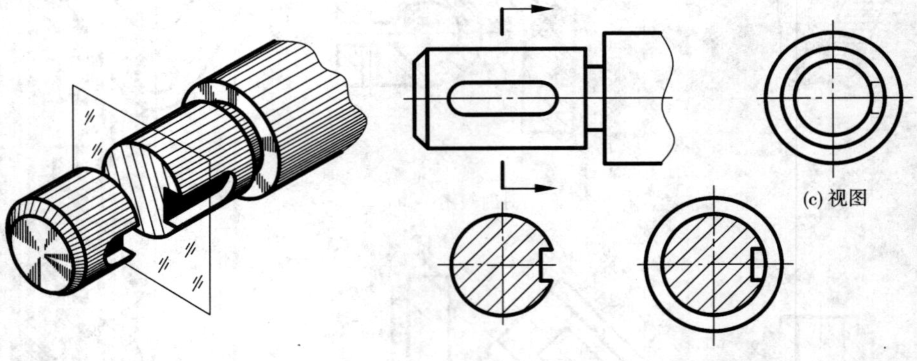

图 6－17　断面图与剖视图、视图的区别

二、断面图的种类

根据断面图配置位置的不同，可分为移出断面图和重合断面图。

1. 移出断面图

画在视图外的断面图，称为移出断面图。图 6－18 中的(a)、(b)、(c)、(d)四个断面图均为移出断面图。

(1) 移出断面图的画法

① 移出断面图的轮廓线用粗实线绘制，并在断面图上画上剖面符号，如图 6－17(a)、图 6－18 所示。

② 移出断面图应尽量配置在剖切符号或剖切线的延长线上，如图 6 -17(a)所示。必要时也可将移出断面图配置在其他适当位置，如图 6 - 18(c)、(d)所示。

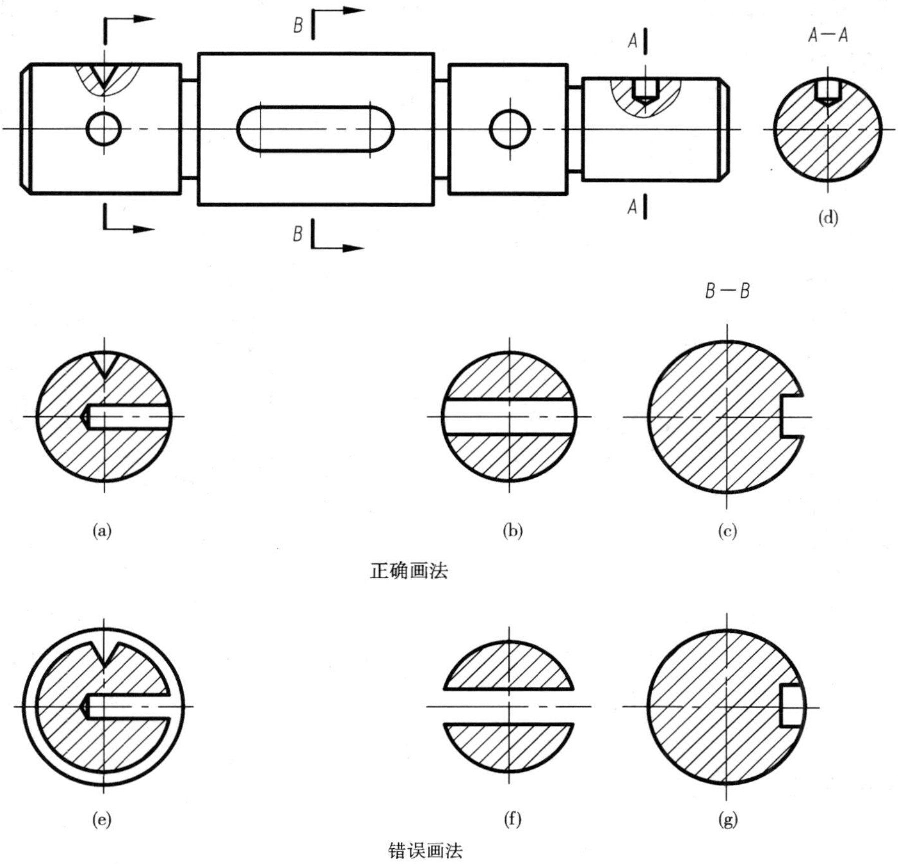

图 6 - 18　移出断面图的配置及标注

③ 由两个或多个相交平面剖切所得的移出断面图，中间一般应用波浪线断开，如图 6 - 19(a)所示。

④ 当剖切平面通过回转面形成的孔或凹坑的轴线时，这些结构按剖视绘制(孔口要封闭)。如图 6 - 18(a)、(b)、(d)所示。

⑤ 当剖切平面通过非圆孔会导致出现完全分离的两个断面时，则这些结构按剖视绘制，即孔口要封闭，如图 6 - 19(b)所示。

(2) 移出断面图的标注

① 移出断面图一般应用剖切符号(粗短画线)表示剖切位置，用箭头表示投射方向，并注上字母，在断面图的上方用相同的字母标出其名称“×—×”，如图 6 - 18 中的“B—B”。

② 完全标注。不配置在剖切符号延长线上或不按投影关系配置的不对称移出断面图，必须按方法①完全标注。如图 6 - 18 中的(c)所示。

③ 省略字母。配置在剖切符号延长线上的不对称移出断面图,应画出剖切符号和箭头,但可省略字母,如图 6-18(a)所示。

④ 省略箭头。不配置在剖切符号延长线上的对称移出断面图及按投影关系配置的不对称移出断面图,均可省略箭头如图 6-18(d)所示。

⑤ 不必标注。配置在剖切符号延长线上的对称移出断面和配置在视图中断处的对称移出断面图均不必标注,如图 6-18(b)所示。

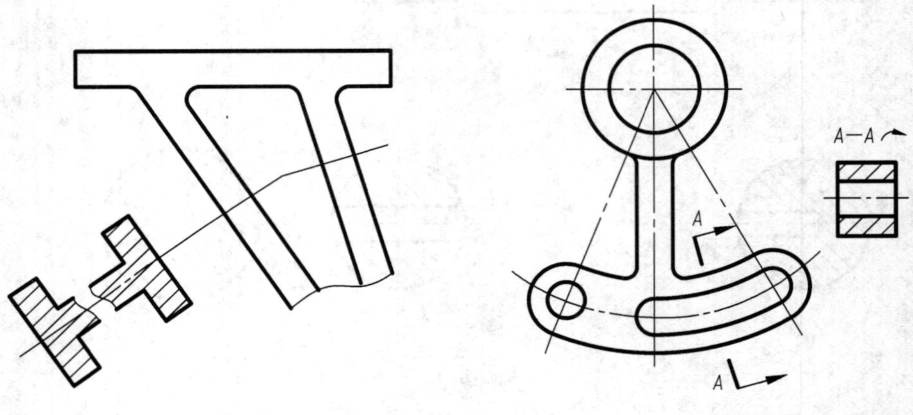

(a) 由两相交剖切面剖切的断面图　　(b) 按剖视图画出的断面图

图 6-19　移出断面图的规定画法

2. 重合断面图

画在视图内的断面图称为重合断面图。如图 6-20 所示。

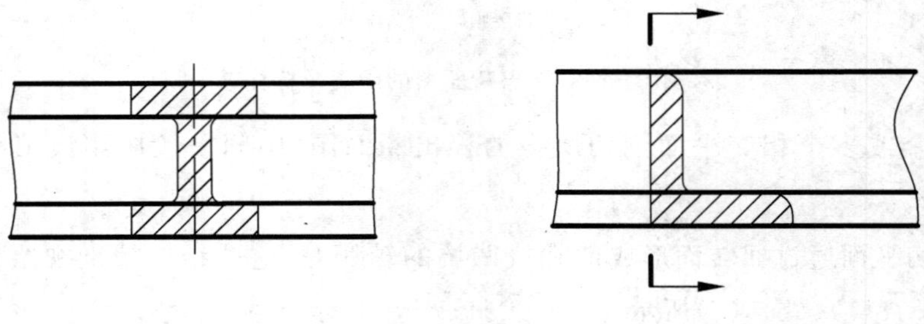

(a) 对称图形　　(b) 不对称图形

图 6-20　重合断面图的画法及标注

(1) 重合断面图的画法　重合断面图的轮廓线用细实线绘制。当视图的轮廓线与重合断面的图形重叠时,视图中的轮廓线仍应连续画出,不可间断。

(2) 重合断面图的标注　重合断面图直接画在视图内剖切位置上,因此标注时可以省略字母。不对称的重合断面图,仍要画出剖切符号,并用箭头表示投射方向,如图 6-20(b)所示。对称的重合断面图,可不必标注,如图 6-20(a)所示。

第四节　局部放大图和简化画法

一、局部放大图

将机件的部分结构用大于原图形所采用的比例画出的图形，称为局部放大图，如图 6－21 所示。

当机件某些结构较小，用原图形所采用的比例画出，图形过小而表达不清晰，又不便于标注尺寸，可采用局部放大图画出。

局部放大图可以画成视图、剖视图、断面图，与被放大部位的表达方法无关。

画局部放大图时，在原图上把所要放大的部位的图形范围用细实线圆圈出，并尽量把局部放大图配置在被放大部位附近。当图上有几处放大部位时，要用罗马数字依次标明放大部位序号，并在局部放大图的上方注出相应的罗马数字和所采用的比例（罗马数字和放大比例之间的横线用细实线画出，前者写在横线之上，后者写在横线之下，如图 6－21 中Ⅰ、Ⅱ处局部放大图所示。

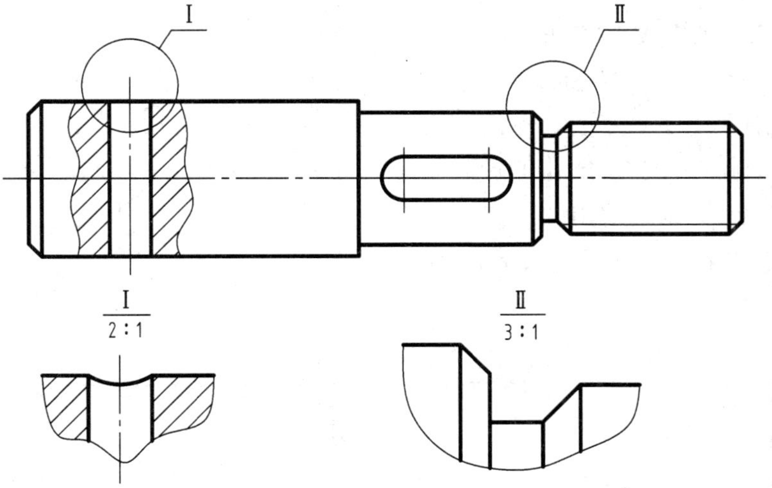

图 6－21　局部放大图

二、简化画法

为了方便制图，国家标准《机械制图》规定了一些简化画法。现将其中较常见的简化画法介绍如下：

（1）对于机件上的肋板、轮辐及薄壁等结构，当剖切平面沿纵向剖切时，这些结构上都不画剖面符号，而用粗实线将它与邻接部分分开（该粗实线并非外表面的交线或外转向轮廓线的投影，而是理论轮廓线）；当剖切平面沿横向剖切时，这些结构仍需画上剖面符号，如图 6－22 所示。

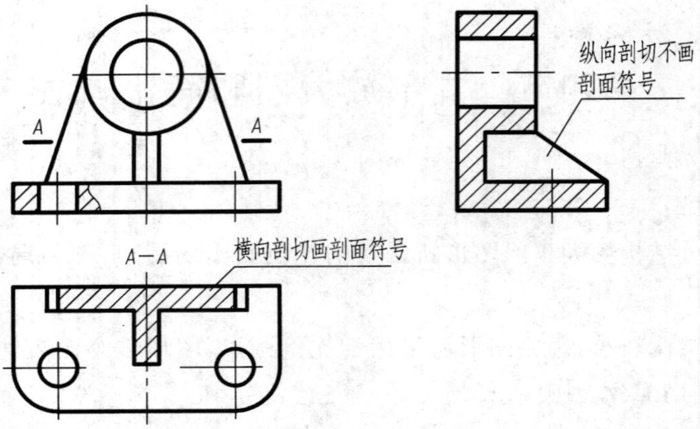

图 6-22　肋板剖切的规定画法

(2) 当零件回转体上均匀分布的肋板、孔等结构不处于剖切平面上时，可将这些结构旋转到剖切平面上画出，如图 6-23 所示。

(3) 当机件上具有若干相同结构(如齿、槽等)，并按一定规律分布时，只需画出几个完整结构，其余用细实线连接，并注明该结构的总数，如图 6-24(a)、(b)所示。

(4) 当机件上具有若干直径相同且成规律分布的孔(如圆孔、沉孔、螺孔等)，可以仅画出一个或几个，其余只需用细点画线表示其对称中心线，并在图上注明孔的个数，如图 6-24(d)所示。

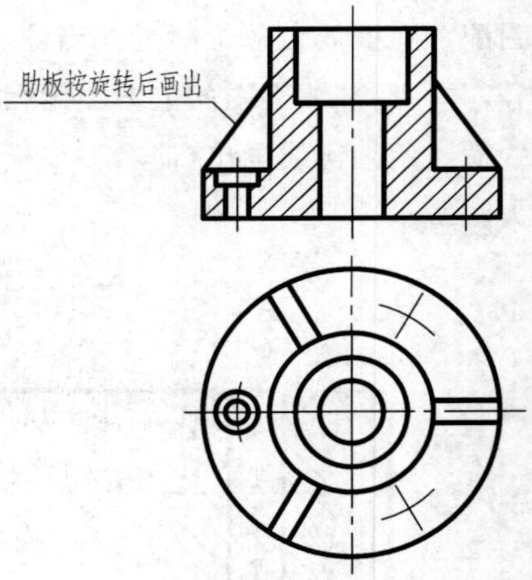

图 6-23　均布孔和肋板的简化画法

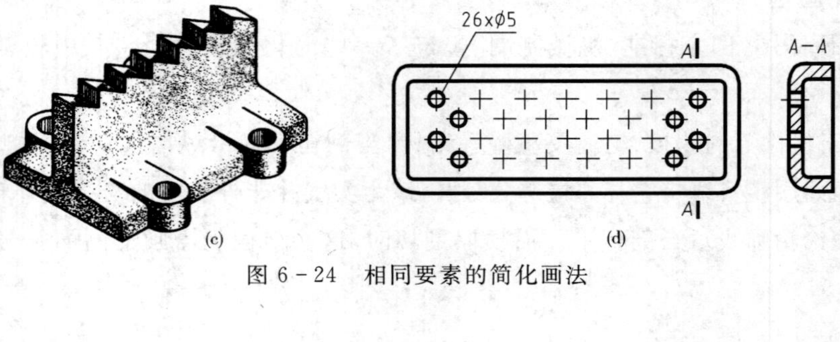

图 6-24　相同要素的简化画法

（5）较长的机件（轴、杆、型材等）沿长度方向的形状一致或按一定规律变化时，可断开后缩短绘制（但注意标注的尺寸必须为机件的真实尺寸），如图6－25所示。

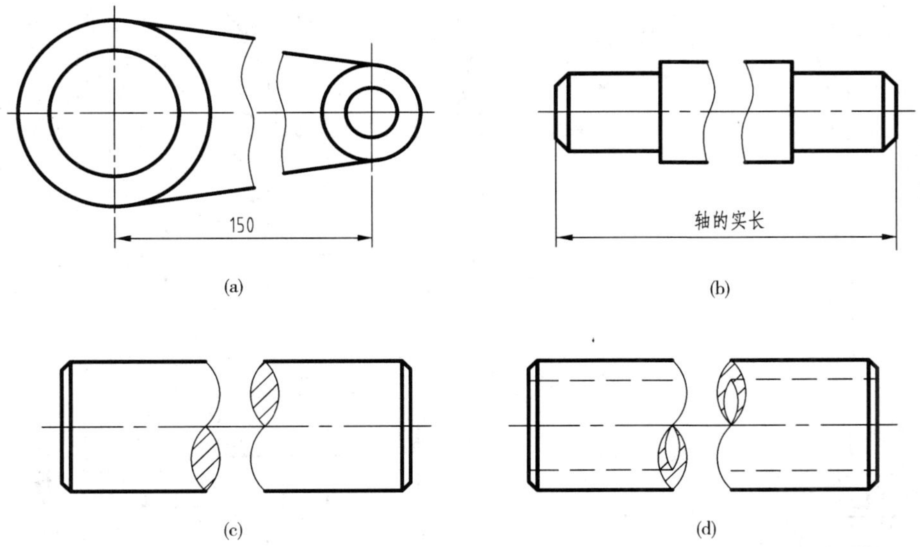

图 6－25　长机件的折断画法

（6）当图形不能充分表达平面时，可用平面符号（两条相交细实线）表示，如图6－26所示。

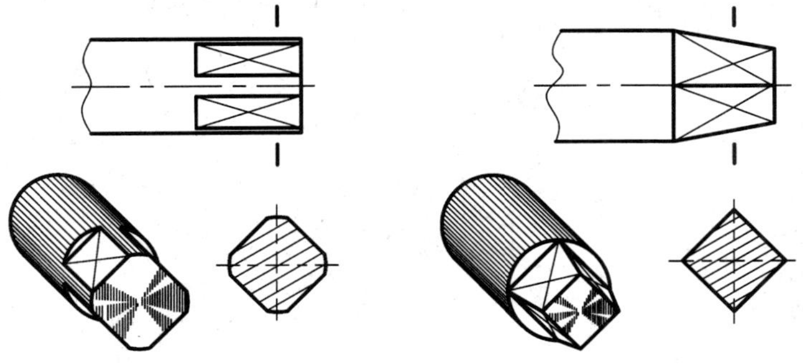

图 6－26　用平面符号表示平面

（7）在不致引起误解时，对称机件的图形可只画一半或四分之一，并在图形对称中心线的两端分别画两条与其垂直的平行细实线（细短线），如图6－27所示。

（8）机件上对称结构的局部视图，可按如图 6－28 所示的图形绘制。

（9）机件上较小结构所产生的交线（截交线、相贯线），若在一个图形中已表示清楚，在其他图形中该交线可省略或简化，如图 6－28 所示。

（10）在不致引起误解时，零件图中的移出断面图允许省略剖面符号，如图 6－29 所示。

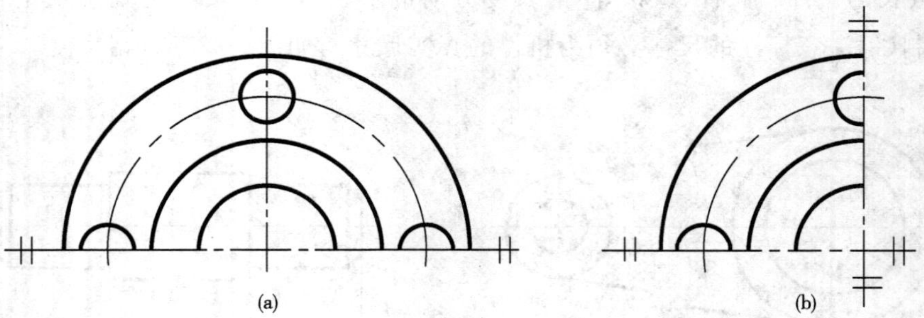

图 6－27　对称图形的简化画法

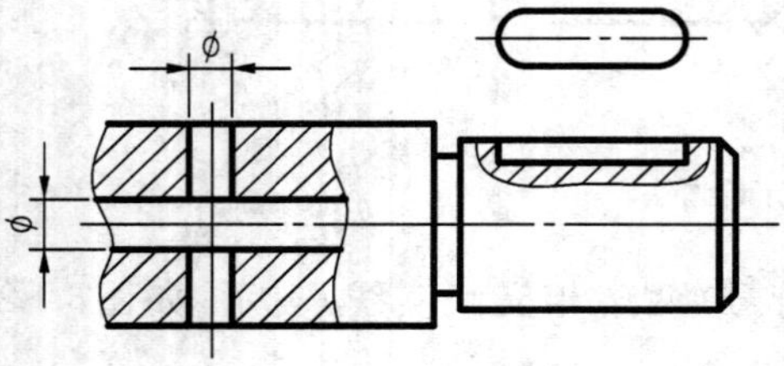

图 6－28　细小结构和对称结构的简化画法

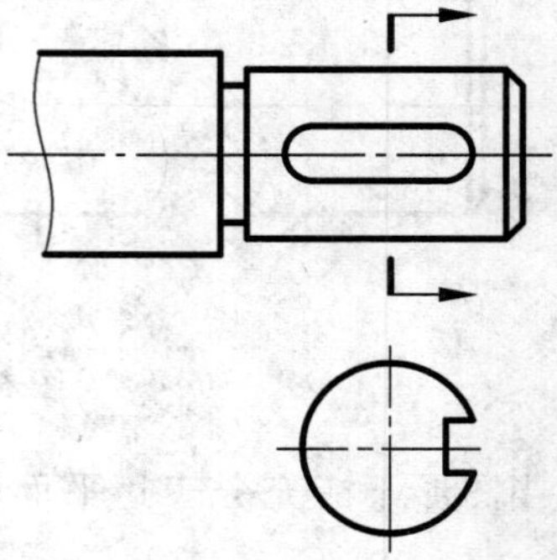

图 6－29　移出断面图剖面符号的简化画法

第七章 标准件与常用件

在各种机器设备中，除一般零件外，还经常用到螺纹紧固件（螺栓、螺柱、螺母、螺钉、垫圈）、键、销和滚动轴承等零件。这类零件的结构和尺寸全都标准化了，称为标准件。另外，还有齿轮等零件，它们的部分结构和尺寸也已标准化，称为常用件。以上零件应用非常广泛。为提高经济效益，在制造上述零件时便可组织专业化生产，使用专用的机床和标准刀具、量具，进行大规模的批量生产，从而获得质优价廉的产品；同时，装配及维修机器时，也可很方便地按规格选用和更换。

本章主要介绍这两类零件的规定画法和标记，以及了解查阅标准件尺寸与数据表格的方法。

第一节　螺纹和螺纹紧固件

一、螺纹

螺纹是指在圆柱或圆锥的表面上，沿着螺旋线所形成的具有规定牙型的连续凸起。凸起是指螺纹两侧面间的实体部分，又称牙。不少零件的表面上都加工有螺纹。加工在圆柱或圆锥外表面上的螺纹称为外螺纹，加工在圆柱或圆锥内表面上的螺纹称为内螺纹。内、外螺纹都是成对配合使用。

加工螺纹的方法很多。图 7－1 为在车床上加工内、外螺纹的示意图。图 7－2 为用手工

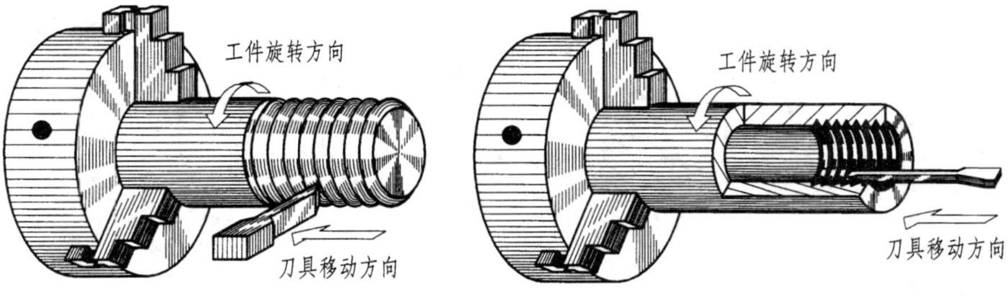

(a) 外螺纹的加工　　(b) 内螺纹的加工

图 7－1　螺纹加工方法

攻制内螺纹(螺孔)的情形,即先用钻头钻孔,再用丝锥攻出螺纹。图中加工的为不通螺孔,由于钻头顶部有约120°的锥角,因而螺孔底部形成120°的锥角。

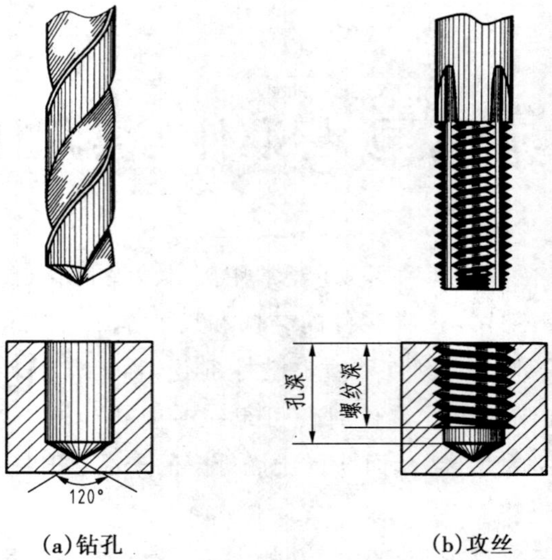

图7-2　用丝锥攻制内螺纹

1. 螺纹的基本要素

螺纹的结构和尺寸是由牙型、直径、螺距和导程、线数、旋向等要素确定的。

(1) 螺纹牙型　在通过螺纹轴线的断面上,螺纹的轮廓形状,称为螺纹牙型。它由牙顶、牙底、两侧面构成,形成一定的牙型角。常见的螺纹牙型有三角形、梯形、锯齿形和矩形等,如图7-3所示。

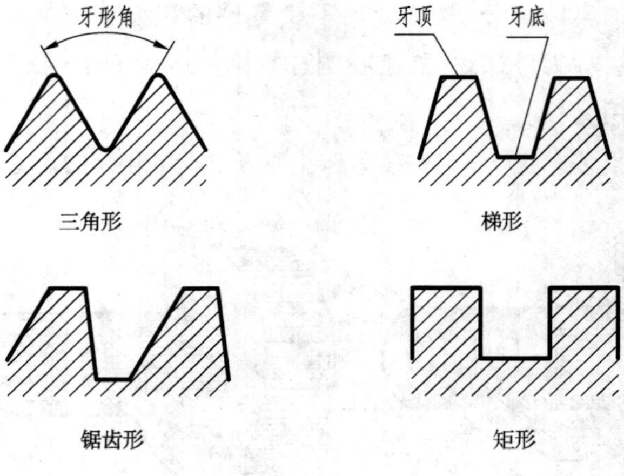

图7-3　螺纹的牙型

(2) 螺纹直径　螺纹直径有基本直径、基本中径、基本小径。外螺纹的基本直径、基本中径、基本小径分别用 d、d_2、d_1 表示，内螺纹的基本直径、基本中径、基本小径分别用 D、D_2、D_1 表示。如图 7－4 所示。

① 基本直径与基本小径。与外螺纹牙顶或内螺纹牙底相切的假想圆柱直径，称为基本直径。与外螺纹牙底或内螺纹牙顶相切的假想圆柱直径，称为基本小径。

外螺纹的基本直径 d 与内螺纹的基本小径 D_1 又称顶径，外螺纹的基本小径 d_1 与内螺纹的基本直径 D 又称底径。

代表螺纹尺寸的直径称为公称直径，一般指螺纹基本直径的基本尺寸。

② 基本中径。在基本直径与基本小径圆柱之间有一假想圆柱，在其母线上牙型的沟槽和凸起宽度相等，此假想圆柱称为基本中径圆柱，其直径称为基本中径。

（3）螺纹线数 n　螺纹有单线与多线之分。沿一条螺旋线形成的螺纹称为单线螺纹；沿两条或两条以上，且在轴向等距分布的螺旋线所形成的螺纹称为多线螺纹，如图 7－4 所示。

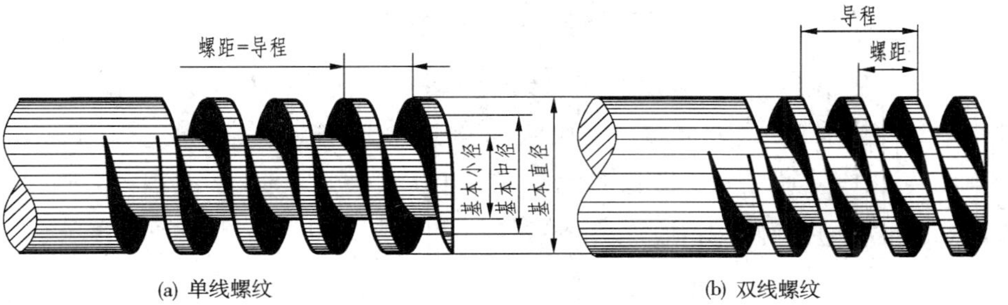

图 7－4　螺纹的线数

（4）螺距（P）与导程（L）　相邻两牙在基本中径线上对应两点之间的轴向距离称为螺距，用 P 表示；同一条螺旋线上相邻两牙在基本中径线上对应两点之间的轴向距离称为导程，用 L 表示。单线螺纹的螺距等于导程，即 $P=L$；多线螺纹的导程等于线数乘以螺距，即 $L=nP$。如图 7－4 所示。

（5）旋向　螺纹旋向分右旋和左旋两种。沿顺时针方向旋入的螺纹称为右旋螺纹，沿逆时针方向旋入的螺纹称为左旋螺纹。也可按图 7－5 所示的方法来判断。

只有牙型、直径、螺距和导程、线数与旋向均相同的内、外螺纹，才能旋合。

国家标准对上述五要素中的牙型、公称直径、螺距都作了规定，若此三个要素均符合规定的称为标准螺纹。若螺纹牙型不符合标准的则称为非标准螺纹。

2. 螺纹的规定画法

螺纹通常采用专用刀具或专用机床加工，因此无需画出螺纹的真实投影。在国家标准《机械制图》GB/T4459.1－1995 中规定了螺纹的表示法，即用规定的线型来表示螺纹的基本直径、基本小径和终止线。

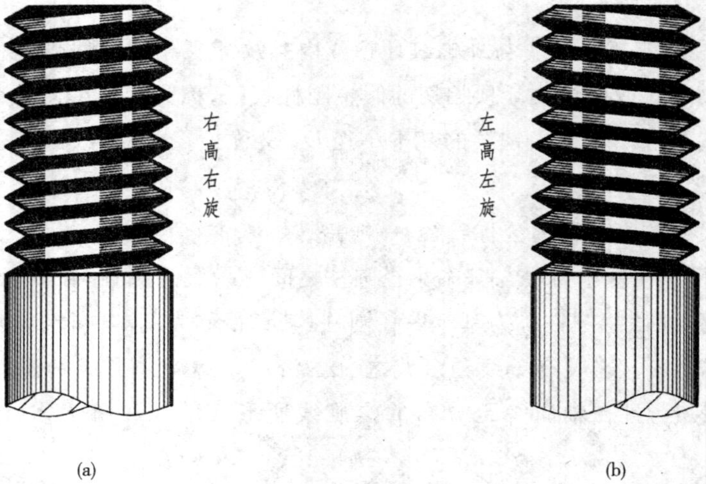

图 7-5 螺纹旋向的判断法

(1) 外螺纹的规定画法　在平行于轴线的视图上（轴向视图），螺纹的基本直径用粗实线表示；基本小径用细实线表示，螺纹的倒角或倒圆也应画出；螺纹的终止线画成粗实线。在投影为圆的视图上（径向视图），螺纹基本直径用粗实线表示；表示基本小径的细实线圆只画约 3/4 圈，倒角圆省略不画，如图 7-6 所示。

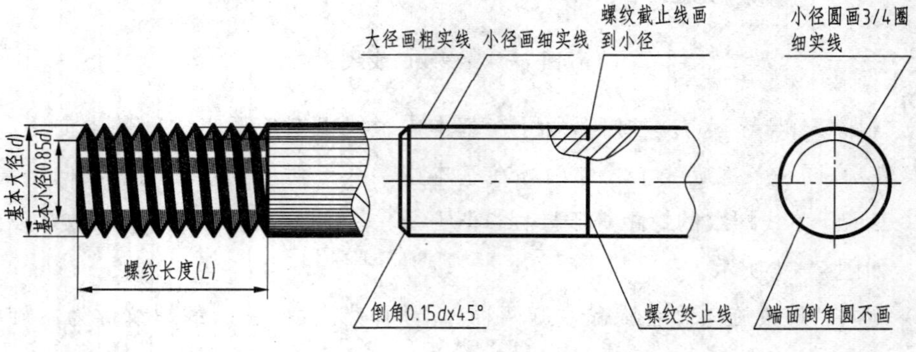

图 7-6 外螺纹的规定画法

外螺纹画成剖视图时，终止线只画一小段粗实线到基本小径处，剖面线应画到粗实线，如图 7-6 所示。

(2) 内螺纹的规定画法　当用剖视图表达内螺纹时，其基本小径画成粗实线，基本直径画成细实线，螺纹终止线画成粗实线，剖面线画到粗实线为止；在投影为圆的视图上，表示基本直径的细实线圆只画约 3/4 圈，基本小径用粗实线表示；倒角圆也省略不画，如图7-7所示。

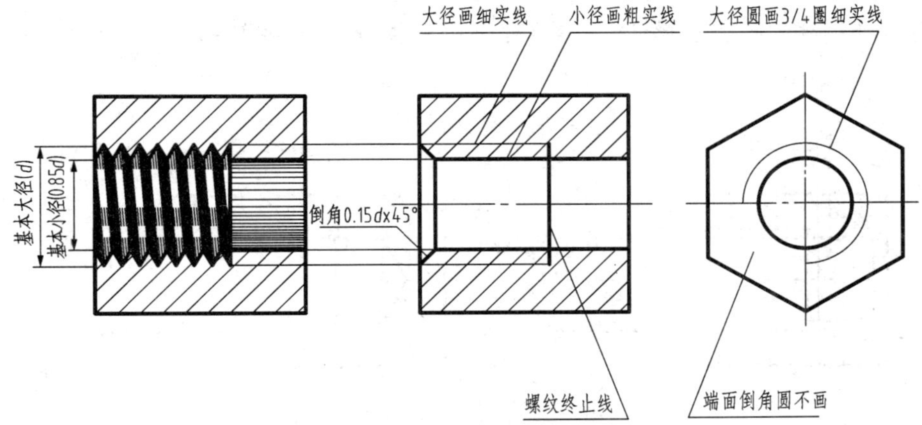

图 7－7　内螺纹的规定画法

绘制不穿通的螺孔时，一般应将钻孔深度与螺孔的深度分别画出，如图7－8所示。

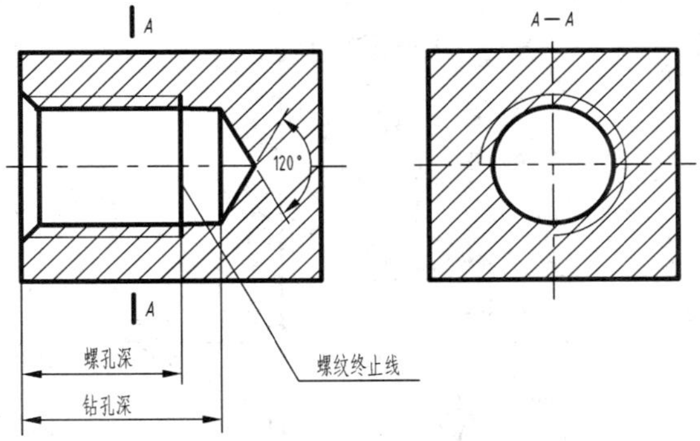

图 7－8　不穿通螺纹孔的画法

当螺纹不可见时，所有的图线都用虚线绘制，如图 7－9 所示。

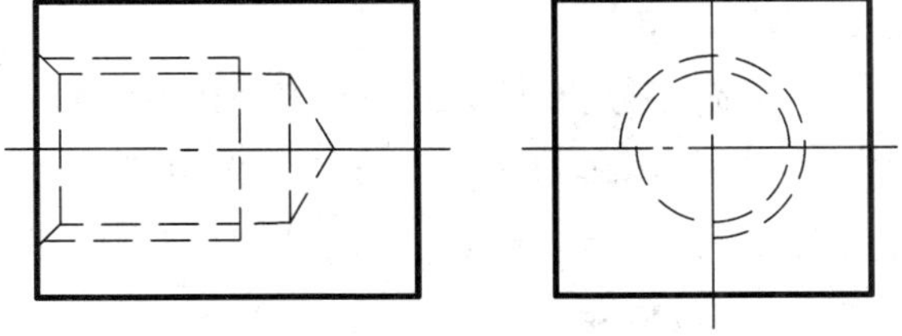

图 7－9　未剖螺纹的画法

本书附录中的附表 1～附表 3 抄录了普通螺纹、用螺纹密封的管螺纹、非螺纹密封的管螺纹、梯形螺纹、锯齿形螺纹等的基本尺寸供选用。

(3) 内、外螺纹连接的规定画法　内外螺纹连接，轴向视图一般用剖视图表示。它们的旋合部分按外螺纹的画法绘制，即基本直径画粗实线，基本小径画细实线；未旋合部分按各自的画法表示，如图7－10所示。

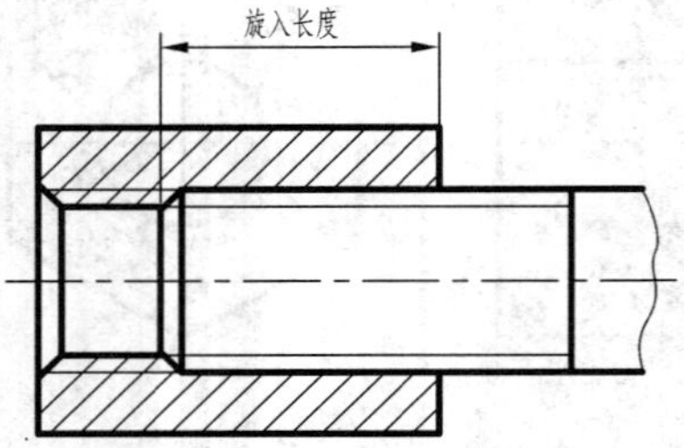

图 7－10　内、外螺纹连接的规定画法

画图时必须注意：内、外螺纹的大、基本小径线必须对齐。这与倒角大小无关，它表明内、外螺纹具有相同的基本直径和基本小径。

(4) 螺纹牙型的画法　螺纹牙型一般不在图中表示，但当需要表示或表示非标准螺纹(如矩形螺纹)时，可按如图 7－11 所示的形式绘制。

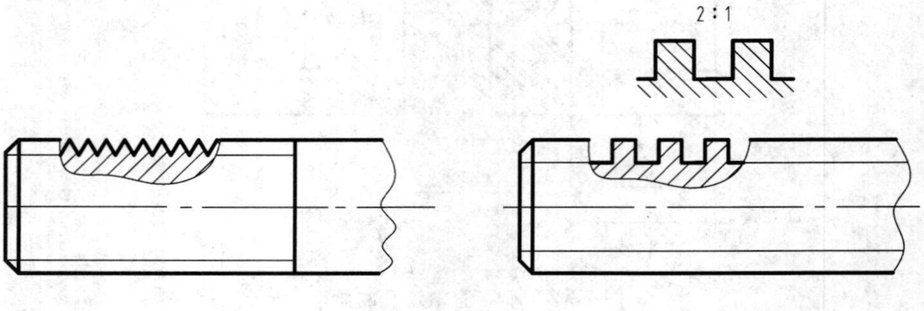

(a)　(b)

图 7－11　螺纹牙型的画法

3. 螺纹的种类和标注

1) 螺纹的种类　螺纹按用途可分为连接螺纹和传动螺纹两种。常用的连接螺纹有粗牙普通螺纹、细牙普通螺纹和管螺纹，传动螺纹有梯形螺纹、锯齿型螺纹和矩形螺纹。

2) 螺纹的标注　螺纹规定画法不能表达螺纹的种类、螺纹要素及其他要求。因此，必须用规定的代号在基本直径上加以标注。

(1) 普通螺纹、梯形螺纹、锯齿型螺纹的标注。普通螺纹有粗牙和细牙之分，即在同一基本直径下，粗牙只有一种螺距值，而细牙则有几种螺距值。梯形螺纹和锯齿型螺纹没有粗、细牙之分。

这三种螺纹完整的标注，包括三部分内容，即：

螺纹代号 — 公差带代号 — 旋合长度代号

① 螺纹代号。螺纹代号由螺纹牙型代号（普通螺纹为“M”，梯形螺纹为“Tr”，锯齿型螺纹为“B”）和尺寸规格数字以及旋向代号组成。粗牙普通螺纹不注螺距。单线螺纹尺寸规格用“公称直径×螺距”，多线螺纹尺寸规格用“公称直径×导程（P 螺距）”表示。左旋螺纹代号为“LH”，右旋省略不标。

例如：

M20 表示公称直径为 20mm 的右旋粗牙普通螺纹；

M20×1.5 表示公称直径 20mm、螺距和导程均为 1.5mm、单线右旋细牙普通螺纹；

M20×1.5LH 表示公称直径 20mm、螺距和导程均为 1.5mm、单线左旋细牙普通螺纹；

Tr32×12(P6)LH 表示公称直径 32mm、螺距 6mm、导程 12mm 双线左旋梯形螺纹；

B40×7 表示公称直径 40mm、螺距和导程均为 7mm 右旋锯齿型螺纹。

② 螺纹公差带代号。螺纹公差带代号由表示公差等级的数字和表示公差带位置的字母组成，大写字母代表内螺纹，小写字母代表外螺纹，数字写在前面，字母写在后面，这与尺寸公差带的写法正好相反。

普通螺纹应注写基本中径和顶径公差带代号，基本中径公差带代号在前，顶径公差带代号在后。如果二者相同，则只注写一次。梯形螺纹和锯齿型螺纹只注写基本中径公差带代号。

例如：

M20－5g6g (外螺纹)

M20×1.5LH－7H (内螺纹)

Tr32×12(P6)LH－8e (外螺纹)

B40×7－7A (内螺纹)

③ 旋合长度代号。普通螺纹的旋合长度分为短(S)、中(N)、长(L)三组，梯形螺纹和锯齿型螺纹只注写中(N)、长(L)两组。旋合长度代号注写在公差带代号之后，中间用“-”相连。中旋合长度省略 N，如果有特殊需要时，可注写长度数值。

螺纹的完整标记如下：

M20－5g6g (中旋合，省略 N)

M20×1.5LH－7H－S (短旋合，标 S)

Tr32×12(P6)LH－8e－L (长旋合，标 L)

B40×7－7A (中旋合，省略 N)

在装配图或零件图上，应将螺纹的完整标记注写在尺寸线上或其引出线上，表8－1列出了常用螺纹的种类、牙型代号与标注方法。

表 7－1　常用螺纹的种类、牙型代号与标注

螺纹种类		牙型代号	图　　例	说　　明
连接螺纹	粗牙普通螺纹	M	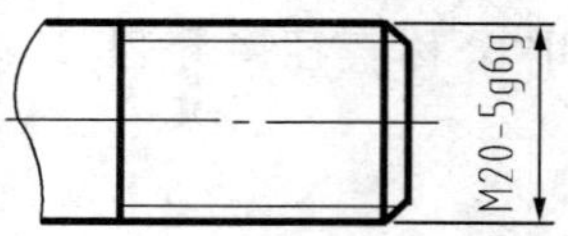	粗牙普通螺纹，公称直径 20mm，基本中径公差带 5g，基本直径公差带6g，右旋，中等旋合长度
	细牙普通螺纹		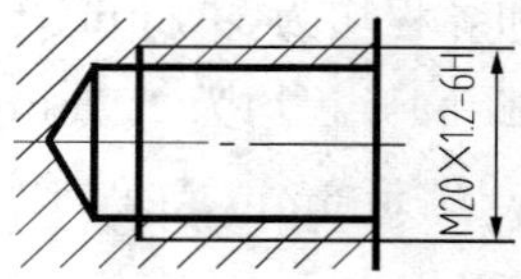	细牙普通螺纹，公称直径 20mm，螺距 1.2mm，基本中径与基本直径公差带都是 6H，右旋，中等旋合长度
	非密封性管螺纹	G	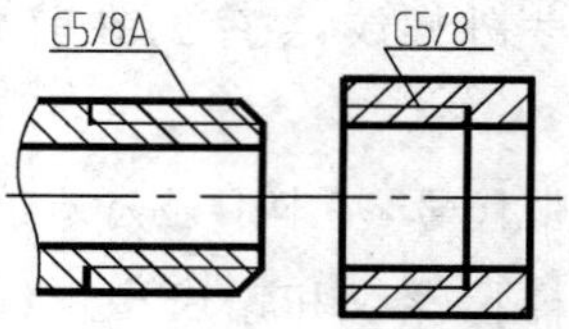	非密封性管螺纹，尺寸代号 5/8 英寸，公差等级为 A 级，右旋（内螺纹不标注公差等级代号）
	密封性管螺纹	R Rc Rp	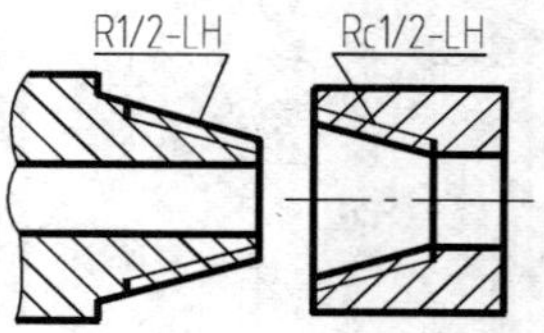	密封性圆锥管螺纹，尺寸代号1/2英寸，左旋 R 表示圆锥外螺纹 Rc 表示圆锥内螺纹 Rp 表示圆柱内螺纹
传动螺纹	梯形螺纹	Tr	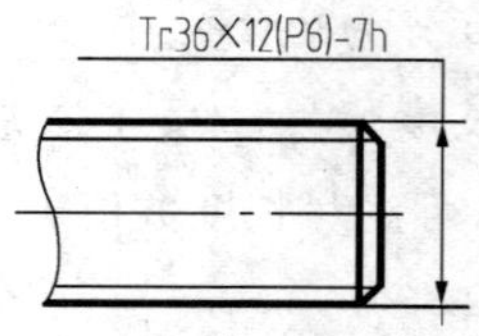	梯形螺纹，公称直径 36 mm，双线，导程 12 mm，螺距 6 mm，右旋，基本中径公差带 7h
	锯齿形螺纹	B	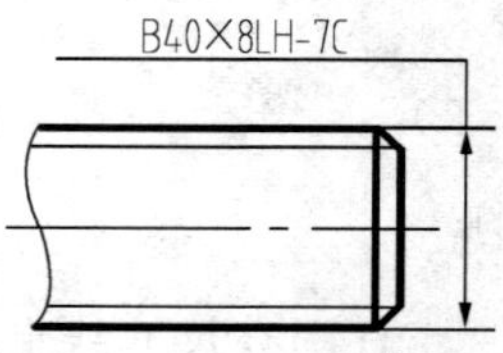	锯齿形螺纹，公称直径 40 mm，单线，螺距 8 mm，左旋，基本中径公差带 7c

(2) 管螺纹的标注　管螺纹分为用螺纹密封的管螺纹和非螺纹密封的管螺纹。螺纹标记的内容和格式为：

用螺纹密封的管螺纹：[螺纹特征代号][尺寸代号]－[旋向代号]

非螺纹密封的管螺纹：[螺纹特征代号][尺寸代号][公差等级代号]－[旋向代号]

① 特征代号　用螺纹密封的管螺纹，包括圆柱内螺纹(代号 Rp)、圆锥内螺纹(代号 Rc)、圆锥外螺纹(代号 R)；非螺纹密封的管螺纹特征代号为 G。

② 尺寸代号　表示管子孔径的英寸制代号(1 英寸＝25.4 mm)，而螺纹的基本直径和基本小径尺寸可根据尺寸代号查附录中的附表 3 确定，如 Rp1、Rc1/2、G_1 1/2等。

③ 公差等级代号　只有非螺纹密封的外管螺纹，分为 A、B 两个等级，在尺寸代号后注明，如 G2A，G2B。对内螺纹，内管螺纹不标记公差等级代号，如 G2。

④ 旋向　分左旋和右旋，左旋应标注“LH”，右旋不标，如 G1/2－LH、G3/4B－LH。

管螺纹的标注，应将其标准规定的标记注写在指引线的横线上，指引线应由基本直径处或对称中心线处引出，如表 7－1 所示。

二、螺纹紧固件及其连接

在螺纹连接中，螺纹紧固件连接是工程上应用得最广泛的连接方式。因此，要掌握常用螺纹紧固件的标记、画法及其连接方式。

1. 常用螺纹紧固件及其标记(GB/T1237－2000)

常用螺纹紧固件包括螺栓、螺柱、螺钉、螺母和垫圈等。它们都属标准件，一般无需画出它们的零件图，只需按规定进行标记。根据标记可从相应的国家标准中查阅它们的结构型式及尺寸数据。

表 7－2 列出了常用的几种螺纹紧固件的名称、标准号、型式及标记示例。

2. 常用螺纹紧固件的画法

螺纹连接属可拆连接。常用的形式有：螺栓连接、螺柱连接、螺钉连接等，如图 7－12 所示。绘制螺纹紧固件连接图，应遵守下列基本规定：

两零件接触表面处只画一条轮廓线。凡不接触的相邻表面或相邻表面基本尺寸不同，不论其间隙大小，需画出两条轮廓线。

在连接图中，当剖切平面通过螺杆的轴线时，对于螺栓、螺柱、螺钉、螺母、垫圈等均按不剖绘制。

在剖视图、断面图中，相邻两零件的剖面线，应画成方向不同或方向相同而间隔不同。同一零件在各个剖视、断面图中，其剖面线方向和间隔应相同。

(1) 螺栓连接的画法　螺栓连接一般用于两个不太厚并允许钻成通孔的零件连接。如图7－13(a)所示。连接前，先在两被连接件上钻出通孔，如图 7－13(b)所示，通孔直径一般取 1.1d(d 为螺栓公称直径)；将螺栓从一端插入孔中，另一端再加上垫圈，拧紧螺母，即完成了螺栓连接，如图 7－13(b)所示。

表 7－2　常用螺纹紧固件及标记示例

名称	图例	标记及说明	名称	图例	标记及说明
六角头螺栓	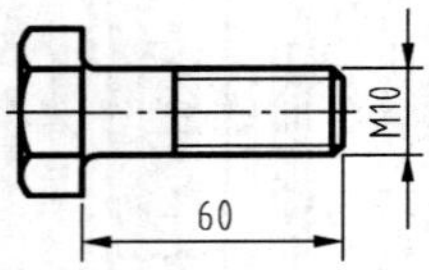	螺栓 GB/T5782－2000 M10×60 表示六角头螺栓，公称直径 10 mm，公称长度 60 mm	六角螺母	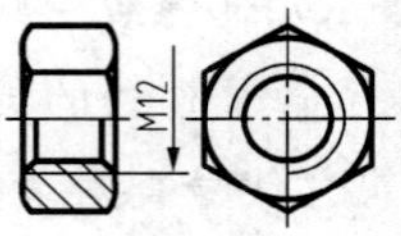	螺母 GB/T6170－2000 M12 表示 A 级 Ⅰ 型六角螺母，公称直径12 mm
双头螺柱	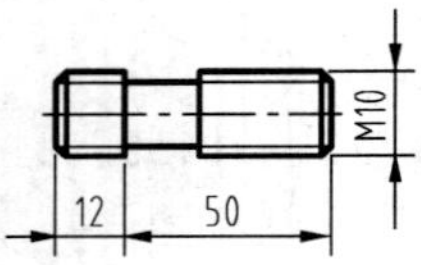	螺柱 GB/T899－1988 M10×50 表示双头螺柱，公称直径 10 mm，公称长度 50 mm	六角开槽螺母	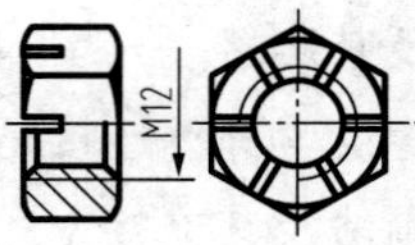	螺母 GB/T6178－2000 M12 表示 A 级 Ⅰ 型六角开槽螺母，公称直径12 mm
开槽沉头螺钉	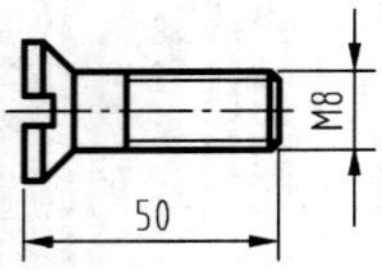	螺钉 GB/T68－2000 M8×50 表示开槽沉头螺钉，公称直径 8 mm，公称长度 50 mm	平垫圈	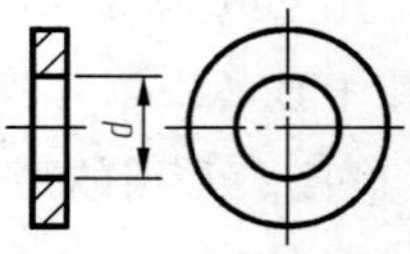	垫圈 GB/T97.1－200－12 表示 A 级平垫圈，公称尺寸 12 mm
圆柱头螺钉	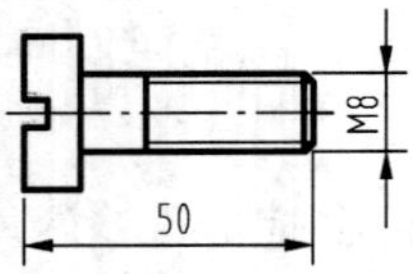	螺钉 GB/T65－2000 M8×50 表示开槽圆柱头螺钉，公称直径 8 mm，公称长度 50 mm	弹簧垫圈	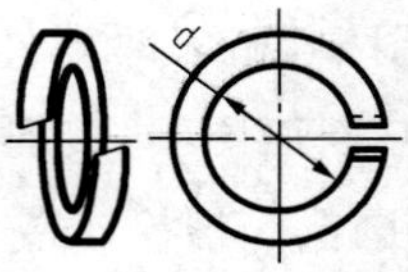	垫圈 GB/T93－2000－12 表示标准型弹簧垫圈，公称尺寸 20 mm

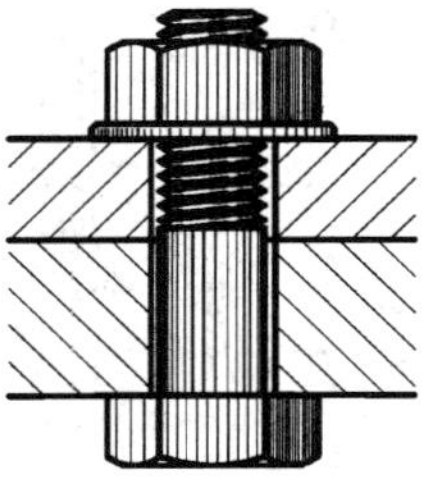

(a) 螺栓连接

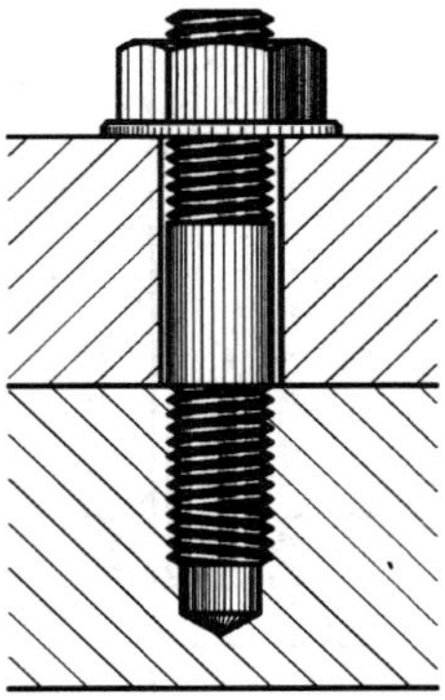

(b) 螺柱连接

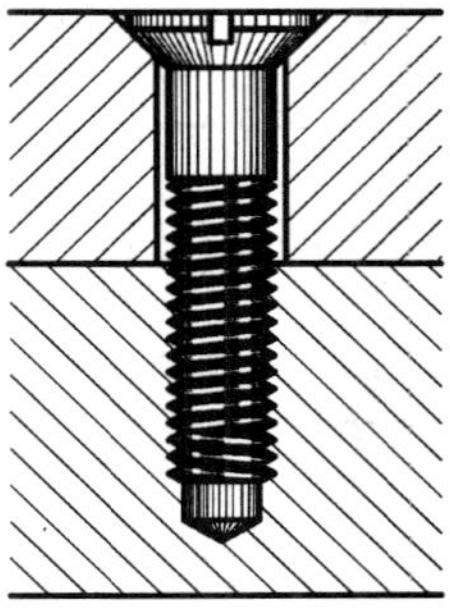

(c) 螺钉连接

图 7－12　螺纹紧固件的连接方式

为适应连接不同厚度的零件，螺栓有各种长度规格。螺栓的公称长度 l 可按下式计算

$$l=\delta_1+\delta_2+h+m+a$$

式中：δ_1、δ_2——被连接件的厚度；

m——垫圈的厚度(0.15d)；

a——螺栓伸出螺母的长度，$a=(0.2\sim0.3)d$；

h——螺母厚度(0.8d)。

根据上式计算出的螺栓长度，还需从相应的螺栓公称长度中选取与它相近的标准值。螺栓、螺母头部交线的画法如图 7－13(c)所示。

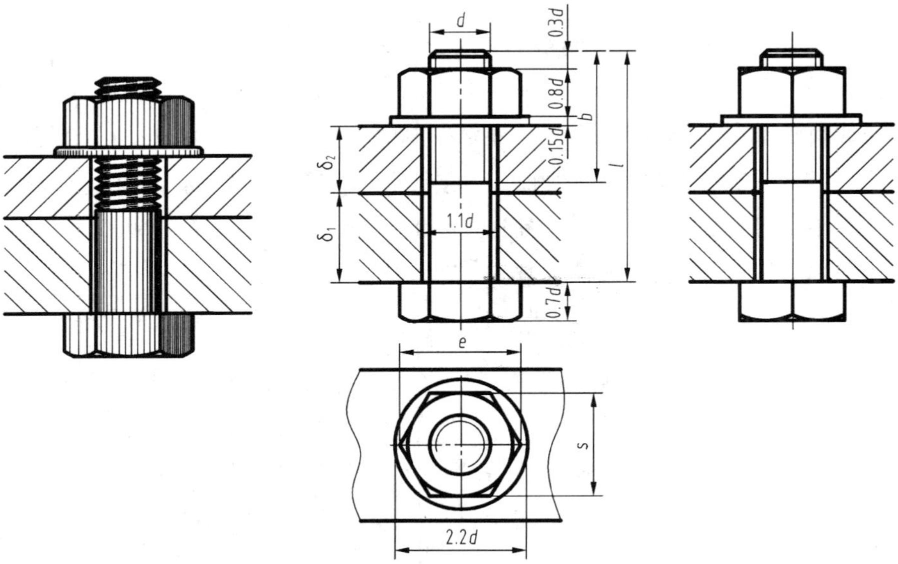

(a) 螺栓连接图及各部分尺寸

图 7－13　螺栓连接画法

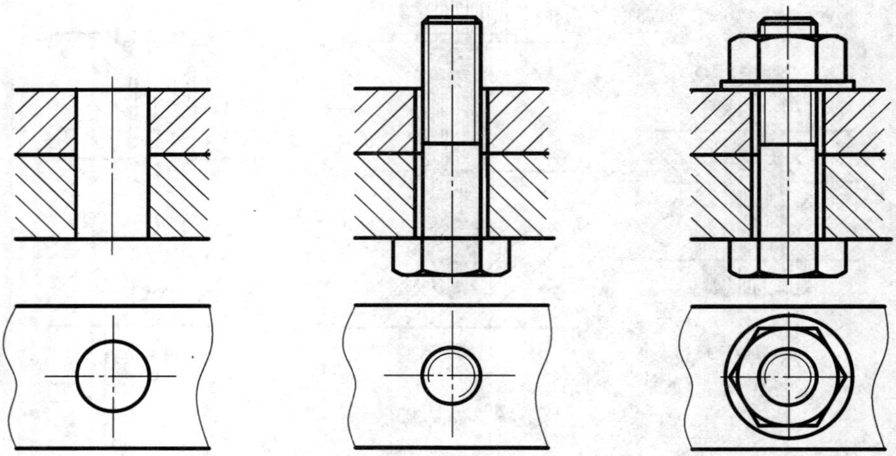

(b) 螺栓连接图的画法步骤

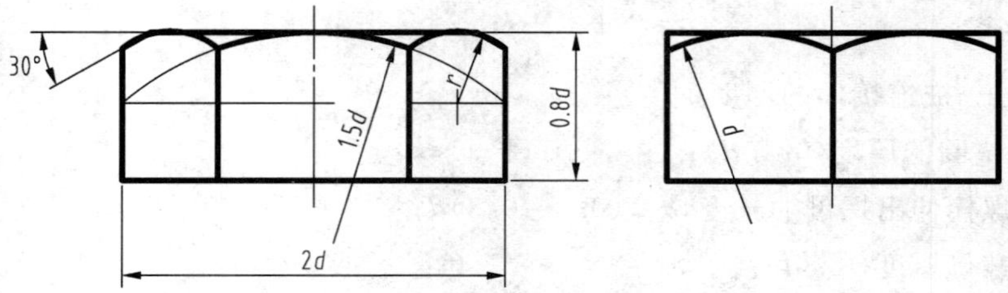

(c) 螺栓、螺母头部交线的画法

图 7-13　螺栓连接画法(续)

(2) 螺柱连接　螺柱连接用于两被连接件之一较厚,或不允许钻成通孔的情况,如图 7-14(a)所示。

双头螺柱两端都制有螺纹。连接前,先在较厚的零件上加工出螺孔,在较薄的零件上加工出通孔(孔径≈$1.1d$),将双头螺柱的旋入端全部拧入螺孔中,另一端穿过被连接件的通孔,套上垫圈,用螺母拧紧,即完成了螺柱连接,如图 7-14(b)所示。

螺柱的公称长度(不包括旋入端)L 按下式计算:

$$l=\delta+h+m+a$$

(3) 螺钉连接　螺钉按用途可分为连接螺钉和紧定螺钉两类。连接螺钉常用于受力不大而又不经常拆卸的场合。

采用螺钉连接时,它的两个被连接件,较厚的零件加工出螺孔,较薄的零件加工出通孔,直接将螺钉穿过通孔拧入螺孔中,螺钉连接及型式如图 7-15(a)、(b)、(c)、(d)所示。螺钉的公称长度,可按板厚和零件材料并根据标准值选取。

画螺钉连接要注意螺钉头部旋槽的画法,在俯视图中要画成 45°的倾斜线,如图 7-15(a)(b)(d)所示。

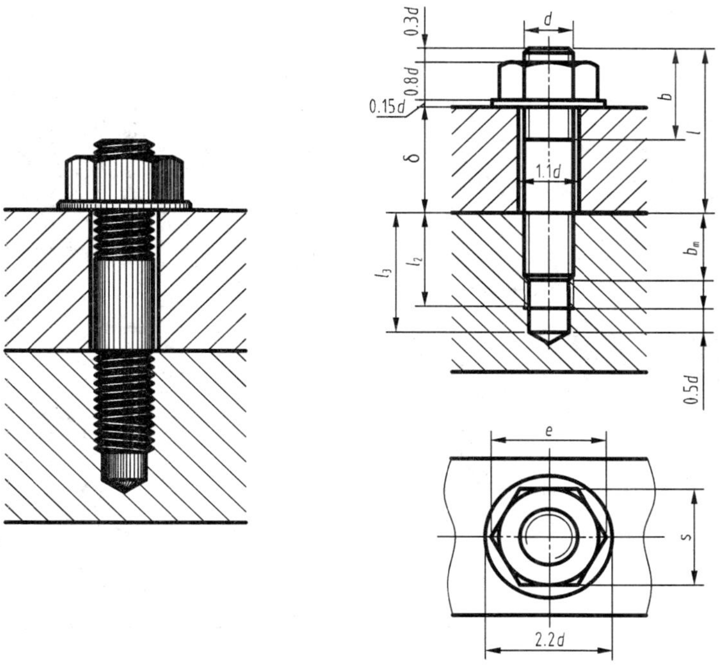

(a) 螺柱连接及各部分尺寸

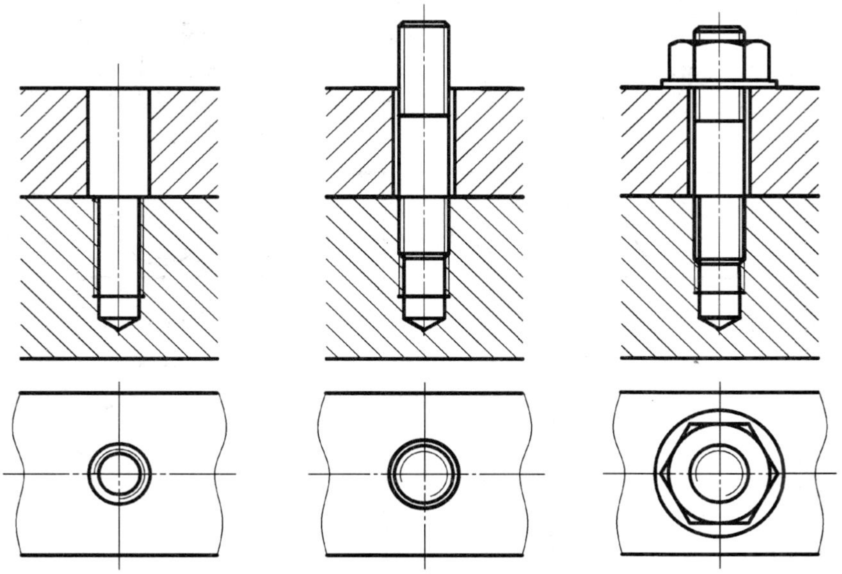

(b) 螺柱连接画法步骤

图 7－14 螺柱连接画法

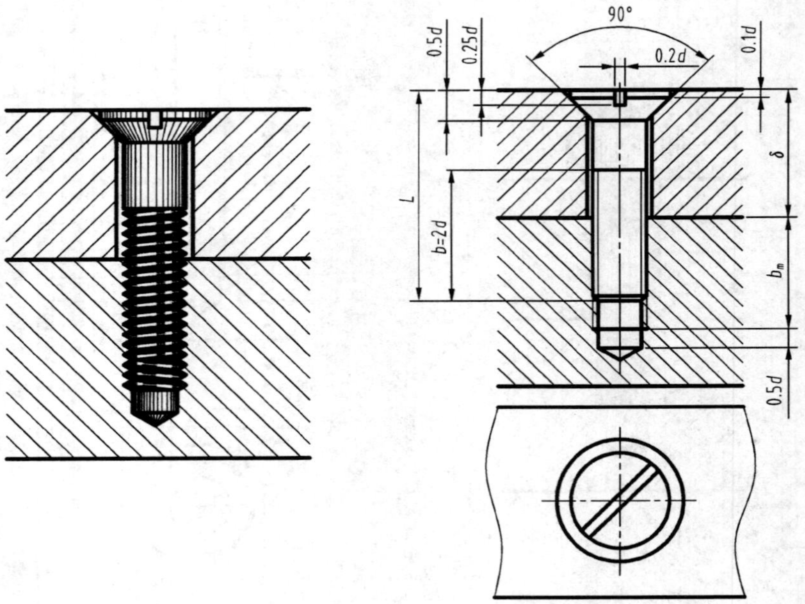

(a) 开槽沉头螺钉连接及各部分尺寸

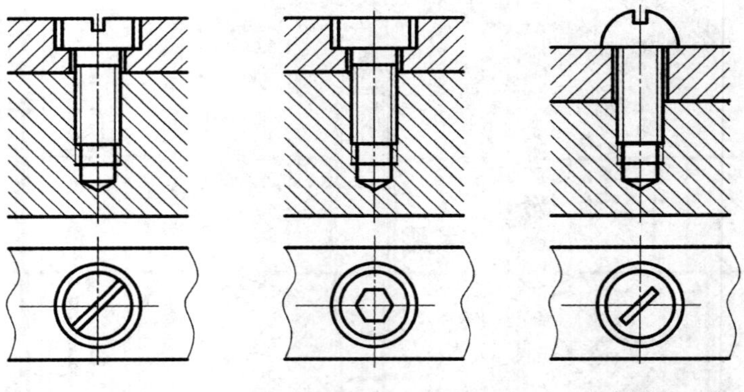

(b) 圆柱头螺钉连接　(c) 圆柱头内六角螺钉连接　(d) 半球头螺钉连接

图 7－15　螺钉连接及其型式

第二节　齿　轮

齿轮是机器中广泛应用的一种传动件，常用于传递动力、改变转动速度和改变传动方向。

齿轮的种类很多，按传动形式分：

圆柱齿轮——用于两个平行轴之间的传动，如图 7-16(a)所示；

圆锥齿轮——用于两相交轴之间的传动，如图 7-16(b)所示；

蜗杆蜗轮——用于两交错轴之间的传动，如图 7-16(c)所示。

(a) 圆柱齿轮　　(b) 圆锥齿轮　　(c) 蜗杆蜗轮

图 7-16　齿轮的传动形式

一、圆柱齿轮

圆柱齿轮有直齿、斜齿、人字齿等。本节主要介绍直齿圆柱齿轮。

1. 直齿圆柱齿轮各部分名称

齿轮轮齿各部分的名称如图 7-17 所示。

齿顶圆(d_a)——通过齿轮轮齿顶部的圆。

齿根圆(d_f)——通过齿轮轮齿根部的圆。

分度圆(d)——标准齿轮的齿厚和齿间距相等时所在位置的圆。

齿顶高(h_a)——齿顶圆到分度圆之间的径向距离。

齿根高(h_f)——齿根圆到分度圆之间的径向距离。

齿高(h)——齿顶圆到齿根圆之间的径向距离。

齿距(p)——在分度圆周上，相邻两齿对应两点之间的弧长。当齿轮齿数为 z 时，分度圆周长为 pz。

模数(m)——齿轮的基本参数。由于分度圆周长为

$$pz=\pi d$$

得

$$d=zp/\pi$$

令

$$\frac{p}{\pi}=m$$

则

$$d=mz$$

m 称为模数，它是齿距 p 和 π 的比值。模数单位为 mm，为了便于设计制造，模数已标准化。标准模数见表 7-3。

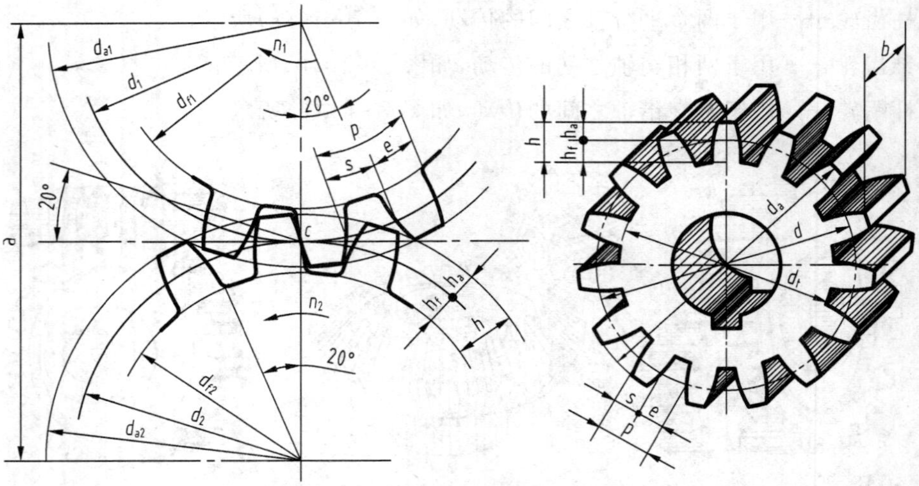

图 7-17　齿轮轮齿各部分名称

表 7-3　齿轮的模数系列(GB/T1357-1987)　mm

第一系列	1,1.25,1.5,2,2.5,3,4,5,6,8,10,12,16,20,25,32,40,50
第二系列	1.75,2.25,2.75,(3.25),3.5,(3.75),4.5,5.5,(6.5),7,9,(11),14,18,22,28,(30),36,45

注意:在选用模数时,应优先选用第一系列,其次是第二系列,括号内的模数值应尽量不用。

齿形角(α)——两啮合齿轮齿廓在接触点 C 处的公法线(力的传递方向)与两分度圆的公切线的夹角,称为齿形角(如图 7-17 所示)。我国标准齿轮的齿形角为 20°。

中心距(a)——两个齿轮轴线之间的距离,称为中心距。

2. 标准直齿圆柱齿轮各部分尺寸计算

设计齿轮时,先要确定模数和齿数,其他各部分尺寸都可由模数和齿数计算出来。计算公式见表 7-4。

表 7-4　直齿圆柱齿轮各部分尺寸计算关系式

基本参数:模数 m,齿数 z		
名　称	代　号	尺寸公式
齿顶高	h_a	$h_a=m$
齿根高	h_f	$h_f=1.25m$
齿高	h	$h=h_a+h_f=2.25m$
分度圆直径	d	$d=mz$
齿顶圆直径	d_a	$d_a=d+2h_a=m(Z+2)$
齿根圆直径	d_f	$d_f=d-2h_f=m(Z-2.5)$
齿距	p	$p=\pi m$
齿厚	s	$s=p/2$
中心距	a	$a=(d_1+d_2)/2=m(z_1+z_2)/2$

3. 齿轮的规定画法

(1) 单个齿轮的规定画法：齿顶圆和齿顶线用粗实线绘制；分度圆和分度线用细点画线绘制；齿根圆和齿根线用细实线绘制，也可省略不画。在剖视图中，当剖切平面通过齿轮的轴线时，轮齿按不剖处理，轮齿部分不画剖面线，齿根线用粗实线绘制，此时不可省略。如图 7－18 所示。

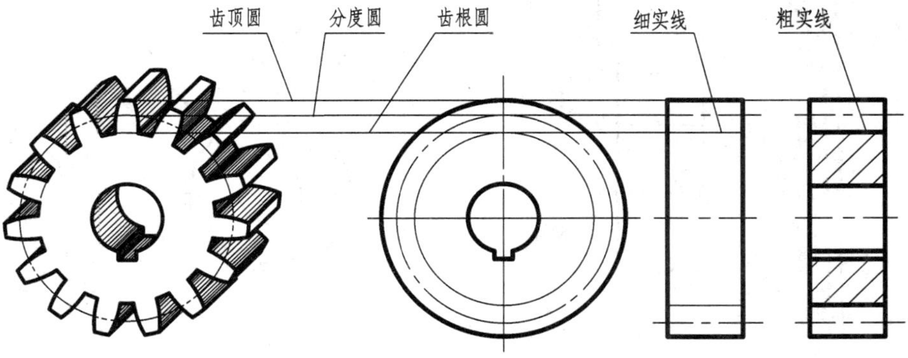

图 7－18　直齿圆柱齿轮的画法

(2) 齿轮的啮合画法　两齿轮啮合时，在垂直于齿轮轴线的投影面的视图中，两齿轮的分度圆(又称节圆)相切，如图 7－19 所示，在啮合区内，两齿轮齿顶圆均画粗实线，也可采用省略画法，如图 7－20 所示。

当剖切平面通过啮合齿轮轴线时，在啮合区内，两齿轮的分度线重合为一条细点画线，齿根线都画成粗实线，一个齿轮的齿顶圆画成粗实线，另一个齿轮的齿顶圆画虚线，如图 7－19所示。

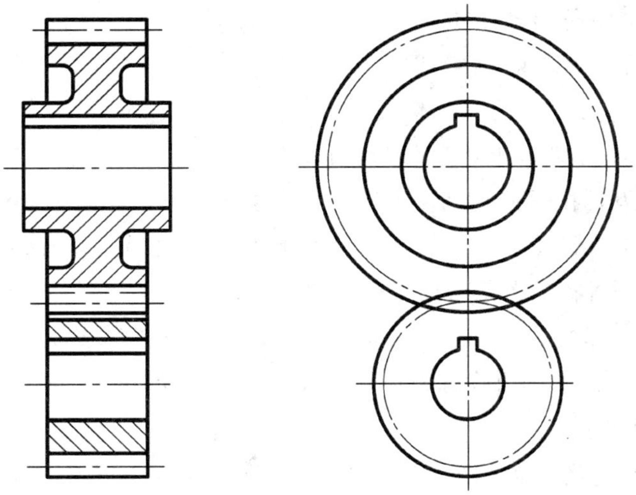

图 7－19　直齿圆柱齿轮啮合剖视画法

在平行于齿轮轴线的投影面视图中，啮合区的齿顶线不需画出，分度线用粗实线绘制，其他处的分度线用细点画线绘制，如图 7－20 所示。

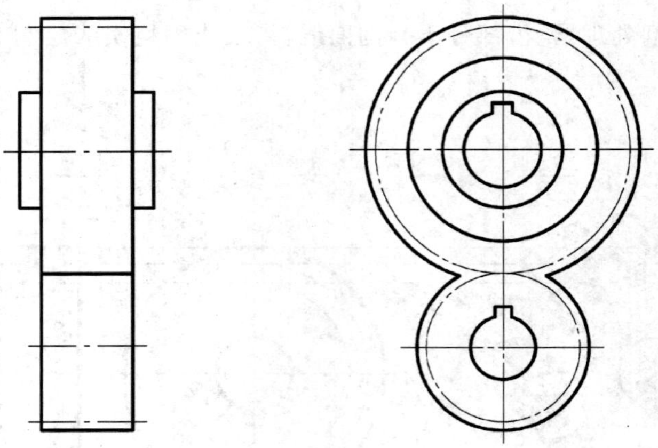

图 7－20　直齿圆柱齿轮啮合视图画法

4. 直齿圆柱齿轮的测绘

根据齿轮实物，通过测量、计算确定其主要参数及各部分尺寸，主要步骤如下：

(1) 数齿数 z。

(2) 测量齿顶圆直径 d'_a　偶数齿可直接量得；奇数齿要先测出齿轮孔径 d 和齿顶到孔壁的径向距离 e，再计算齿顶圆 $d_a'=d+2e$。

(3) 确定模数　根据齿顶圆直径计算式得出 $m'=d'_a/(z+2)$，根据 m' 查表，选取与 m' 最接近的标准模数 m。

(4) 计算轮齿各部分尺寸　根据标准模数和齿数，按表 7－4 公式计算出 d、d_a、d_f。

(5) 测出齿轮其他各部分尺寸。

(6) 绘制齿轮零件图。如图 7－21 所示。

二、圆锥齿轮

1. 直齿圆锥齿轮及其各部分尺寸的计算公式

圆锥齿轮的轮齿是在圆锥面上切出来的。为了设计和制造方便，规定以大端的分度圆和模数为依据计算圆锥齿轮各部分的尺寸。齿顶高、齿根高沿大端背锥素线量取，背锥素线和分锥素线垂直。圆锥齿轮各部分的名称如图 7－22 所示。

直齿圆锥齿轮各部分的尺寸也都与模数和齿数有关，基本参数为大端模数 m，齿数 z，分度圆锥角 δ。轴线相交 90°的直齿圆锥齿轮各部分尺寸的计算公式见表 7－5。

2. 圆锥齿轮的画法

(1) 单个圆锥齿轮的画法　在非圆的视图上，圆锥的画法与圆柱齿轮相似，即常采用剖视，其轮齿按不剖处理，用粗实线画出齿顶线和齿根线，用细点画线画分度线。

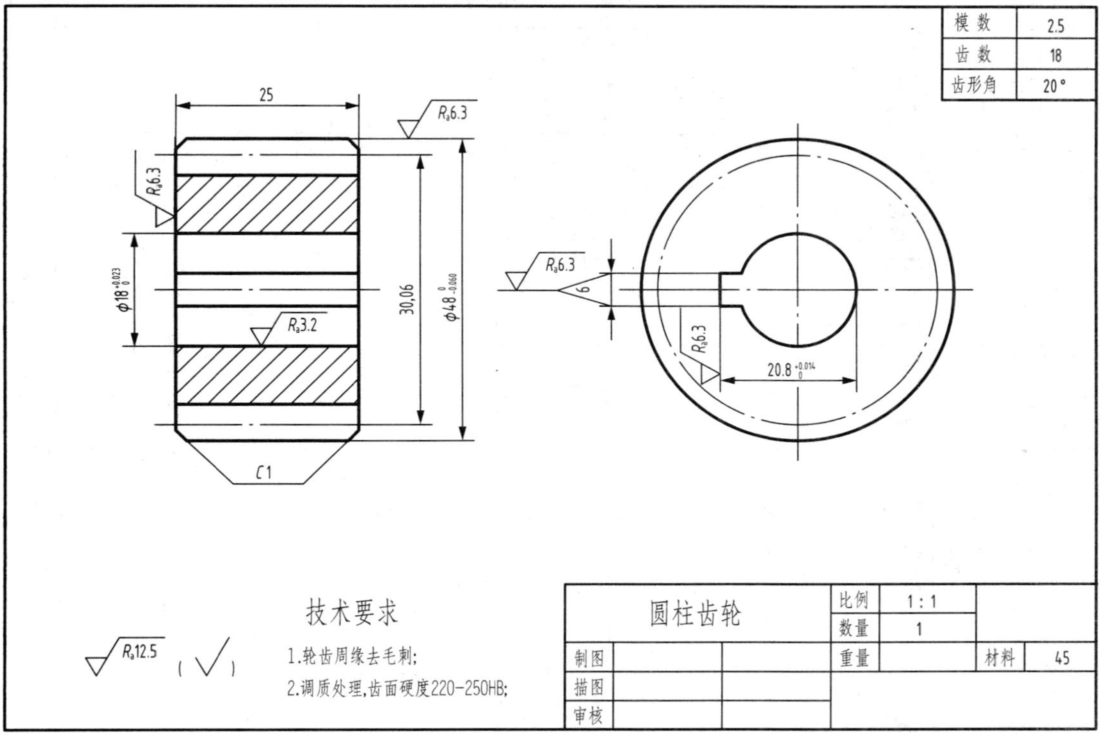

图 7－21　齿轮零件图

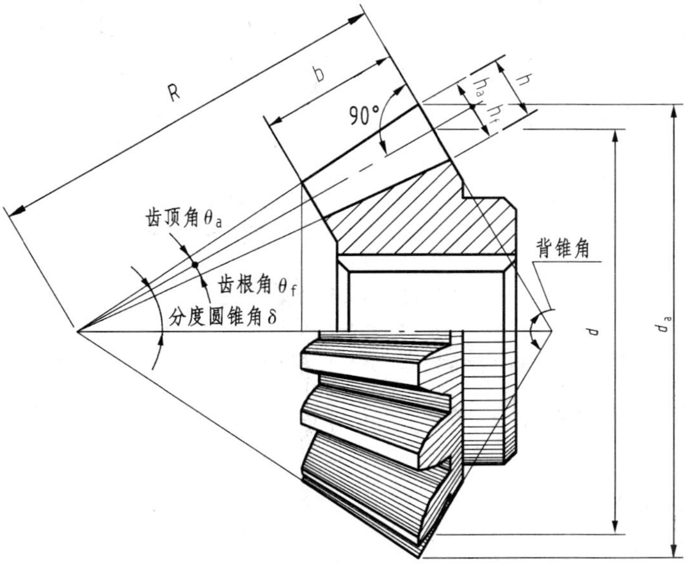

图 7－22　圆锥齿轮各部分名称及画法

表 7-5　直齿圆锥齿轮各部分尺寸的计算公式

名　　称	符　　号	公　　式
分度圆直径	d	$d=mz$
齿顶圆直径	d_a	$d_a=m(z+2\cos\delta)$
齿顶高	h_a	$h_a=m$
齿根高	h_f	$h_f=1.2m$
齿高	h	$h=h_a+h_f=2.2m$
外锥距	R	$R=mz/2\sin\delta$
齿宽	b	$b=(0.2\sim0.35)R$

在垂直于齿轮轴线的视图上，轮齿部分规定只画大、小端的顶圆（粗实线）及大端的分度圆（细点画线），如图 7-23 所示。

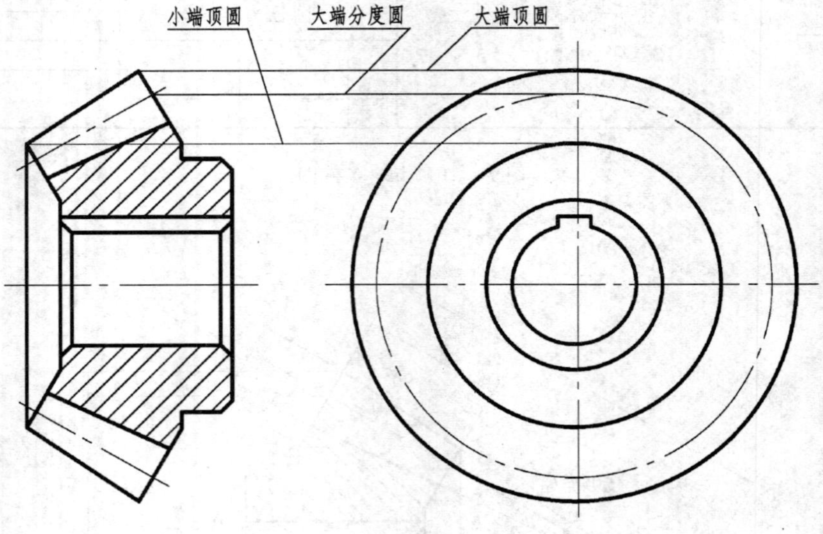

图 7-23　圆锥齿轮画法

(2) 啮合画法　一对啮合的圆锥齿轮，模数相等，节圆相切，两锥顶相交于一点。其画法如图 7-24 所示，画法步骤如图 7-25 所示。

三、蜗杆蜗轮

1. 蜗杆蜗轮的特点

蜗杆蜗轮常用于两交叉轴之间的传动。通常蜗杆主动，蜗轮从动。蜗杆的齿数称为头数，相当于螺杆上螺纹的线数。常用的蜗杆有单头和双头。蜗轮类似斜齿轮。为增加蜗杆与蜗轮的接触面积，将蜗轮外圆表面制成环形。

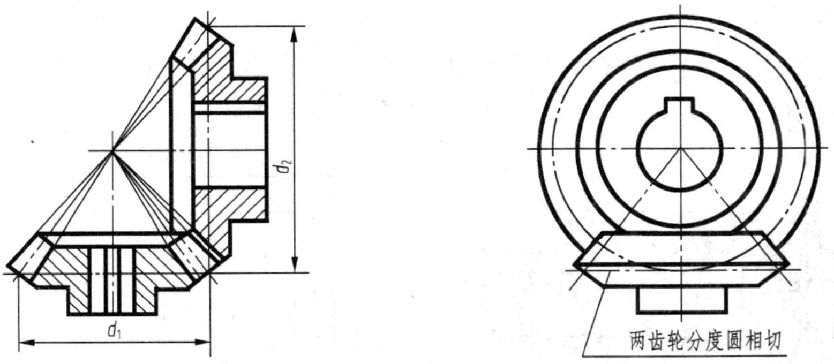

图 7-24 圆锥齿轮啮合的画法

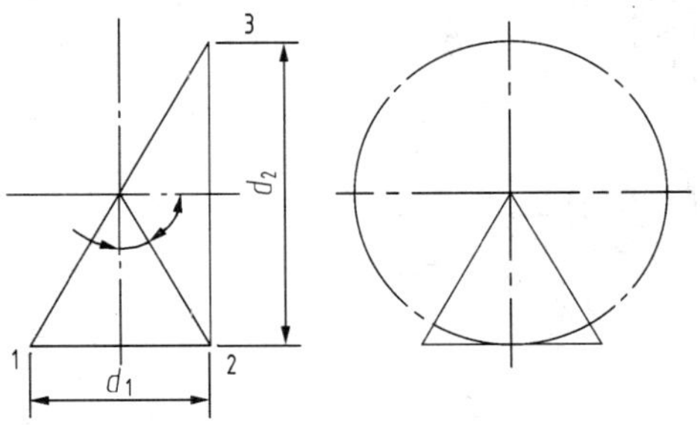

(a)根据两轴线的交角 δ 画出两轴线(这里 $\delta=90°$);再根据分度圆锥角 δ_1,δ_2 和大端分度圆直径 d_1,d_2 画出两个圆锥的投影。

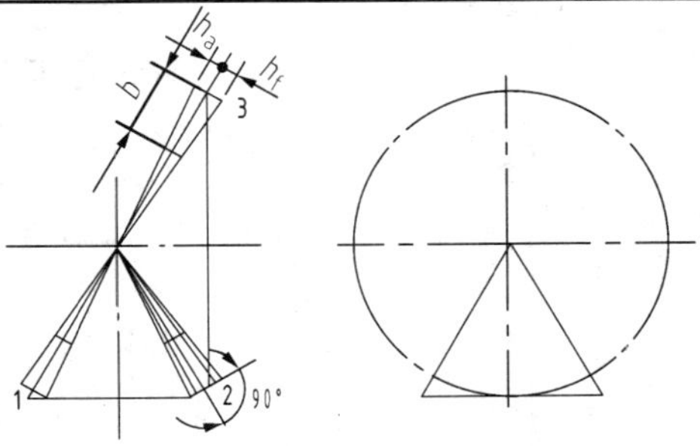

(b) 过 1,2,3 点分别作两分度圆锥母线的垂直线,得到两圆锥齿轮的背部轮廓;再根据齿顶高 h_a、齿根高 h_f、齿宽 b 画出两齿轮牙齿的投影。齿顶、齿根各圆锥母线延长后必相交于锥顶点 O。

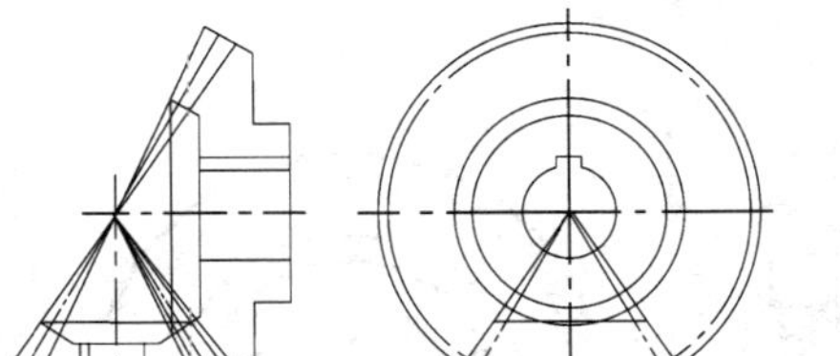

(c) 在主视图上画出两齿轮的大致轮廓,再根据主视图画出齿轮的侧视图。

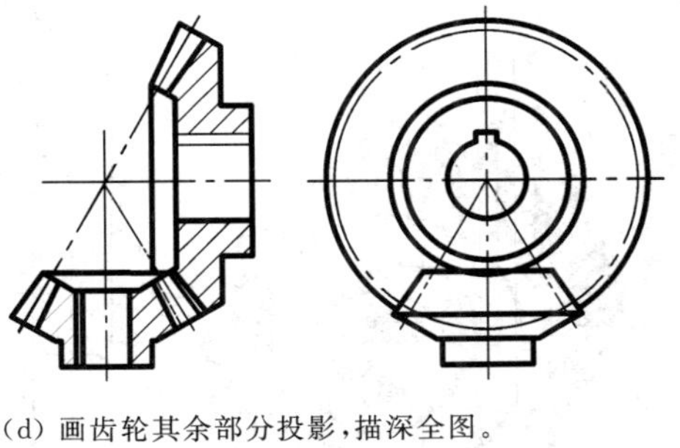

(d) 画齿轮其余部分投影,描深全图。

图 7-25 圆锥齿轮啮合的画图步骤

蜗杆蜗轮传动,可以得到很大的传动比,传动也较平稳,但效率低。

蜗杆副的主要参数有:模数 m、蜗杆直径系数 q、导程角 γ 及头数 z_1、蜗轮螺旋角 β 和齿数 z_2 等。

一对啮合的蜗杆蜗轮,其模数必须相同,蜗杆的导程角与蜗轮的螺旋角大小相等,方向相同。

2. 蜗杆蜗轮的画法

蜗杆蜗轮的画法，与圆柱齿轮基本相同。蜗杆一般选用一个视图，其齿顶线（圆）、齿根线（圆）和分度线（圆）的画法与圆柱齿轮相似，如图 7 - 26 所示。

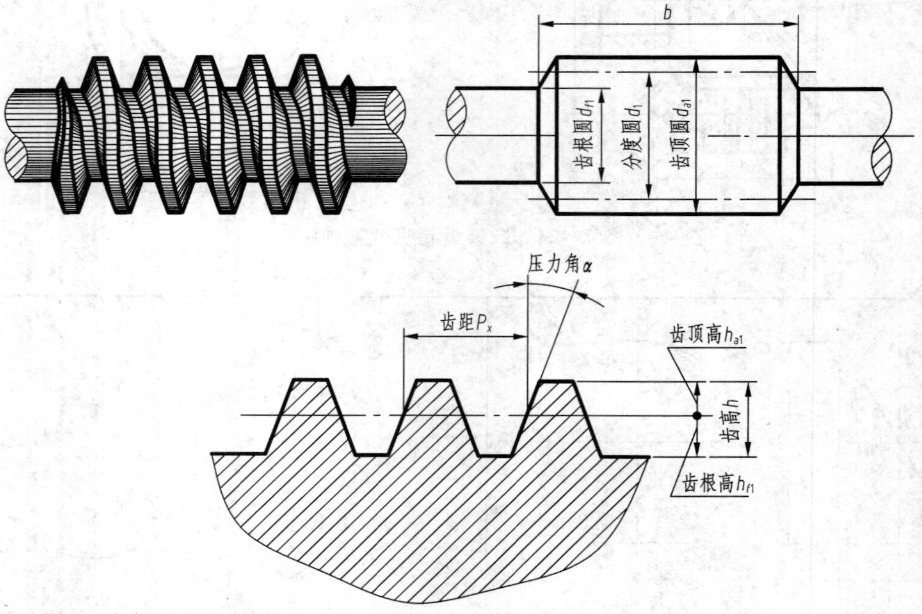

图 7 - 26　蜗杆各部分的名称及画法

蜗轮的画法与圆柱齿轮相似，如图 7 - 27 所示。在投影为非圆的视图上常采用剖视；在投影为圆的视图中，只画出最大的齿顶圆和分度圆。

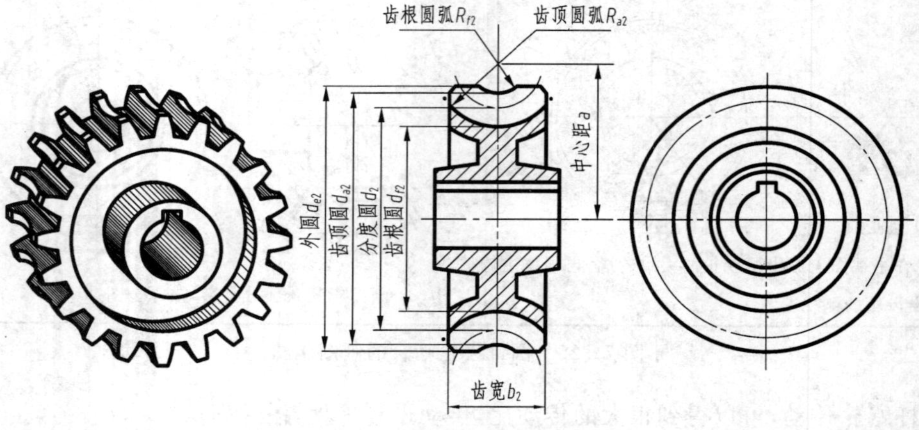

图 7 - 27　蜗轮各部分的名称及画法

蜗杆蜗轮啮合，在投影为圆的视图上，蜗杆的节线与蜗轮的节圆应相切。在剖视图中，若剖切平面通过蜗杆的轴线时，齿顶线（圆）均可省略不画，如图 7 - 28 所示。蜗轮、蜗杆啮合的作图步骤如图 7 - 29 所示。

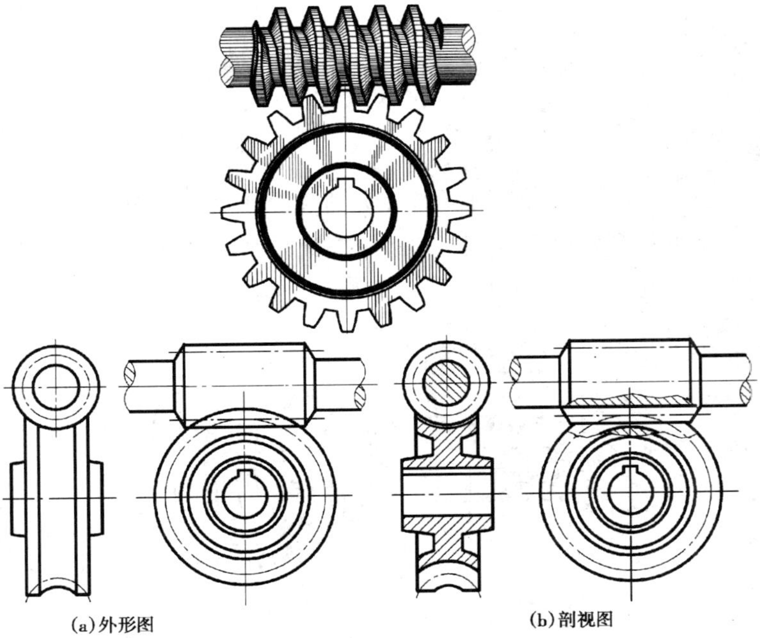

图 7－28　蜗杆蜗轮啮合的画法

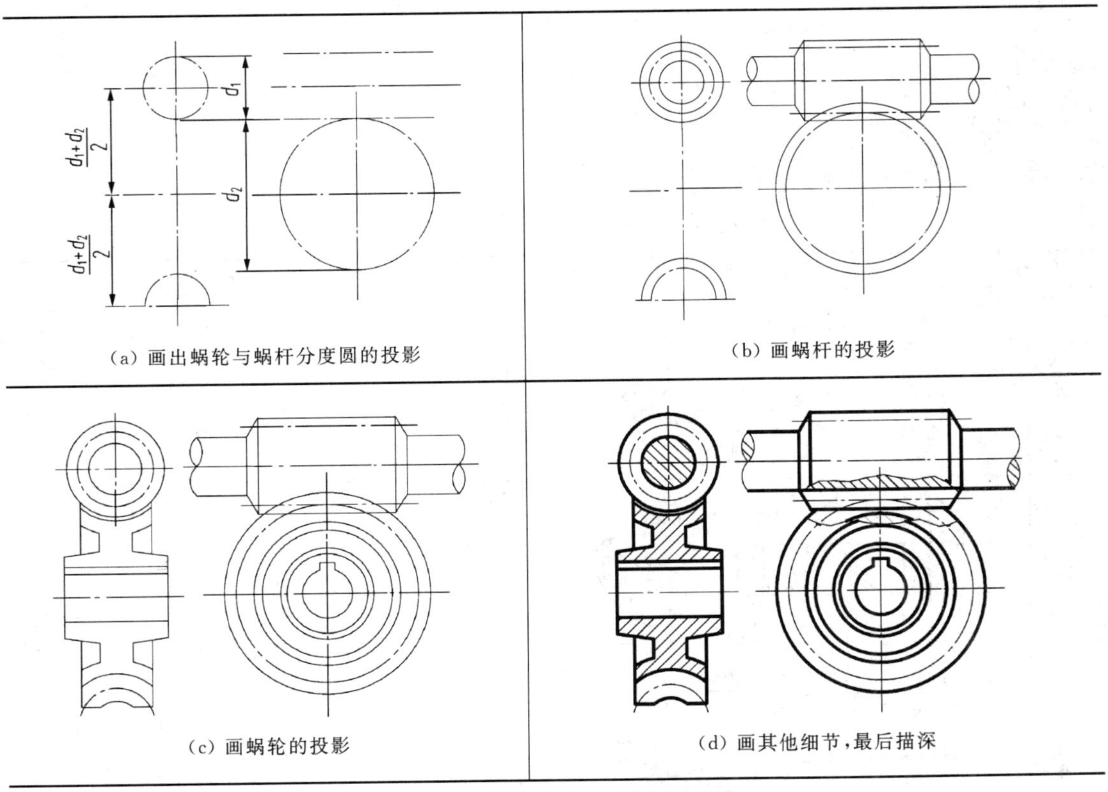

图 7－29　蜗轮、蜗杆啮合的作图步骤

第三节 键和销

一、键连接

键连接用于连接轴与轴上的传动件(如齿轮、带轮等),起传递扭矩的作用。键的种类很多,均已标准化。常见的有普通平键、半圆键、钩头楔键等。如图 7-30 所示。

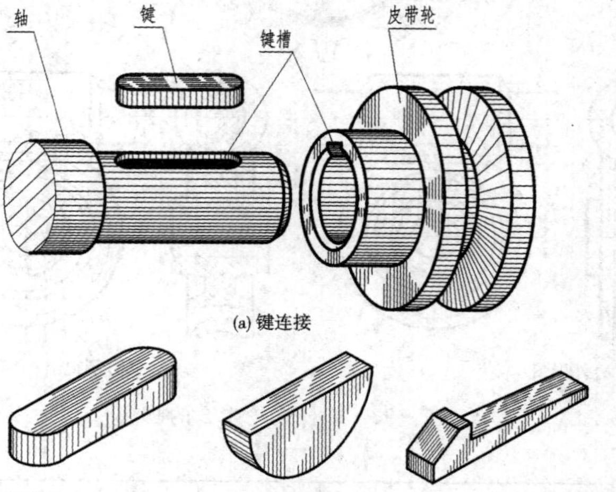

(a) 键连接 (b) 普通平键 (c) 半圆键 (d) 钩头楔键

图 7-30 键连接及其种类

1. 键的画法和标注

表 7-6 为键的型式、标准尺寸、画法和标记。

表 7-6 键的型式、标准尺寸、画法和标记

名称	图例	规定标记示例
圆头普通平键	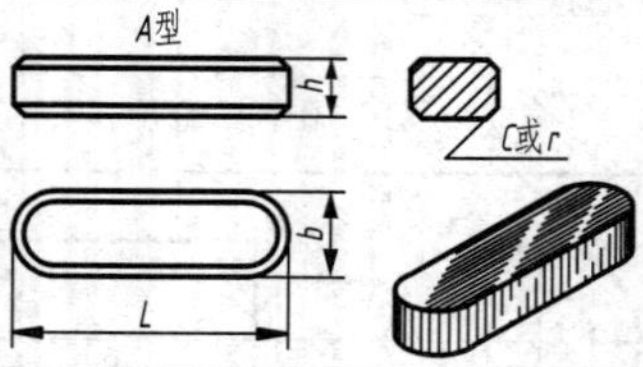	圆头普通平键(A 型) b=16 mm,h=10 mm,L=100 mm; 键 $b \times h \times L$ GB/T 1096; 键 16×10×100 GB/T 1096。
半圆键	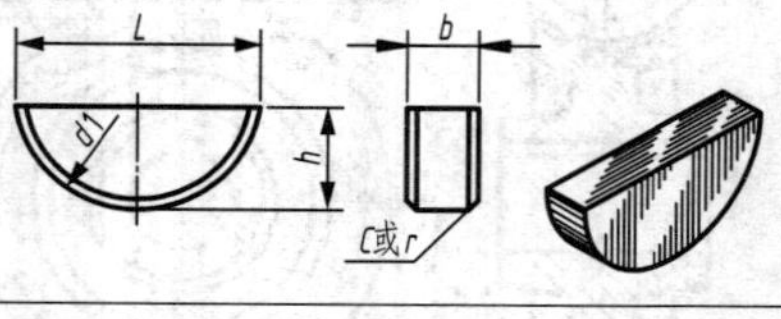	半圆键 b=6 mm,h=10 mm,d_1=25 mm; 键 $b \times h \times L$ GB/T 1099; 键 6×10×25 GB/T 1099。
钩头楔键	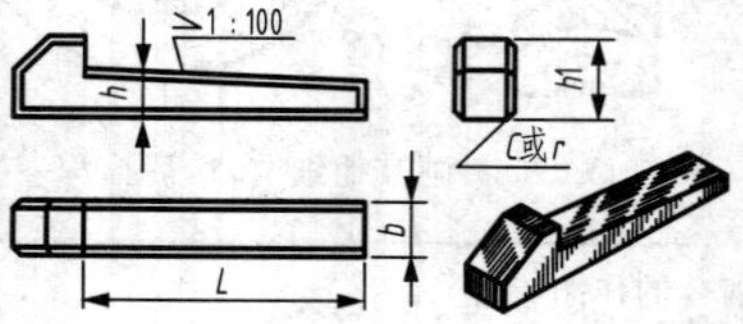	钩头楔键 b=16 mm,h=10 mm,L=100 mm; 键 $b \times h \times L$ GB/T 1565; 键 16×10×100 GB/T 1565。

2. 键连接的画法

（1）普通平键和半圆键连接　普通平键和半圆键连接中，在轴及轮毂孔上加工出键槽，然后将键嵌入槽内，即可实现轴和轮一起转动。

普通平键和半圆键的工作面是两侧面，在绘制它们的连接图时，两侧面与轮和轴键槽侧面因紧密接触只画一条粗实线。但键顶面与轮的槽顶没有接触，应留出间隙，如图 7－31(a)、(b)所示。

（2）钩头楔键连接　钩头楔键的上底面有 1∶100 的斜度。装配时，将键沿轴向打入键槽内，靠上、下底面在轴和轮毂键槽之间接触挤压的摩擦力而连接，故上、下底面是工作面，各画一条线；而两侧面为非工作面，应画两条线。钩头楔键的连接图如图 7－31(c)所示。

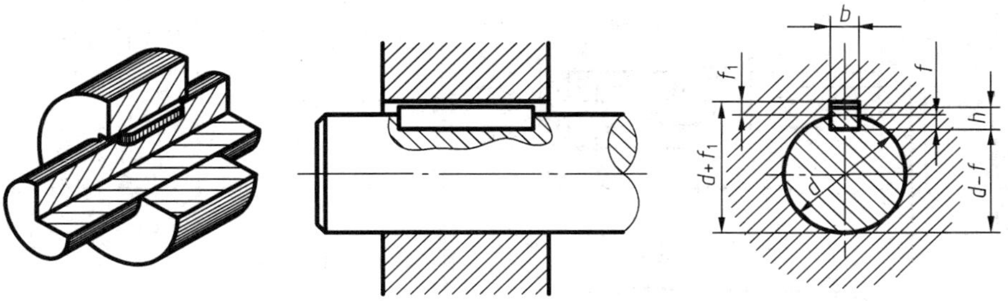

(a) 普通平键的连接画法

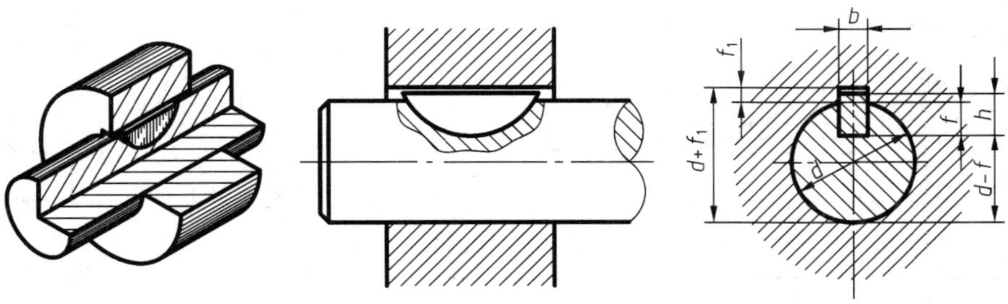

(b) 半圆键的连接画法

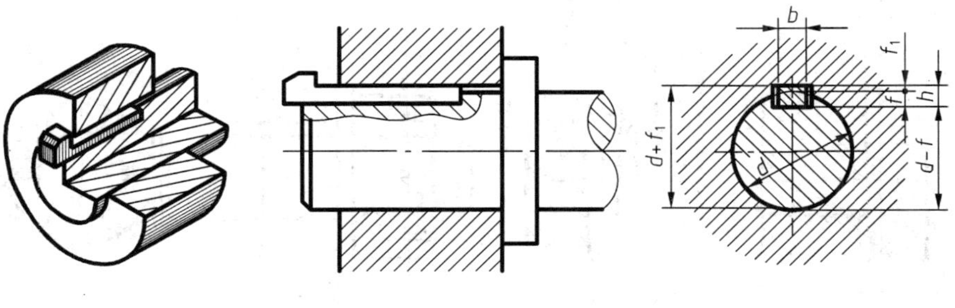

(c) 钩头锲的连接画法

图 7－31　键连接的型式及画法

二、销连接

在机器设备中，销常用作定位或连接。常用的有圆柱销、圆锥销和开口销等。它们都是标准件，其形状和尺寸都已标准化。表 7-7 列举了三种销的型式、规格和标记示例。

表 7-7　销的型式、规定标记及连接画法示例

名称	型　式	规定标记及其含义
圆柱销	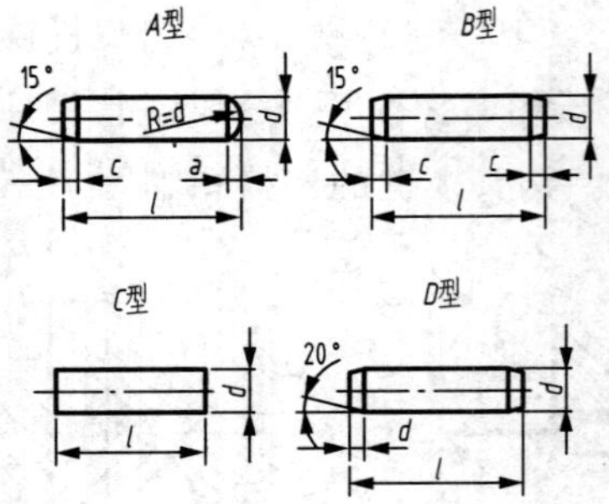	销 GB/T119.1—2000 B10×50； 公称直径 $d=10$mm，$l=50$mm，材料为 35 号钢，不经表面处理的 B 型圆柱销。
圆锥销	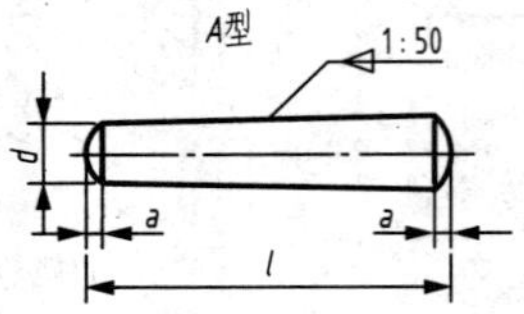	销 GB/T117—2000 10×60； 公称直径 $d=10$mm，$l=60$mm，材料为 35 号钢，表面经氧化处理的 A 型圆锥销。
开口销	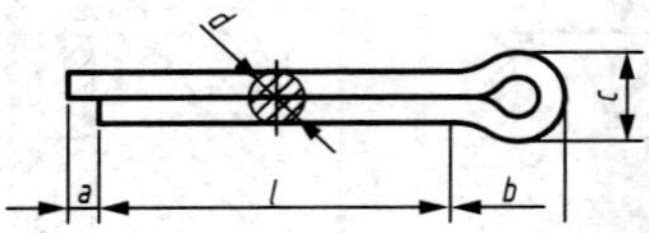	销 GB/T91—2000 5×50； 公称直径 $d=5$mm，$l=50$mm，材料为低碳钢不经表面处理的开口销。

圆柱销、圆锥销及开口销的连接画法见图 7-32(a)、(b)、(c)所示。加工销孔时，必须两件一起配作。

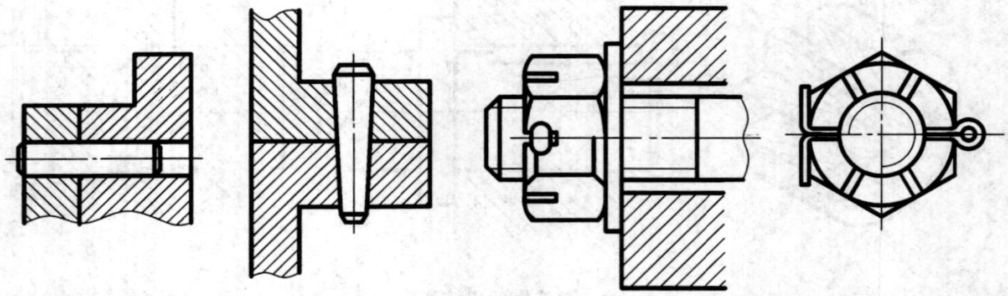

(a) 圆柱销连接　(b) 圆锥销连接　(c) 开口销连接

图 7-32　销连接及其画法

第四节　弹　簧

弹簧是一种常见的标准件，它的作用是减震、储能、夹紧、测力等。弹簧的种类很多，有螺旋弹簧、涡卷弹簧、板弹簧及片弹簧等。常用的螺旋弹簧有压缩弹簧、拉伸弹簧和扭力弹簧，如图 7－33 所示。

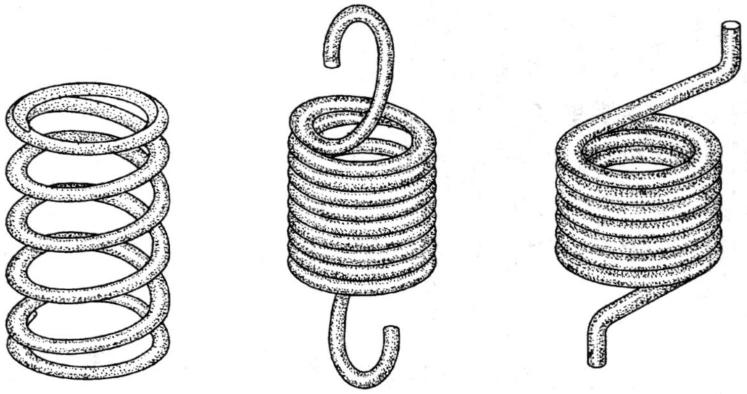

(a)　压力弹簧　　(b)　拉伸弹簧　　(c)　扭力弹簧

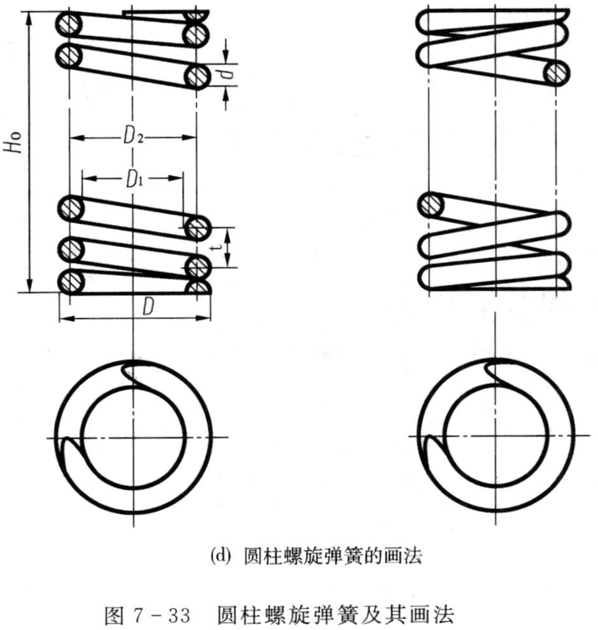

(d)　圆柱螺旋弹簧的画法

图 7－33　圆柱螺旋弹簧及其画法

一、圆柱螺旋压缩弹簧各部分名称及尺寸关系

（1）簧丝直径 d　弹簧钢丝的直径。

（2）弹簧直径　外径 D：弹簧最大直径，内径 D_1：弹簧最小直径，基本中径 D_2：弹簧的平

均直径 $D_2=(D+D_1)/2$。

(3) 节距 t　除磨平压紧的支撑圈外，相邻两圈间的轴向距离。

(4) 有效圈数 n　保持节距相等的圈数。

(5) 支承圈数 n_2　为使压缩弹簧在工作时受力均匀，制造时把弹簧两端并紧磨平，起支承作用，称为支承圈。支承圈有 1.5 圈、2 圈、2.5 圈三种，以 2.5 圈较常用。

(6) 总圈数 n_1　$n_1=n+n_2$。

(7) 自由高度 H_0　弹簧未受任何载荷时的高度，$H_0=nt+(n_2-0.5)d$。

(8) 簧丝长度 L　弹簧丝展开以后的长度，$L=n_1\cdot\sqrt{(\pi D_2)^2+t^2}$。

(9) 旋向　螺旋弹簧分左旋和右旋两种。

二、圆柱螺旋压缩弹簧的画法

在与弹簧中心轴线平行的视图上，弹簧的螺旋线画成直线；当弹簧的旋向不作规定时，无论是左旋还是右旋弹簧，一律画成右旋，但左旋弹簧须注上"左"字；有效圈数在 4 圈以上的弹簧，可以只画 1～2 圈(不含支承圈)，中间省略不画，但应画出簧丝中心线。具体的作图步骤如图 7 - 34 所示。

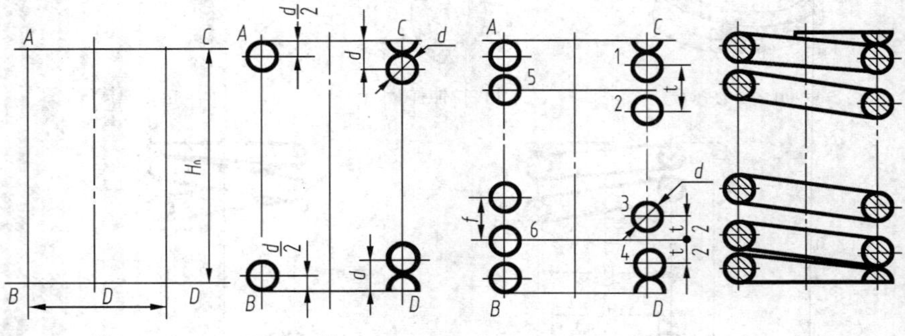

图 7 - 34　圆柱螺旋压缩弹簧的作图步骤

三、在装配图中螺旋弹簧的简化画法

在装配中，弹簧中间各圈可采用省略画法，弹簧后面被挡住的零件轮廓线不需画出，如图 7 - 35(a)所示

当弹簧被剖切时，如果簧丝直径 $d\leqslant 2$mm，其剖面线可涂黑表示；簧丝直径 $d\leqslant 1$mm，可采用示意画法。如图 7 - 35(b)、(c)所示。

第五节　滚动轴承

滚动轴承是用来支承旋转轴的一种组件，具有摩擦阻力小、结构紧凑等优点，在机器中被广泛采用。它的结构和尺寸已经标准化了。

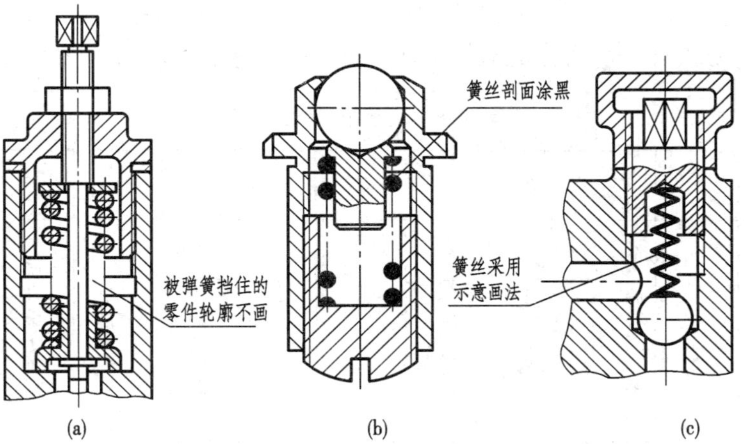

图 7－35 装配图中螺旋弹簧的画法

一、滚动轴承的分类和结构

按可承受载荷的情况，滚动轴承分为三类，如图 7－36 所示。

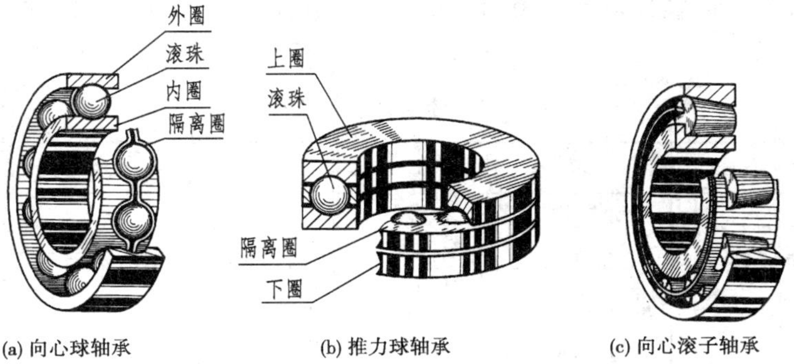

图 7－36 3 类滚动轴承

（1）向心轴承 主要承受径向载荷；

（2）推力轴承 主要承受轴向载荷；

（3）向心推力轴承 可同时承受径向和轴向载荷。

以如图 7－36(a)所示的向心球轴承为例，滚动轴承的结构一般由四部分组成：

内圈：套装在轴上，随轴一起转动。

外圈：装在机座孔中，一般固定不动。

滚动体：装在内、外圈之间的滚道中。滚动体可做成球或滚子。

保持架：用来隔开滚动体，又称隔离圈。

二、滚动轴承的基本代号

滚动轴承基本代号表示轴承的基本类型、结构和尺寸，是滚动轴承代号的基础。基本代号的组成方式如下：

轴承类型代号　尺寸系列代号　内径代号

(1)轴承类型代号　滚动轴承类型代号用数字或字母来表示，见表 7－8。

表 7－8　滚动轴承类型代号

代号	0	1	2	3	4	5	6	7	8	N	U	QJ
轴承类型	双列角接触球轴承	调心球轴承	调心滚子轴承和推力调心滚子轴承	圆锥滚子轴承	双列深沟球轴承	推力球轴承	深沟球轴承	角接触球轴承	推力圆柱滚子轴承	圆柱滚子轴承	外球面球轴承	四点接触球轴承

(2)尺寸系列代号　尺寸系列代号包括滚动轴承的宽(高)度系列代号和直径系列代号两部分，用两位阿拉伯数字来表示。它的主要作用是区别内径相同、而宽度和外径不同的滚动轴承。具体代号需查阅相关的国家标准。

(3)内径代号　内径代号表示滚动轴承的公称直径，一般用两位阿拉伯数字表示。其表示方法见表 7－9。

表 7－9　滚动轴承内径代号

轴承公称内径/mm	内径代号	示例	
0.6～10(非整数)	用公称直径毫米直接表示，在其与尺寸系列代号之间用“/”分开。	深沟球轴承　618/2.5	$d=2.5$
1～9(整数)	用公称内径毫米数直接表示，对深沟及角接触球轴承 7、8、9 直径系列，内径与尺寸系列代号之间用“/”分开。	深沟球轴承　625 深沟球轴承　618/5	$d=5$ $d=5$
10～17　10	00	深沟球轴承　6200	$d=10$
10～17　12	01	深沟球轴承　6201	$d=12$
10～17　15	02	深沟球轴承　6202	$d=15$
10～17　17	03	深沟球轴承　6203	$d=17$
20～480 (22、28、32 除外)	公称内径除以 5 的商数，商数为个位数，需在商数左边加“0”，如 08。	圆锥滚子轴承　30308 深沟球轴承　6215	$d=40$ $d=75$
≥500 以及 22、28、32	用公称内径毫米数直接表示，但在与尺寸系列之间用“/”分开。	调心滚子轴承　230/500 深沟球轴承　62/22	$d=500$ $d=22$

例如：

6　2　08
内径代号：$d=8\times5=40$
尺寸系列代号(02)：宽度系列代号0省略，直径系列代号为2
轴承类型代号：深沟球轴承

6　2　12
内径代号：$d=12\times5=60$
尺寸系列代号(02)：高度系列代号为0，直径系列代号为2
轴承类型代号：深沟球轴承

3　03　12
内径代号：$d=12\times5=60$
尺寸系列代号：高度系列代号为0，直径系列代号为3
轴承类型代号：圆锥滚子轴承

5　13　10
内径代号：$d=10\times5=50$
尺寸系列代号：高度系列代号为1，直径系列代号为3
轴承类型代号：推力球轴承

三、滚动轴承的规定画法

滚动轴承已经标准化，在装配图上只需用简化画法或示意画法表示即可。常用的3种轴承的简化画法和示意画法见表7-10。

表7-10　常用滚动轴承的画法

轴承名称和代号	结构型式	主要数据	规定画法	特征画法
深沟球轴承 GB/T276-1994 6000型		D d B	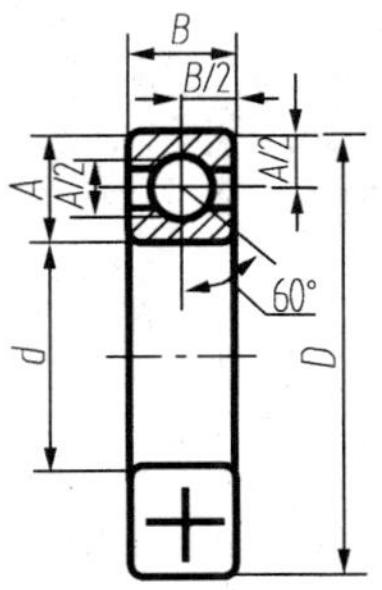	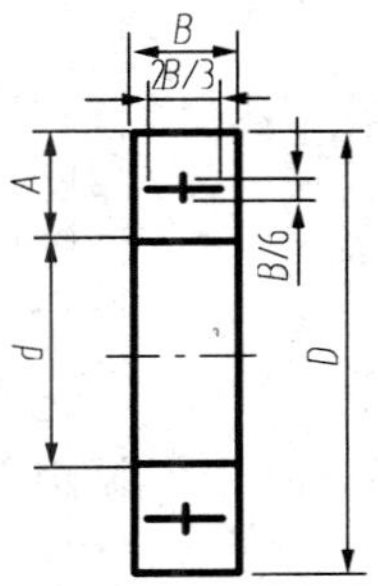

（续表）

轴承名称和代号	结构型式	主要数据	规定画法	特征画法
推力球轴承 GB/T301－1995 51000 型		D d H	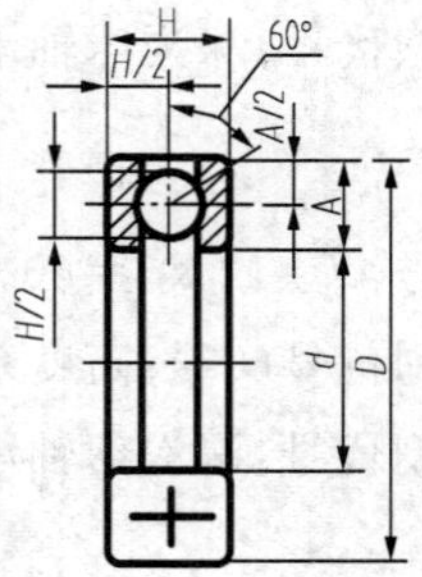	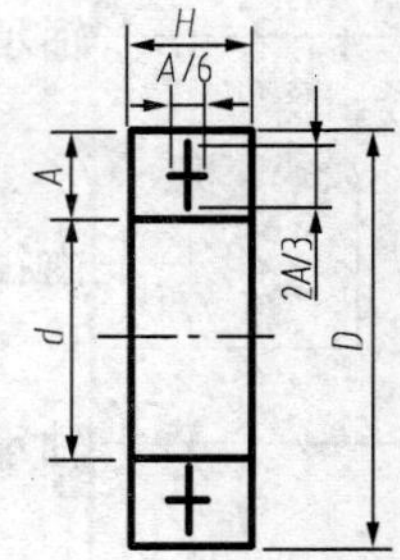
圆锥滚子 轴承 GB/T297－1994 30000 型		D d B T C	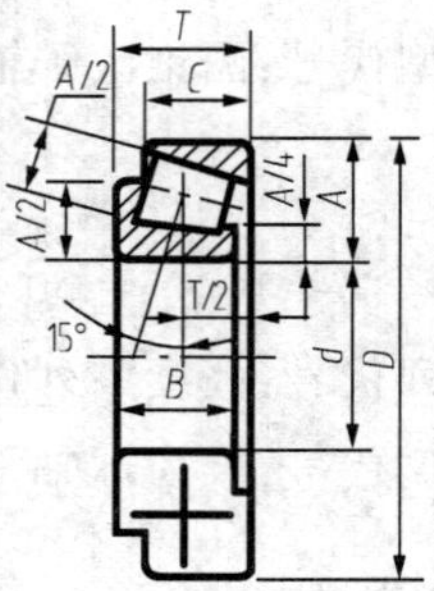	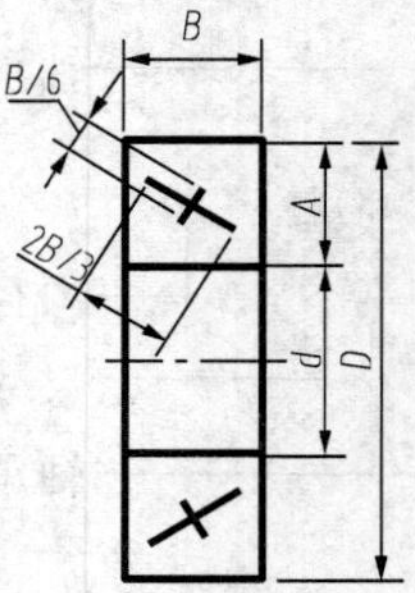

第八章 零件图

第一节 概 述

一、零件图的作用

零件图是表示零件结构、大小及技术要求的图样。

任何机器或部件都是由若干零件按一定要求装配而成的。如图 8－1 所示的铣刀头座体，是铣刀头部件上的一个主要零件。如图 8－2 所示即是座体的零件图。

零件图是制造和检验零件的依据，是指导生产的重要技术文件。

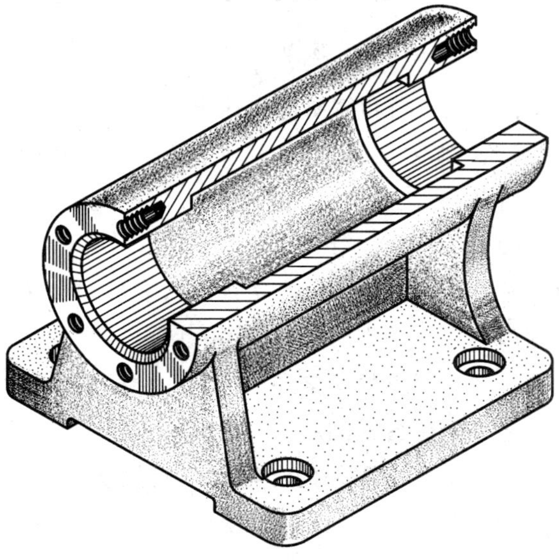

图 8－1 铣刀头座体轴测图

二、零件图的内容

零件图是生产中指导制造和检验该零件的主要图样。它不仅仅是把零件的内、外结构形状和大小表达清楚，还需要对零件的材料、加工、检验、测量提出必要的技术要求。因此，一张完整的零件图应包括以下几项内容（如图8－2所示）。

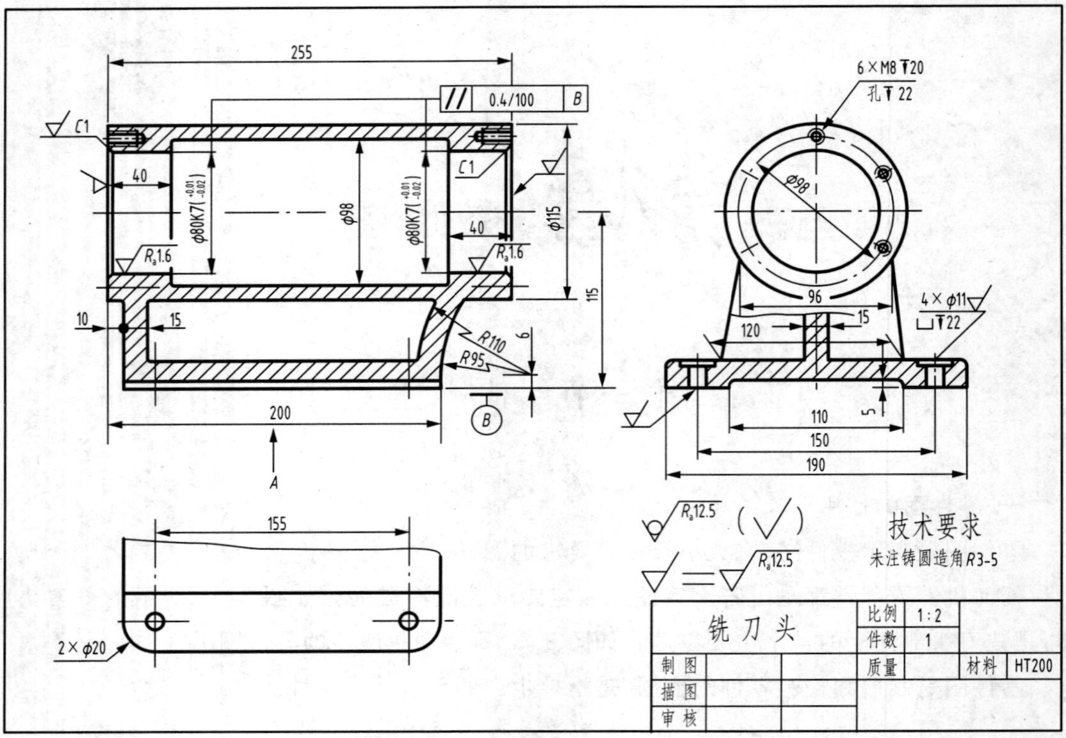

图 8-2　铣刀头座体零件图

（1）一组图形　正确、完整、清晰和简便地表达出零件内、外形状的图形信息，其中包括机件的各种表达方法，如视图、剖视图、剖面图、局部放大图和简化画法等。

（2）完整的尺寸　零件图中应正确、完整、清晰、合理地标注出制造零件所需的全部尺寸。

（3）技术要求　零件图中必须用规定的代号、数字、字母和文字注解说明制造和检验零件时在技术指标上应达到的要求。如表面粗糙度、尺寸公差、形位公差、材料和热处理、检验方法以及其他特殊要求等。技术要求的文字一般注写在标题栏上方图纸空白处。

（4）标题栏　标题栏应配置在图框的右下角。它一般由更改区、签字区、其他区、名称以及代号区组成。填写的内容主要有零件的名称、材料、数量、比例、图样代号以及设计、审核、批准者的姓名、日期等。标题栏的尺寸和格式已经标准化，可参见有关标准。

第二节　零件视图选择及典型零件视图分析

前面介绍的各种方法，均可用于零件图的表达中。本节将结合零件的设计、加工和使用要求，讨论零件图的表达方案的选择。

一、零件的视图选择

零件的视图选择，应首先考虑看图方便。根据零件的结构特点，选用适当的表示方法。由于零件的结构形状是多种多样的，所以在画图前，应对零件进行结构形状分析，结合零件的工作位置和加工位置，选择最能反映零件形状特征的视图作为主视图，并选好其他视图，以确定一组最佳的表达方案。选择视图的原则是：在完整、清晰地表示零件形状的前提下，力求制图简便，视图越少越好。

1. 零件分析

零件分析是认识零件的过程，是确定零件表达方案的前提。零件的结构形状及其工作位置或加工位置不同，视图选择也往往不同。因此，在选择视图之前，应首先对零件进行形体分析和结构分析，并了解零件的工作和加工情况，以便确切地表达零件的结构形状，反映零件的设计和工艺要求。

2. 主视图的选择

主视图是表达零件形状最重要的视图，其选择是否合理将直接影响其他视图的选择和看图的方便程度，甚至影响到画图时图幅的合理利用。一般来说，零件主视图的选择应满足“合理位置”和“形状特征”两个基本原则。

(1) 合理位置原则　所谓“合理位置”通常是指零件的工作位置和加工位置。

① 工作位置是零件在装配体中所处的位置。零件主视图的放置，应尽量与零件在机器或部件中的工作位置一致。这样便于根据装配关系来考虑零件的形状及有关尺寸，便于校对。如图 8-2 所示零件的主视图就是按工作位置选择的。对于工作位置歪斜的零件，因为不便于绘图，应将零件放正。

② 加工位置是零件在加工时所处的位置。主视图应尽量表示零件在机床上加工时所处的位置。这样在加工时可以直接进行图物对照，便于看图和测量尺寸，减少差错。如轴套类零件的加工，大部分工序是在车床或磨床上进行，因此通常要按加工位置（即轴线水平放置）画其主视图，如图 8-3 所示。

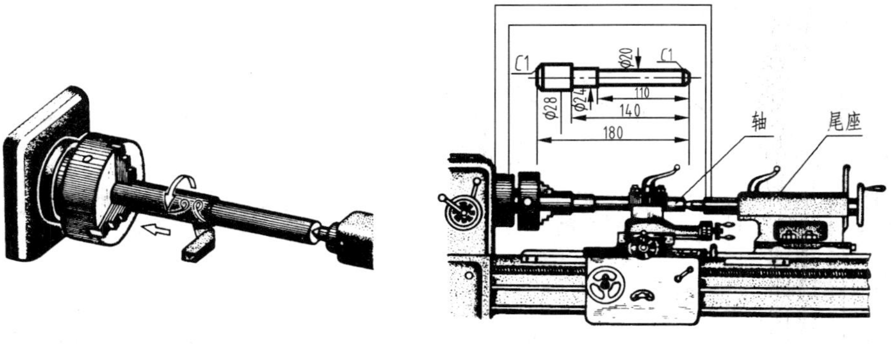

图 8-3　轴类零件的加工位置

(2) 形状特征原则　确定了零件的安放位置后，还要确定主视图的投射方向。形状特征原则就是将最能反映零件形状特征的方向作为主视图的投射方向，即主视图要较多地反映零件各部分的形状及它们之间的相对位置，以满足表达零件清晰的要求。如图 8-4 所示是确定机床尾架主视图投射方向的比较。由图可知，如图 8-4(a)所示的表达效果显然比如图 8-4(b)、(c)所示表达效果要好得多。

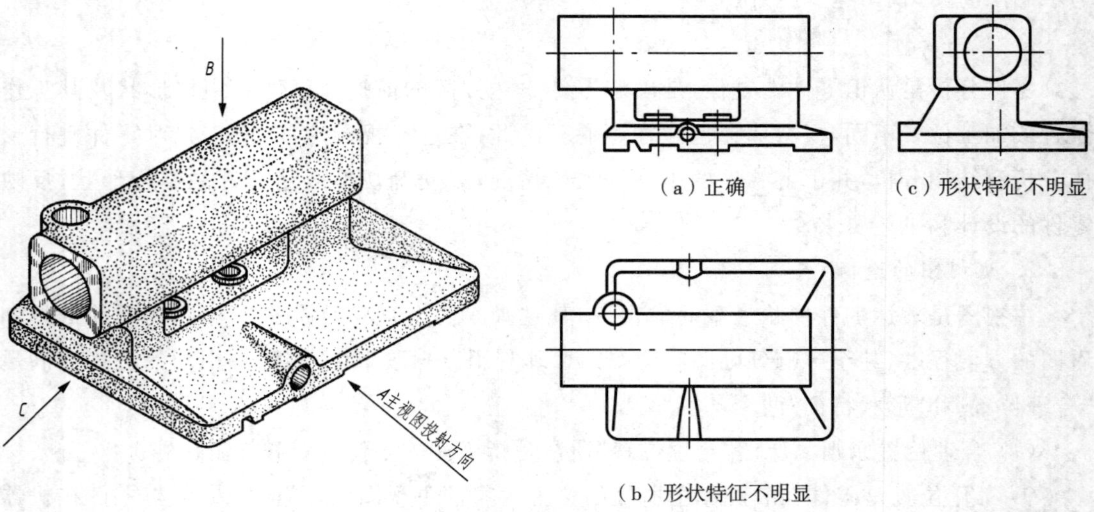

图 8-4　确定主视图投射方向的比较

3. 选择其他视图

一般来讲，仅用一个主视图是不能完全反映零件的结构形状的，必须选择其他视图，包括剖视图、断面图、局部放大图和简化画法等各种表达方法。主视图确定后，对其表达未尽的部分，再选择其他视图予以完善表达。具体选用时，应注意以下几点：

(1) 根据零件的复杂程度及内、外结构形状，全面地考虑还应需要的其他视图，使每个所选视图应具有独立存在的意义及明确的表达重点，注意避免不必要的细节重复。在明确表达零件的前提下，使视图数量为最少。

(2) 优先考虑采用基本视图，当有内部结构时应尽量在基本视图上作剖视。对尚未表达清楚的局部结构和倾斜部分结构，可增加必要的局部(剖)视图和局部放大图。有关的视图应尽量保持直接投影关系，配置在相关视图附近。

(3) 按照视图表达零件形状要正确、完整、清晰、简便的要求，进一步综合、比较、调整、完善，选出最佳的表达方案。

二、典型零件的视图分析

虽然零件的形状、用途多种多样，加工方法各不相同，但零件也有许多共同之处。根据零件的作用和在结构形状、表达方法上的某些共同特点，常将其分为四大类：轴套类零件、盘盖类零件、叉架类零件和箱体类零件。

1. 轴套类零件

(1) 结构分析 轴套类零件的基本形状是同轴回转体。在轴上通常有键槽、销孔、螺纹退刀槽、倒圆和倒角等结构。此类零件主要是在车床或磨床上加工。如图 8－5 所示，是典型的轴套类零件。

(2) 主视图选择 这类零件的主视图按其加工位置选择，一般按水平位置放置。这样既可把各段形体的相对位置表示清楚，同时又能反映出轴上轴肩、退刀槽等结构。

(3) 其他视图的选择 轴套类零件主要结构形状是回转体，一般只画一个主视图。确定了主视图后，由于轴上的各段形体的直径尺寸在其数字前加注符号“ϕ”表示，因此不必画出其左(或右)视图。对于零件上的键槽、孔等结构，一般可采用局部视图、局部剖视图、移出断面图和局部放大图表示。如图8－5所示。

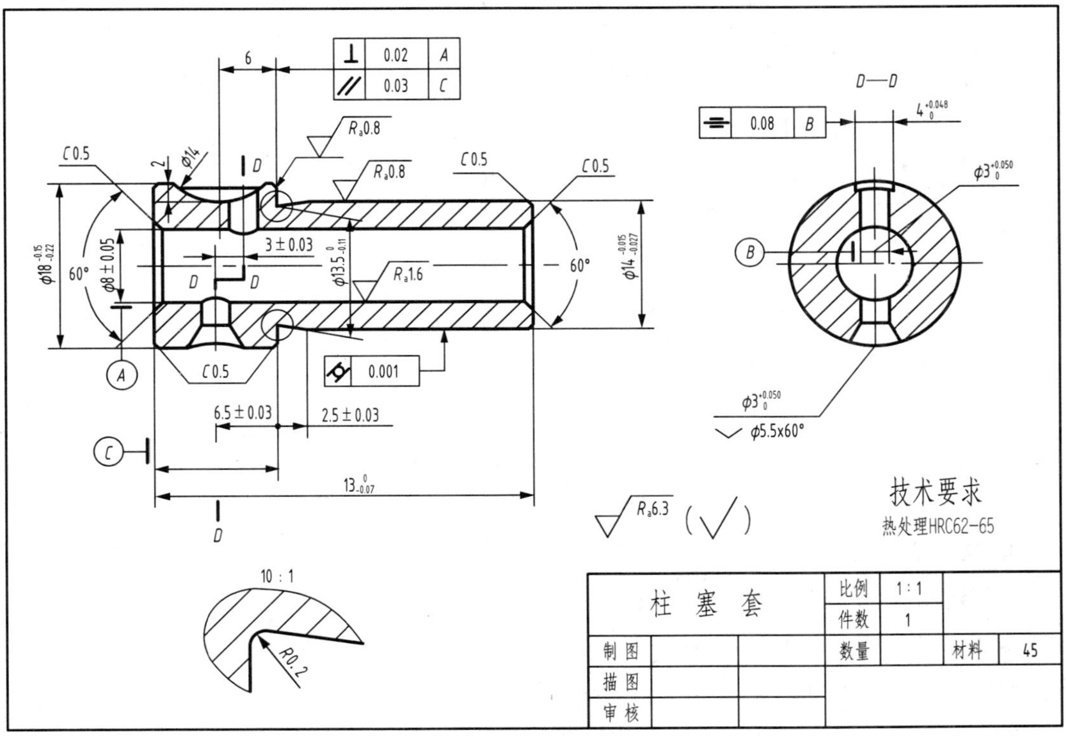

图 8－5 轴套类零件图

2. 盘盖类零件

(1) 结构分析 盘盖类零件包括端盖、阀盖、齿轮等。这类零件的基本形状一般为回转体或其他几何形状的扁平的盘状体，通常还带有各种形状的凸缘、均布的圆孔和肋等局部结构。盘盖类零件的作用主要是轴向定位、防尘和密封，如图 8－6 所示的轴承盖。

(2) 主视图选择 盘盖类零件的毛坯有铸件或锻件，机械加工以车削为主。主视图一般按加工位置水平放置，但有些较复杂的盘盖，因加工工序较多，主视图也可按工作位置画出。

为了表达零件内部结构,主视图常取全剖视。

(3) 其他视图的选择　盘盖类零件一般需要两个以上基本视图表达。除主视图外,为了表示零件上均布的孔、槽、肋、轮辐等结构,还需选用一个端视图,如图 8－6 中就增加了一个左视图,以表达凸缘和三个均布的通孔。此外,为了表达细小结构,有时还常采用局部放大图。

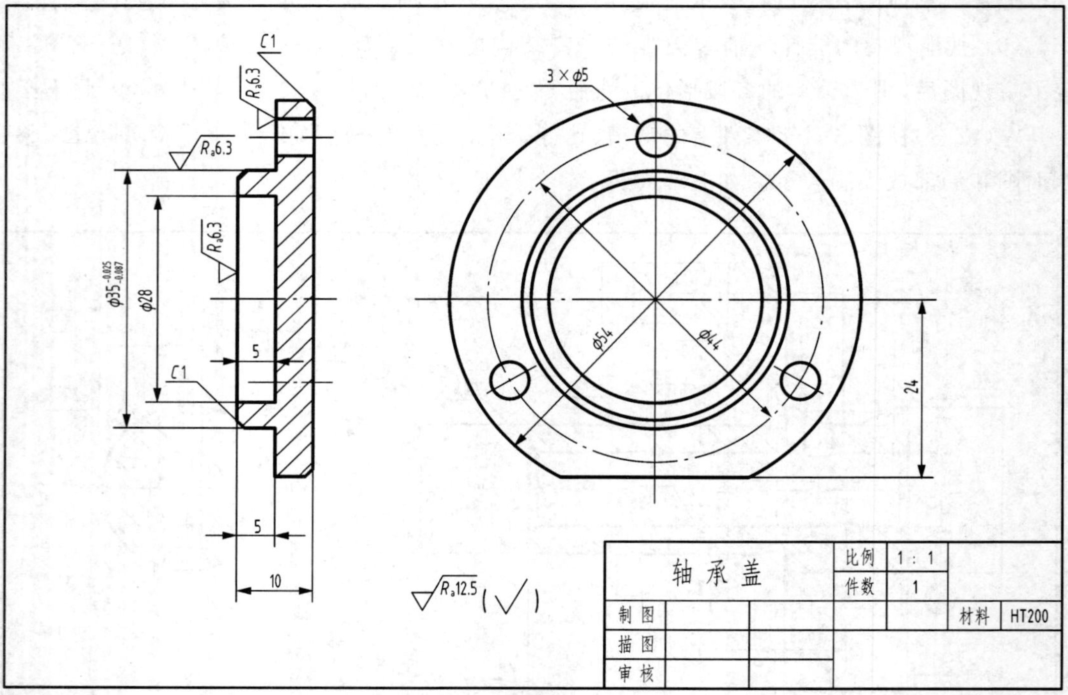

图 8－6　轴承盖零件图

3. 叉架类零件

(1) 结构分析　叉架类零件一般有拨叉、连杆、支座等。此类零件常用倾斜或弯曲的结构联接零件的工作部分与安装部分。叉架类零件多为铸件或锻件,因而具有铸造圆角、凸台、凹坑等常见结构,如图 8－7 所示踏脚座属于叉架类零件。

(2) 主视图选择　叉架类零件结构形状比较复杂,加工位置多变,有的零件工作位置也不固定,所以这类零件的主视图一般按工作位置或形状特征原则确定。如图 8－7 所示踏脚座零件图。

(3) 其他视图的选择　对其他视图的选择,常常需要两个或两个以上的基本视图,并且还要用适当的局部视图、断面图等表达方法来表达零件的局部结构。如图 8－7 所示踏脚座零件图选择表达方案精炼、清晰。对于表达轴承和肋的宽度来说右视图是没有必要的,而对于 T 字形肋,采用断面图比较合适。

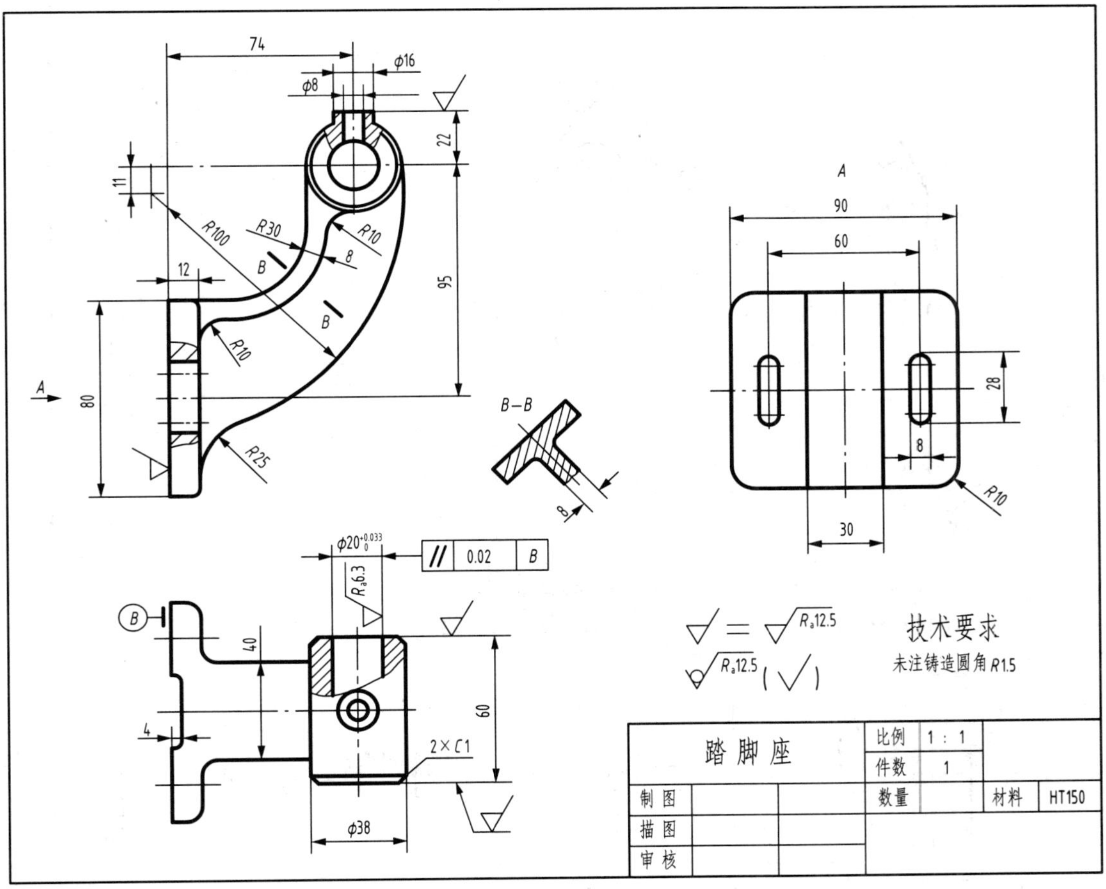

图 8-7　踏脚座零件图

4. 箱体类零件

(1) 结构分析　箱体类零件主要有阀体、泵体、减速器箱体等零件，其作用是支持或包容其他零件，如图 8-8 所示。这类零件有复杂的内腔和外形结构，并带有轴承孔、凸台、肋板，此外还有安装孔、螺孔等结构。

(2) 主视图选择　由于箱体类零件加工工序较多，加工位置多变，所以在选择主视图时，主要根据“工作位置”和“形状特征”原则来考虑，并取剖视，以重点反映其内部结构，如图 8-8 中的主视图所示。

(3) 其他视图的选择　为了表达箱体类零件的内外结构，一般要用三个或三个以上的基本视图，并根据结构特点在基本视图上取剖视，还可采用局部视图、斜视图及规定画法等表达外形。在图 8-8 中，由于主视图上无对称面，采用了大范围的局部剖视来表达内、外形状，并选用了 $A-A$ 剖视，$C-C$ 局部剖和密封槽处的局部放大图。

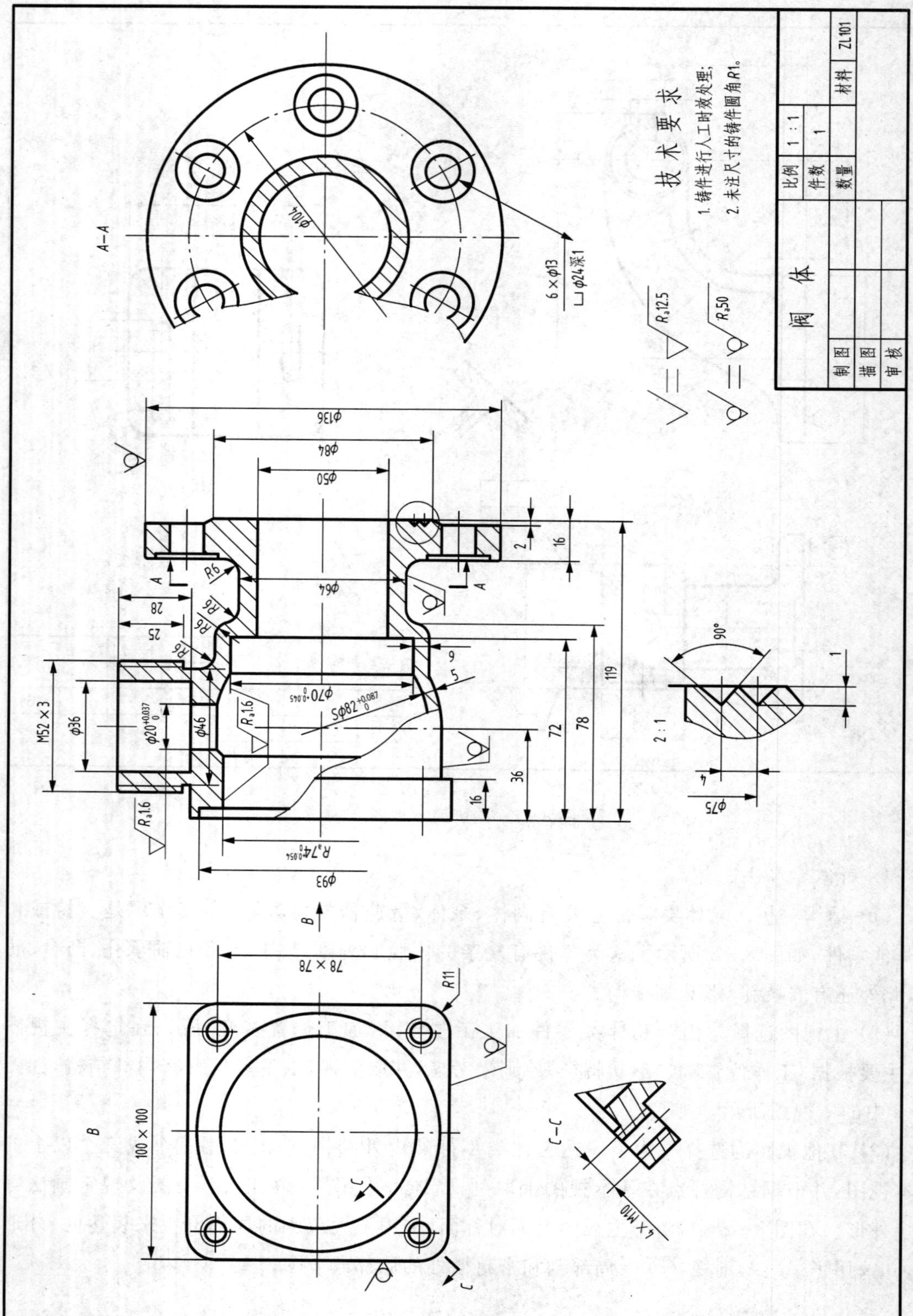
A–A
B
C–C
6×φ13
⌴φ24深1
4×M10
100×100
78×78
R11
φ136
φ84
φ50
φ64
φ70
Sφ82
φ46
φ36
φ93
M52×3
R6
28
25
16
2
119
78
72
36
90°
2:1
φ75
技术要求
1. 铸件进行人工时效处理;
2. 未注尺寸的铸件圆角R1。
阀体
比例
1:1
件数
1
数量
材料
ZL101
制图
描图
审核

图9-8 阀体零件图

第三节　零件图的尺寸标注

零件上各部分的大小是按照图样上所标注的尺寸进行制造和检验的。零件图中的尺寸不但要按前面的要求标注正确、完整、清晰，而且必须标注合理。所谓合理，是指所注的尺寸既符合零件的设计要求，又便于加工和检验(即满足工艺要求)。为了合理地标注尺寸，必须对零件进行结构分析、形体分析和工艺分析，根据分析先确定尺寸基准，然后选择合理的标注形式，结合零件的具体情况标注尺寸。

一、正确选择尺寸基准

零件图尺寸标注既要保证设计要求又要满足工艺要求，首先应当正确选择尺寸基准。所谓尺寸基准，就是指零件装配到机器上或在加工测量时，用以确定其位置的一些面、线或点。它可以是零件上的对称平面、安装底平面、端面、零件的结合面、主要孔和轴的轴线等。

选择尺寸基准的目的，一是为了确定零件在机器中的位置或零件上几何元素的位置，以符合设计要求；二是为了在制作零件时，确定测量尺寸的起点位置，便于加工和测量，以符合工艺要求。因此，根据基准作用不同，一般将基准分为设计基准和工艺基准两类。

1. 设计基准

根据零件结构特点和设计要求而选定的基准，称为设计基准。零件有长、宽、高 3 个方向，每个方向都要有一个设计基准，该基准又称为主要基准。如图 8－9 所示。

2. 工艺基准

在加工时，确定零件装夹位置和刀具位置的一些基准以及检测时所使用的基准，称为工艺基准。工艺基准有时可能与设计基准重合。该基准不与设计基准重合时又称为辅助基准。零件同一方向有多个尺寸基准时，主要基准只有一个，其余均为辅助基准。辅助基准必有一个尺寸与主要基准相联系。如图 8－9 所示。

选择基准的原则是：尽可能使设计基准与工艺基准一致，以减少两个基准不重合而引起的尺寸误差。当设计基准与工艺基准不一致时，应以保证设计要求为主，将重要尺寸从设计基准注出，次要基准从工艺基准注出，以便加工和测量。

二、合理标注尺寸应注意的问题

1. 结构上的重要尺寸必须直接注出

重要尺寸是指零件上对机器的使用性能和装配质量有关的尺寸。这类尺寸应从设计基准直接注出。如图 8－10 所示的高度尺寸 64 ± 0.01 为重要尺寸，应直接从高度方向主要基准直接注出，以保证精度要求。

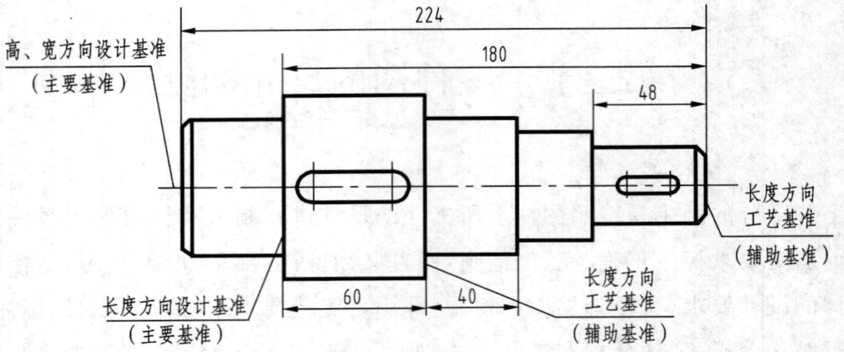

（a）轴类零件

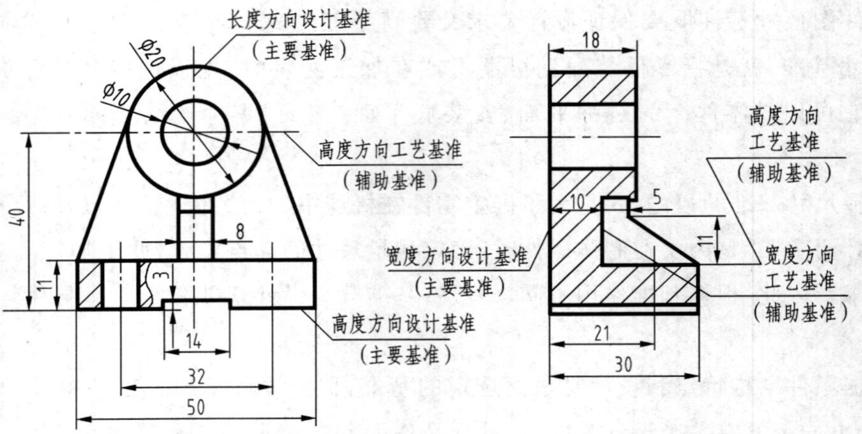

（b）叉架类零件

图 8－9　零件的尺寸基准

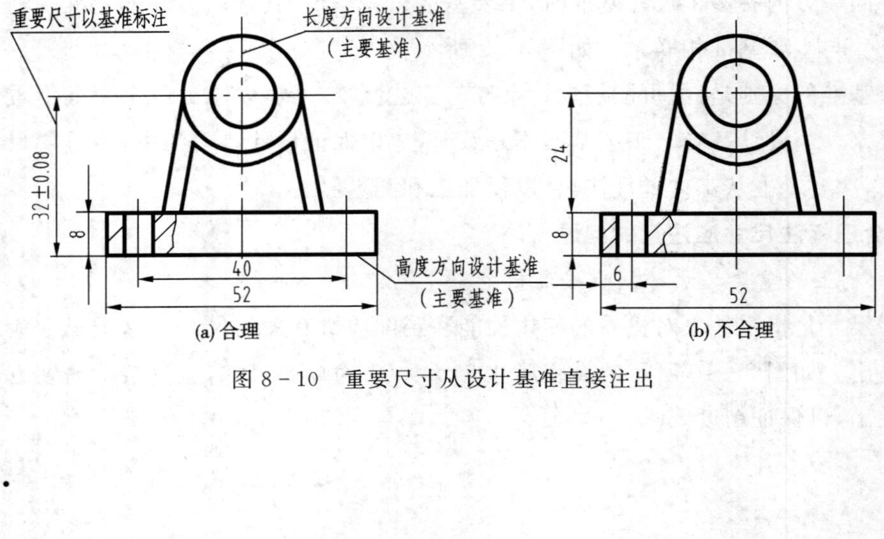

(a) 合理　　(b) 不合理

图 8－10　重要尺寸从设计基准直接注出

2. 避免出现封闭的尺寸链

封闭的尺寸链是指一个零件同一方向上的尺寸像车链一样，一环扣一环首尾相连，成为封闭形状的情况。如图 8－11 所示，各分段尺寸与总体尺寸间形成封闭的尺寸链。在机器生产中这是不允许的，因为各段尺寸加工不可能绝对准确，总有一定尺寸误差，而各段尺寸误差的和不可能正好等于总体尺寸的误差。为此，在注尺寸时，应将次要的轴段尺寸空出不注(称为开口环)，如图 8－12(a)所示。这样，其他各段加工的误差都积累至这个不要求检验的尺寸上，而全长及主要轴段的尺寸则因此得到保证。如需标注开口环的尺寸时，可将其注成参考尺寸，如图 8－12(b)、(c)所示。

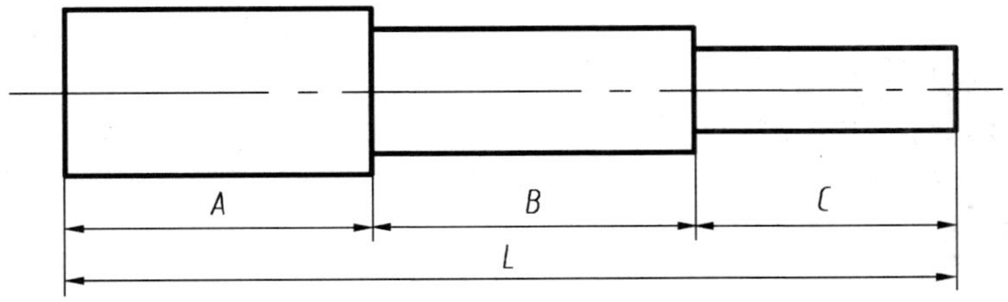

图 8－11　封闭的尺寸链

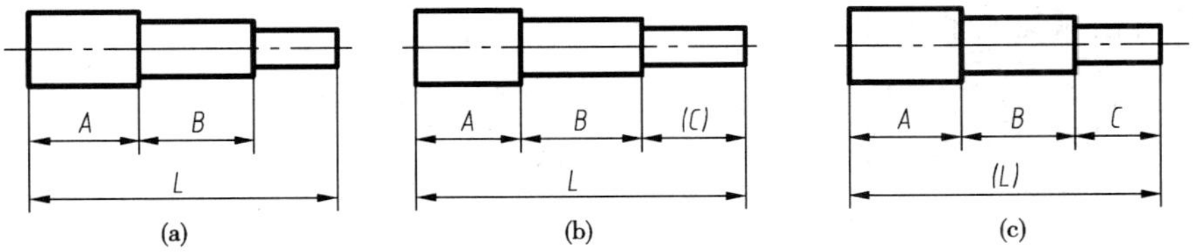

图 8－12　开口环的确定

3. 考虑零件加工、测量和制造的要求

(1) 考虑加工看图方便　不同加工方法所用尺寸分开标注，便于看图加工，如图 8－13 所示，是把车削与铣削所需要的尺寸分开标注：

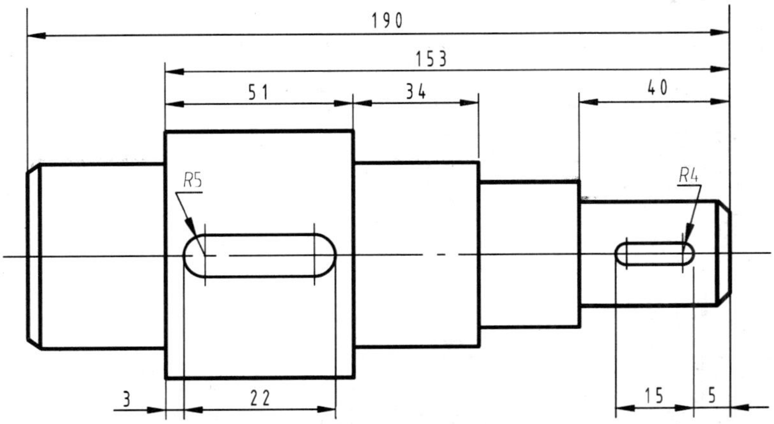

上为车削尺寸，下为铣削尺寸

图 8－13　按加工方法标注尺寸

（2）考虑测量方便　尺寸标注有多种方案，但要注意所注尺寸是否便于测量。如图 8-14 所示结构，两种不同标注方案中，不便于测量的标注方案是不合理的。

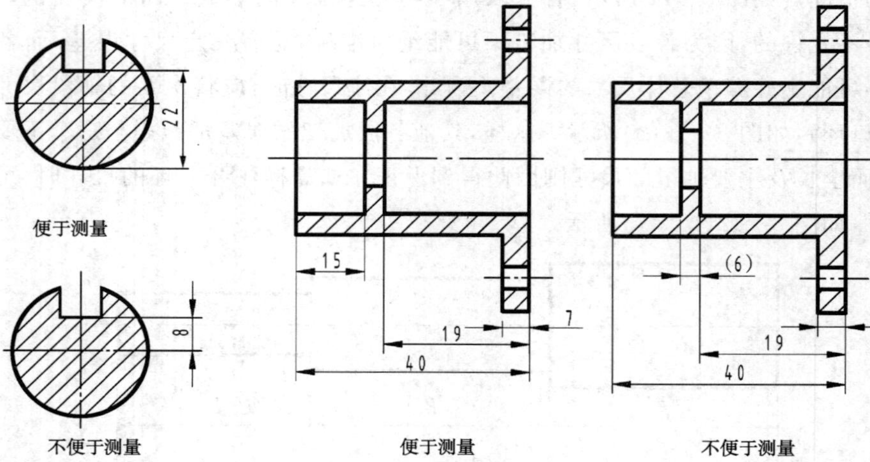

图 8-14　考虑尺寸测量方便

三、零件上常见孔的尺寸注法

光孔、锪孔、沉孔和螺孔是零件图上常见的结构，具体注法见表 8-1。

表 8-1　零件上常见孔的简化注法

零件结构类型		标注方法	说　明
螺孔	通　孔	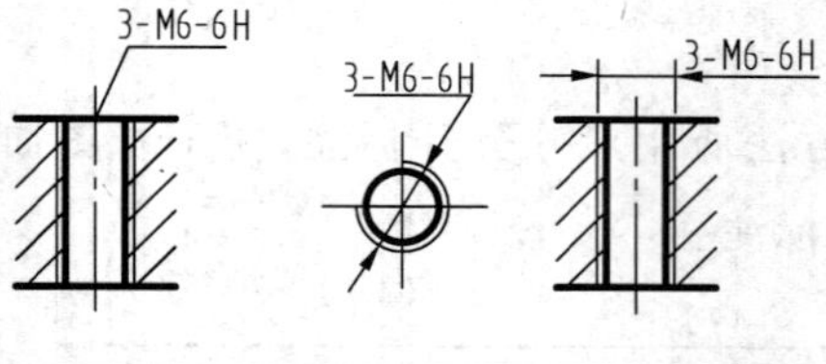	3-M6 表示直径为 6mm、均匀分布的三个螺孔。可以旁注，也可以直接注出。
	不通孔	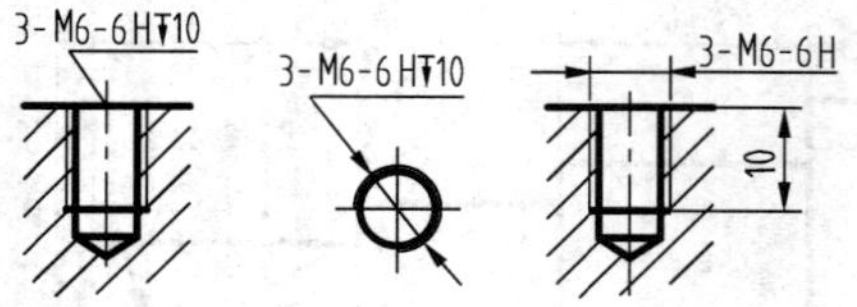	螺孔深度可与螺孔直径连注，也可分开注出。
	一般孔	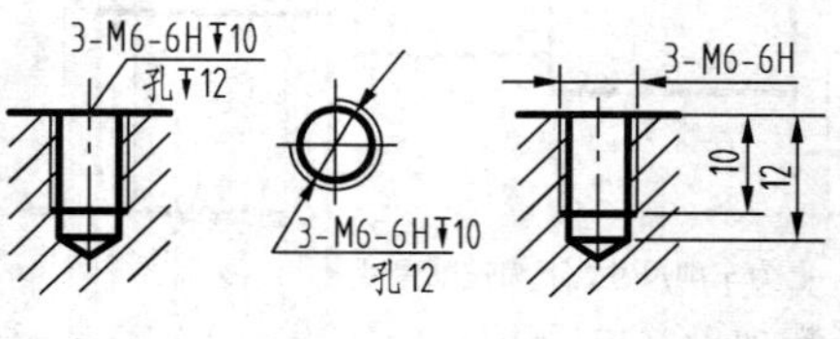	需要注出孔深时，应明确标注孔深尺寸。

（续表）

零件结构类型		标注方法	说明
光孔	一般孔	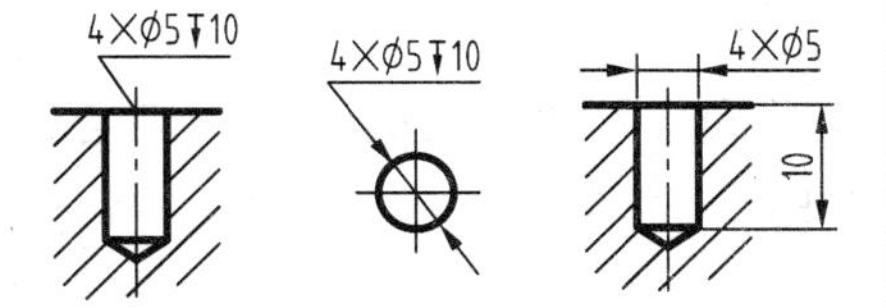	4×φ 5 表示直径为 5mm 均匀分布的四个光孔，孔深可与孔径连注，也可分开注出。
	精加工孔	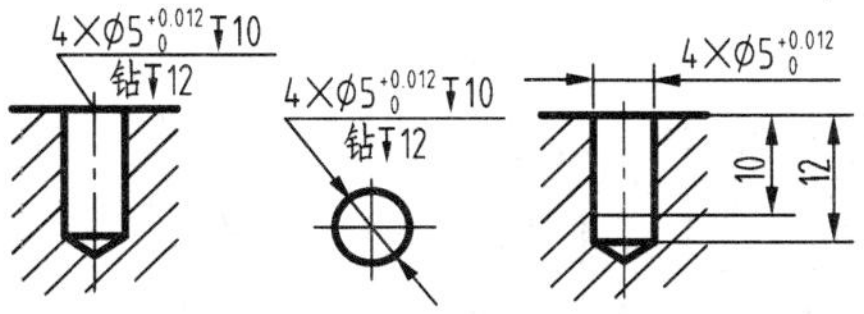	光孔深为 12mm，钻孔后需精加工至 φ $5^{+0.012}_{0}$ mm，深度为 10mm。
	锥销孔	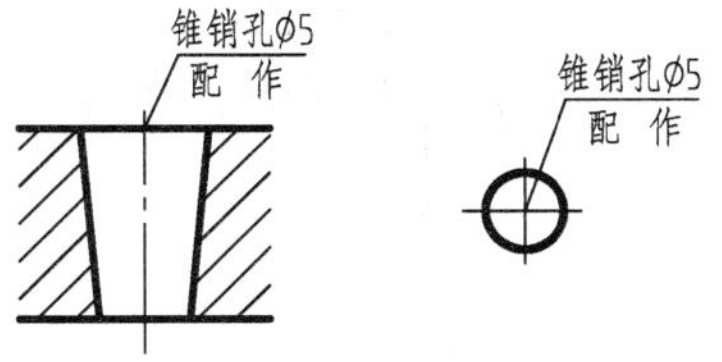	φ 5mm 为与锥销孔相配的圆锥销小头直径。锥销孔通常是相邻两零件装在一起时加工的。
沉孔	锥形沉孔	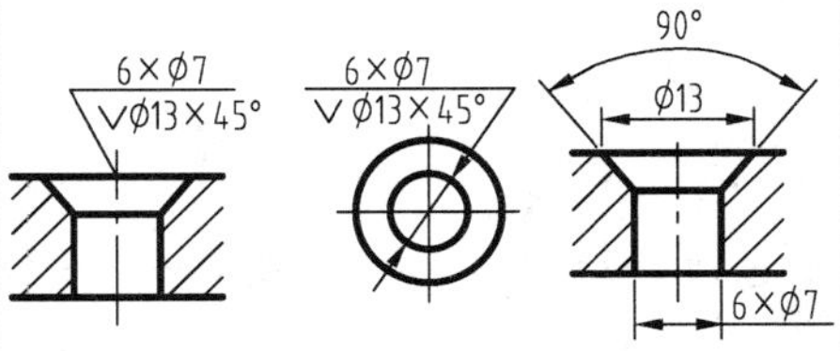	6×φ 7 表示直径为 7mm 均匀分布的六个孔。锥形部分尺寸可以旁注，也可直接注出。
	柱形沉孔	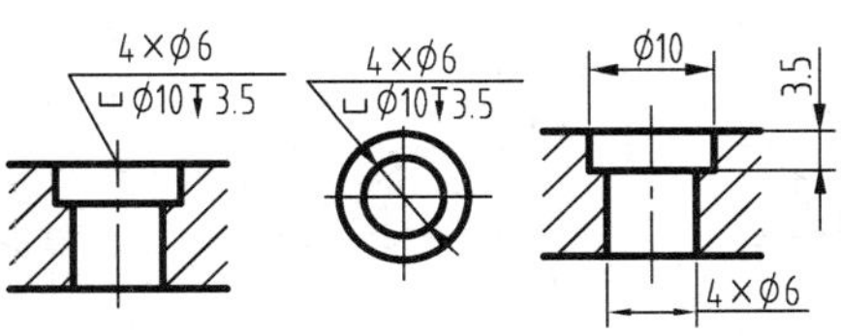	柱形沉孔的小直径为φ 6mm，大直径为 φ 10mm，深度为 3.5mm，均需标注。
	锪平面	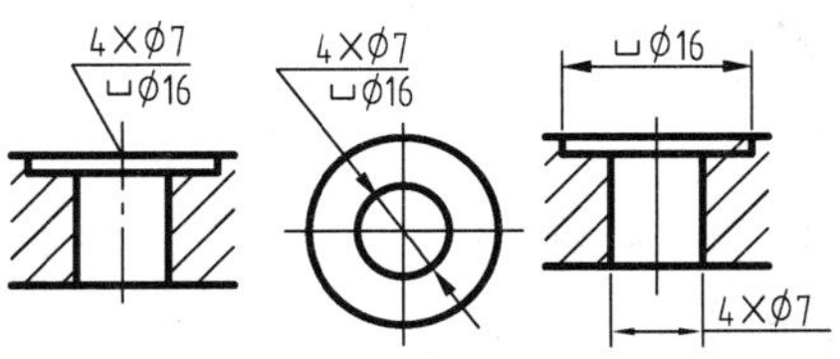	锪平面φ 16mm 处的深度不需标注，一般锪平到不出现毛面为止。

第四节　零件上常见的工艺结构

零件的结构形状，主要是根据它在部件或机器中的作用决定的。但是制造工艺对零件的结构也有某些要求。因此，为了正确绘制图样，必须对一些常见的结构有所了解，下面介绍它们的基本知识和表示方法。

一、铸造零件的工艺结构

1. 拔模斜度

用铸造方法制造零件的毛坯时，为了便于将木模从砂型中取出，一般沿木模拔模的方向作成约 1∶20 的斜度，叫做拔模斜度。因而铸件上也有相应的斜度，如图 8－15(a)所示。这种斜度在图上可以不标注，也可不画出，如图8－15(b)所示。必要时，可在技术要求中注明。

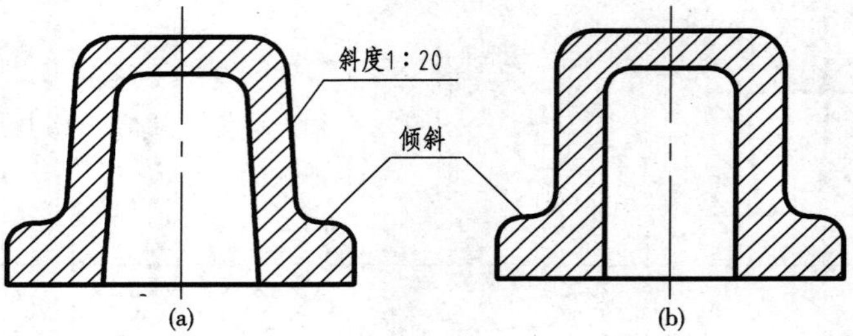

图 8－15　拔模斜度

2. 铸造圆角

在铸件毛坯各表面的相交处，有一圆角过渡，称铸造圆角，如图 8－16 所示。这样既便于起模，又能防止在浇铸时铁水将砂型转角处冲坏，还可避免铸件在冷却时产生裂纹或缩孔。铸造圆角半径在图上一般不注出，而写在技术要求中。铸件毛坯底面(作安装面)通常需经切削加工，这时铸造圆角被削平，如图 8－16 所示。

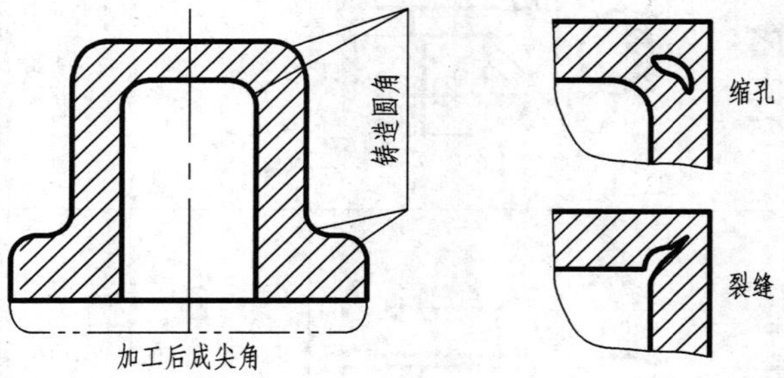

图 8－16　铸造圆角

铸件表面由于圆角的存在，使铸件表面的交线变得不很明显，如图 8－17 所示，这种不明显的交线称为过渡线。

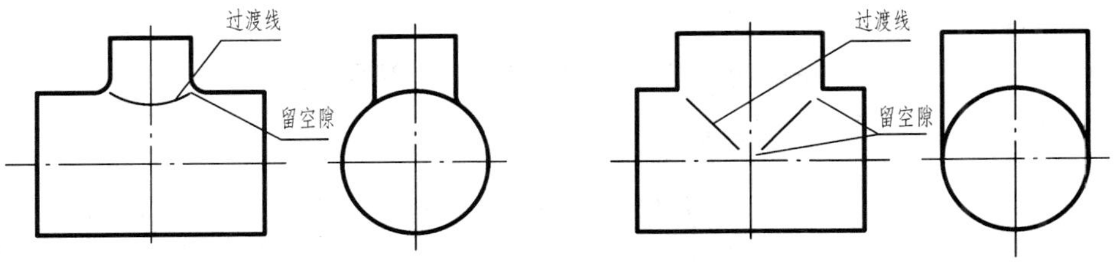

图 8－17　过渡线及其画法

过渡线用细实线画出，其画法与交线和切线画法基本相同，只是过渡线的两端与圆角轮廓线之间应留有空隙。如图 8－18 所示是常见的几种过渡线的画法。

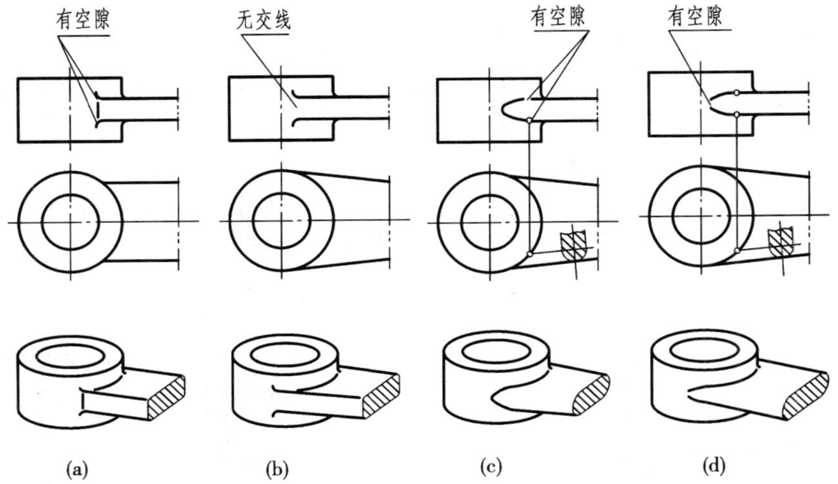

图 8－18　常见的几种过渡线

3. 铸件壁厚

在浇铸零件时，为了避免各部分因冷却速度不同而产生缩孔或裂纹，铸件的壁厚应保持大致均匀，或采用渐变的方法，并尽量保持壁厚均匀，如图8－19所示。

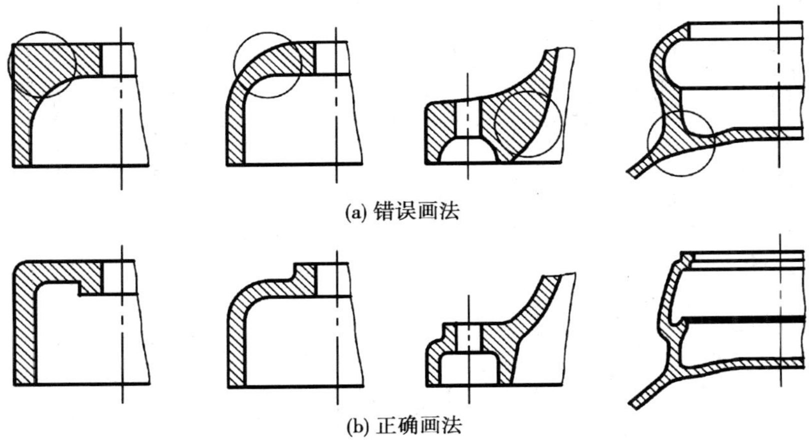

图 8－19　铸件壁厚的变化

二、机械加工工艺结构

机械加工工艺结构主要有：倒圆、倒角、越程槽、退刀槽、凸台和凹坑、中心孔等。常见机械加工工艺结构的画法、尺寸标注及用途见表 8－2。

表 8－2　常见机械加工工艺结构及其画法

类型	画法与尺寸标注图例	说　明
倒圆与倒角	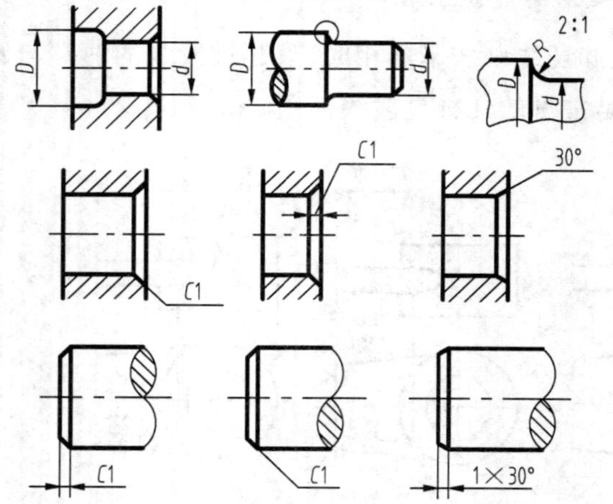	为了避免应力集中，轴肩、孔肩转角处常加工成环面过渡，称为倒圆（圆角）。为了防止零件的锐边、毛刺划伤人手和便于装配，常在轴或孔的端部加工出 45°或 30°、60°的锥台，称为倒角。 45°倒角用“C”表示，可注成 C1、C2 形式，其他角度要分开标注，如 1×30°、2×30°。
退刀槽与越程槽	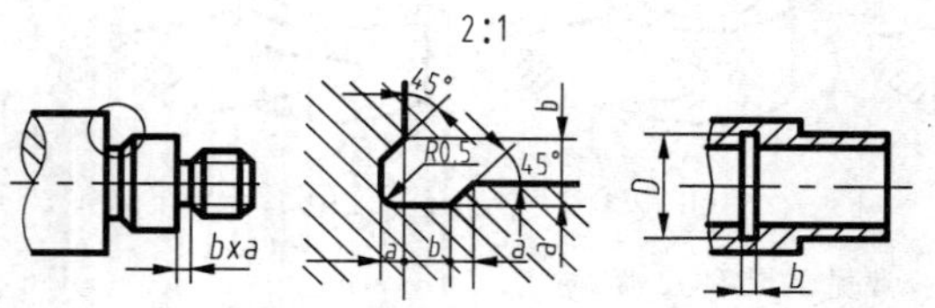	在车削或磨削加工时，为便于刀具或砂轮进入或退出加工面，在装配时保证与相邻零件靠紧，常在加工表面的终端预先加工出退刀槽或砂轮越程槽。 退刀槽一般可按“槽宽×直径”或“槽宽×槽深”的形式标注。
凸台与凹坑	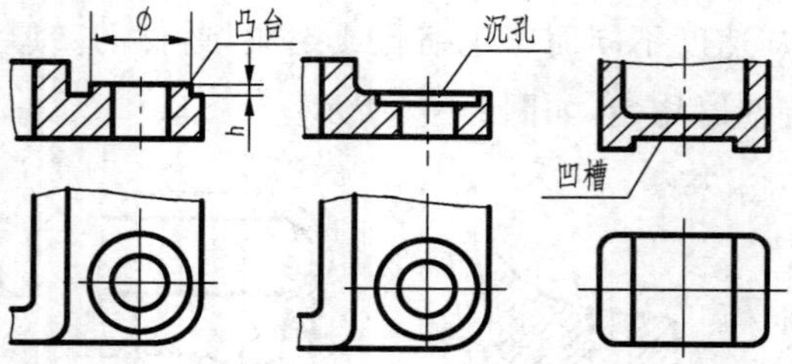	加工凸台或凹坑结构是为了保证零件间的接触良好，同时减少加工面的面积，降低加工费用。
中心孔	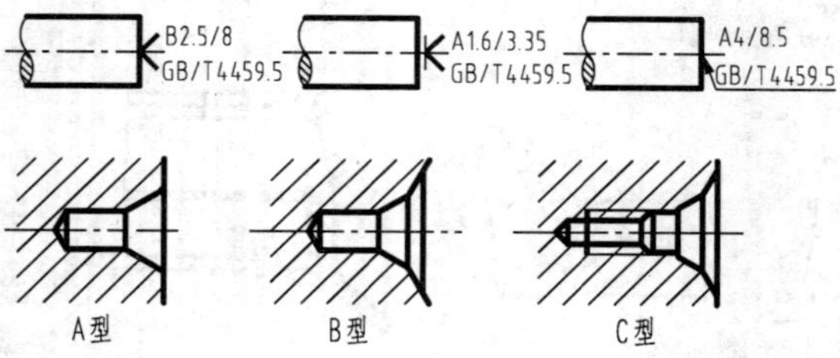	加工较长的轴类零件时，为便于定位和装夹，常在轴的一端或两端加工出中心孔。 中心孔在图样中可不画出详细结构，只需用规定符号表示。 左图为完工后要求保留中心孔的标注示例。 中图为完工后不要保留中心孔的表注示例。 右图为完工后可保留可不保留都可以的标注示例。 中心孔有 A 型、B 型、C 型等。

第五节 零件图的技术要求

为了使零件达到预定的设计要求，保证零件的使用性能，在零件上还必须注明零件在制造过程中达到的质量要求，即技术要求，如表面结构要求、尺寸公差、形位公差、材料热处理及表面处理等。

一、表面结构要求

1. 基本概念

表面结构要求是对表面粗糙度、表面波纹度、表面缺陷、表面纹理和表面几何形状要求的总称，表面结构的各项要求在图样中的表示法在 GB/T 131—2006 中均有规定。

表面粗糙度是表面结构要求中最常用的一种。表面粗糙度是指零件在加工过程中，受刀具的形状和刀具与工件之间的摩擦、机床的震动及零件金属表面的塑性变形等因素的影响，使加工后的零件表面上具有较小间距和微小峰谷所组成的微观几何形状特征，如图 8-20(a)所示。一般来说，不同的表面粗糙度是由不同的加工方法形成的。表面结构要求是评定零件表面质量的一项重要的指标，对于零件表面的耐腐蚀、耐磨性和抗疲劳等能力有着很大的影响，是零件图上一项重要的技术要求。

对于零件表面结构状况的评定，有三类评定参数，即轮廓参数、图形参数和支承率曲线参数，其中轮廓参数是我国在机械图样中最常用的评定参数。在轮廓参数评定粗糙度轮廓（R 轮廓）中常用的是 R_a 和 R_z 两个高度参数。

(1) R_a——轮廓算术平均偏差。它是指在一个取样长度内，轮廓偏距 y 绝对值的算术平均值，用 R_a 表示，如图 8-20(b)所示。

(2) R_z——轮廓最大高度。它是指在一个取样长度内，最大轮廓峰高和最大轮廓谷深之和的高度，如图 8-20(b)所示。

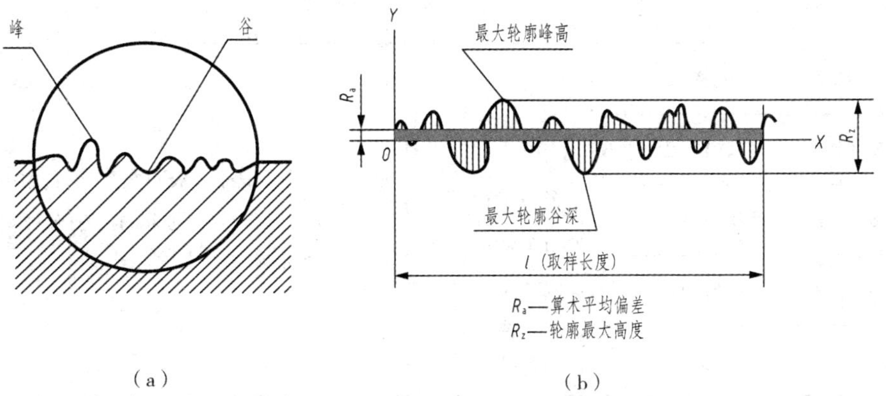

图 8-20 表面结构要求概念

国家标准对 R_a 的数值作了规定。表 8－3 和表 8－4 分别列出常用 R_a 值及 R_a 值对应的主要加工方法和应用举例。

表 8－3　轮廓算术平均偏差 R_a 系列数值　（单位：μm）

0.012	0.025	0.050	0.100	0.20	0.40	0.80
1.60	3.2	6.3	12.5	25.0	50.0	100

表 8－4　表面粗糙度的表面特征、经济加工方法比较及应用举例

R_a(μm)	表面微观特征	主要方法举例	应用举例
＞40～80	明显可见刀痕	粗车、粗刨、粗铣、钻、毛锉、粗砂轮加工等。	光滑程度最低的加工面，一般很少应用。
＞20～40	可见刀痕		
＞10～20	微见刀痕	粗车、刨、立铣、平铣、钻等。	不接触表面、不重要表面，如螺钉、倒角、机座底面等。
＞5～10	可见加工痕迹	精车、精铣、精刨、铰、镗、粗磨等。	没有相对运动的零件接触面，如箱、盖、套筒要求紧贴的表面，键和键槽工作表面等；相对运动速度不高的接触面，如支架孔、衬套、带轮轴孔的工作表面等。
＞2.5～5	微见加工痕迹		
＞1.25～2.5	看不见加工痕迹		
＞0.63～1.25	可辨加工痕迹方向	精车、精铰、精拉、精镗、精磨等。	要求很好密合的接触面，如与滚动轴承配合的表面、销孔等；相对运动速度较高的接触面，如滑动轴承的配合表面、齿轮轮齿的工作表面等。
＞0.32～0.63	微辨加工痕迹方向		
＞0.16～0.32	不可辨加工痕迹方向		
＞0.08～0.16	暗光泽面	研磨、抛光、超级精细研磨等。	精密量具表面、极重要零件的摩擦面，如气缸的内表面、精密机床的主轴轴颈、坐标镗床的主轴轴颈等。
＞0.04～0.08	亮光泽面		
＞0.02～0.04	镜状光泽面		
＞0.01～0.02	雾光泽面		
＞0.01	镜面		

2. 表面结构要求的图形符号

表面结构要求的图形符号种类、名称、尺寸和含义见表 8－5。

表 8－5 表面结构要求图形符号及其含义

符号名称	图形符号形式	含 义
基本图形符号	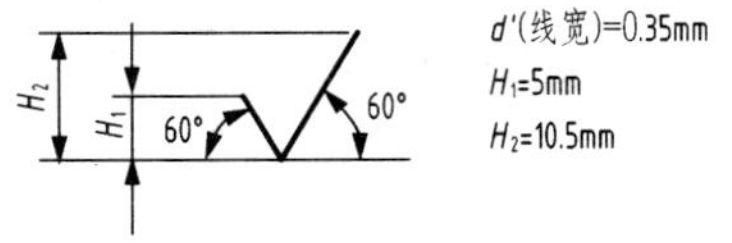	基本图形符号，仅用于简化代号标注，没有补充说明时不能单独使用。
扩展图形符号		在基本图形符号上加一短划，表示指定表面是用去除材料的方法获得，如通过机械加工获得的表面。
		在基本图形符号上加一小圆，表示指定表面是用不去除材料的方法获得，如铸造、锻压方法获得的表面。
完整图形符号	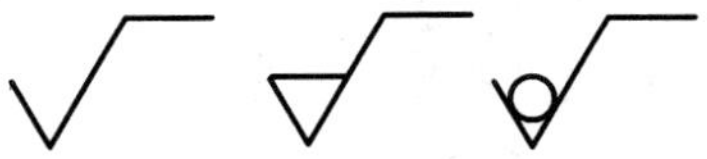	在扩展图形符号的长边上加一横线，用于注写有关参数代号和相应数值。
具有共同表面结构要求的图形符号	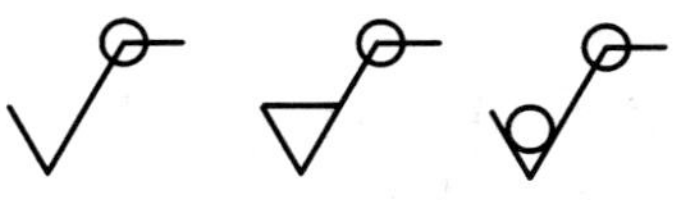	在完整图形符号上加一小圆，表示所有表面具有共同的表面结构要求。

3. 表面结构参数

表面结构参数由参数代号和参数值组成，最常用的轮廓参数代号有 R_a、R_p、R_z，参数值有 0.4、0.8、1.6、3.2、6.3 等(单位：μm)，如 R_a0.8、R_p1.6、R_z3.2 等。

4. 表面结构代号

表面结构图形符号中注写了参数代号和参数值后即称为表面结构代号。表面结构代号的示例及表达含义见表 8－6。

5. 表面结构要求在图样中的标注

表面结构要求标注规则如下：

表 8-6 表面结构代号示例及表达含义

代号示例	含 义
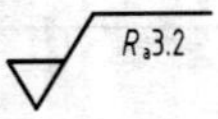	表示去除材料,单向上限值,默认传输带,R 轮廓,粗糙度算术平均偏差 3.2μm,其他默认。
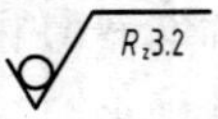	表示不允许去除材料,单向上限值,默认传输带,R 轮廓,粗糙度最大高度值 0.4μm,其他默认。
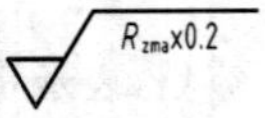	表示去除材料,单向上限值,默认传输带,R 轮廓,粗糙度最大高度的最大值 0.2μm,其他默认。
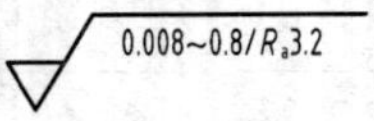	表示去除材料,单向上限值,传输带 0.008~0.8mm,R 轮廓,粗糙度算术平均偏差 3.2μm(其他默认)。
	表示去除材料,单向上限值,传输带:根据 GB/T6062—2009,取样长度 0.8mm(λ_s 默认 0.0025mm),R 轮廓,粗糙度算术平均偏差 3.2μm,评定长度为 3 个取样长度,其他默认。
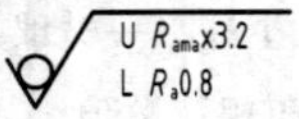	表示不允许去除材料,双向极限值,两极限均使用默认传输带,R 轮廓,上限值,粗糙度算术平均偏差 3.2μm,评定长度为 5 个取样长度(默认),"最大规则",下限值,粗糙度算术平均偏差 0.8μm,其它默认。

注:表中有关基本术语如取样长度、评定长度、传输带以及极限值判断规则等,可查阅 GB/T131—2006。

(1) 在同一图样上,每个表面一般只标注一次表面结构代号,并应标注在相应的表面可见轮廓线、尺寸界线或表面的延长线上。

(2) 表面结构代号的注写和读取方向与标注尺寸的注写和读取方向一致。表面结构要求图形符号的尖角应从零件外指向并接触所标注的表面。当表面结构代号的注写和读取方向与标注尺寸的注写方向和读取方向不一致时,应用带箭头的指引线引出标注。

(3) 在不引起误解时,表面结构要求可以注写在给定的尺寸线上。

(4) 表面结构要求可注写在形位公差框格的上方。

表面结构要求在图样上的注写示例见表 8-7。

表面结构要求简化注法规则如下:

(1) 有相同表面结构要求的简化注法　如果在工件的多数表面有相同的表面结构要求时,则其表面结构要求可统一注写在标题栏附近。此时,表面结构要求的符号后面应有:

表 8－7 表面结构要求在图样上的注写

图 例	方 法	图 例	方 法
注写在轮廓线或指引线上	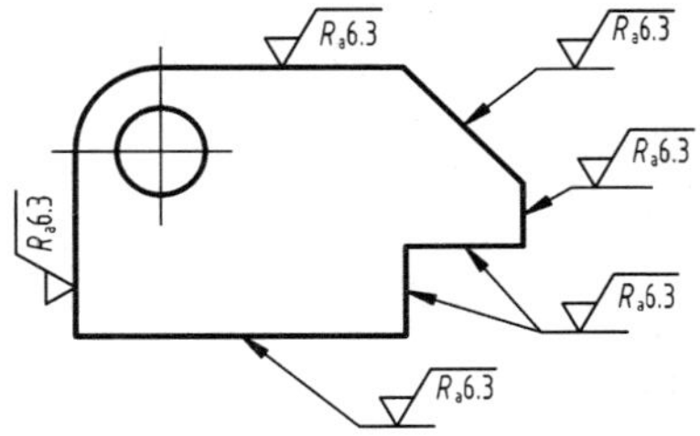	注写在轮廓线的延长线上	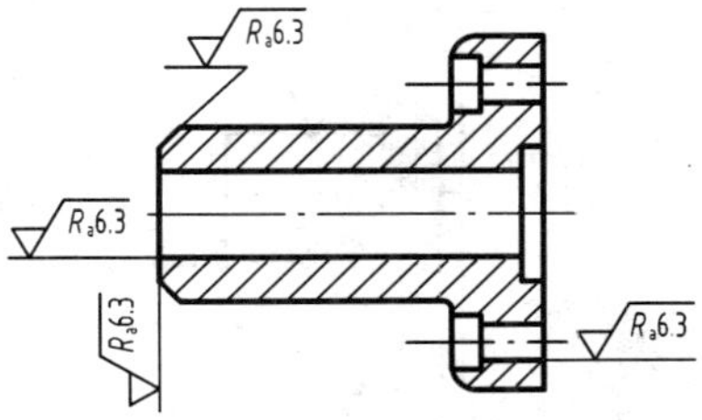
注写在尺寸线的延长线上	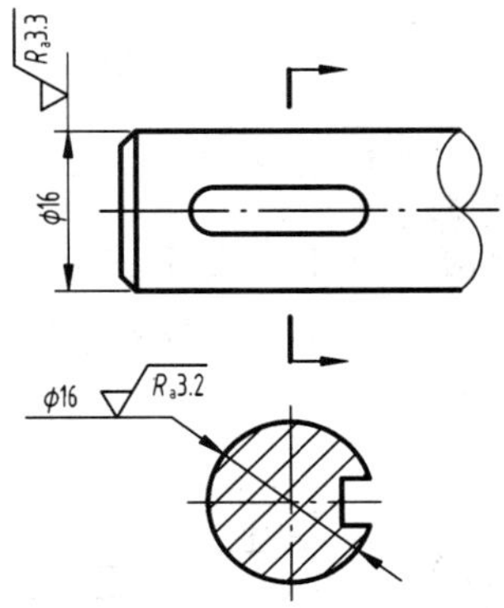	注写在形位公差框格上方	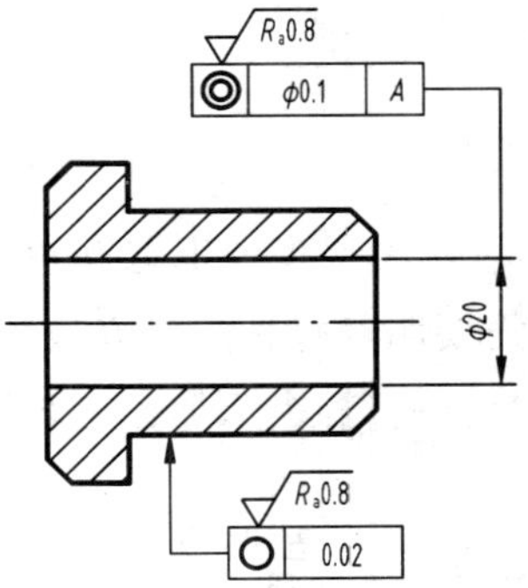

——在圆括号内给出无任何其他标注的基本符号，如图 8－21(a)所示；

——在圆括号内给出不同的表面结构要求，如图 8－21(b)所示；

不同的表面结构要求应直接注写在图形中，如图 8－21(b)所示。

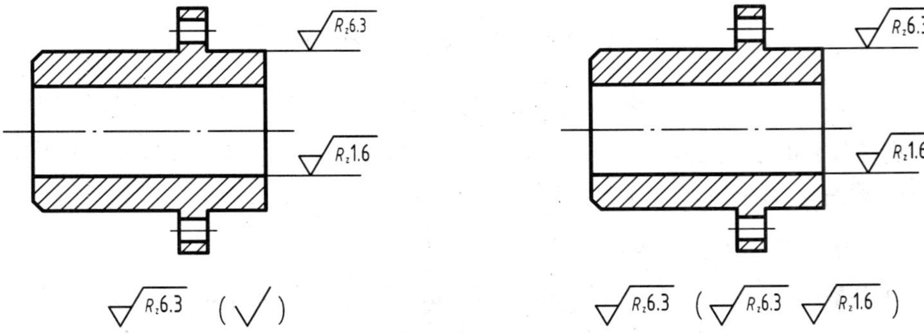

(a)　　　　　　(b)

图 8－21　多数表面有相同表面结构的简化注法

(2) 多个表面有共同要求的注法　用带字母的完整符号的简化注法，如图 8－22(a)所示，用带字母的完整符号，以等式的形式，在图形或标题栏附近，对有相同表面结构要求的表面进形简化注写。

只用表面结构符号的简化注法,如图 8-22(b)所示,用表面结构符号,以等式的形式给出对多个表面共同的表面结构要求。

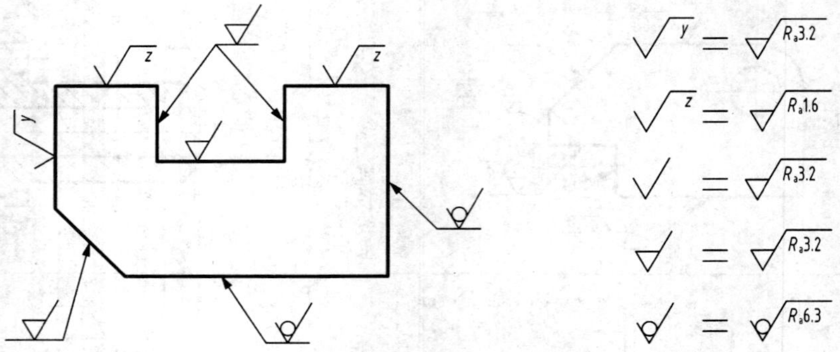

图 8-22 多数表面有共同要求的简化注法

(3) 两种或多种工艺获得的同一表面的注法 由几种不同的工艺方法获得的同一表面,当需要明确每种工艺方法的表面结构要求时,可按图 8-23(a)进行注写(图中 Fe 表示基体材料为钢,Ep 表示加工工艺为电镀)。

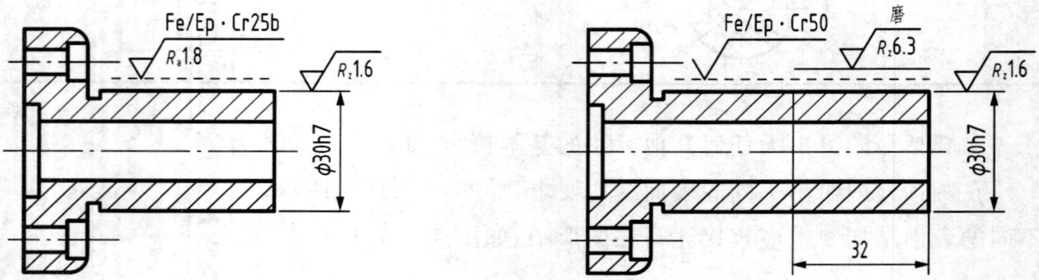

图 8-23 多种工艺获得的同一表面的注法

如图 8-23(b)所示为三个连续的加工工序的表面结构、尺寸和表面处理的注法。

第一道工序:单向上限值,$R_z=1.6$,"16%规则"(默认),评定长度、传输带(默认),表面纹理没有要求,去除材料加工工艺;

第二道工序:镀铬,无其他表面结构要求;

第三道工序:一个单向上限值,仅对长为 50mm 的圆柱表面有效,$R_z=6.3$,"16%规则"(默认),评定长度、传输带(默认),表面纹理没有要求,磨削加工工艺。

二、极限与配合

在日常生活中,如果汽车的零件坏了,买个新的换上即可使用,这是因为这些零件具有互换性。所谓零件的互换性,就是在一批相同的零件中任取一个,不需任何挑选和修配就能装配使用,并能保证使用性能要求的性质称为互换性。零、部件具有互换性,不但给装配、修理机器带来方便,还可用专用设备生产,提高产品数量和质量,同时降低产品的成本。要满足零件的互换性，必然要求尺寸的准确性，但并不是要求零部件都准确地制成一个指定的尺寸，而只是将其限定在一个合理的范围内变动，以满足不同的使用要求，由此产生了“极限与配合”制度。

1. 基本概念

在加工过程中，不可能把零件的尺寸做得绝对准确。为了保证互换性，必须将零件尺寸的加工误差限制在一定的范围内，规定出加工尺寸的可变动量，这种规定的实际尺寸允许的变动量称为公差。

有关公差的一些常用术语如图 8-24 所示。

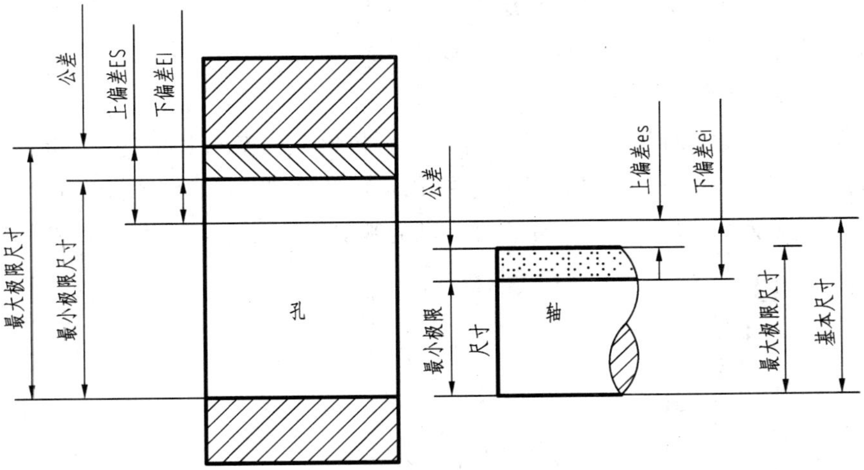

图 8-24 尺寸公差术语图解

(1) 基本尺寸 根据零件强度、结构和工艺性要求，设计确定的尺寸。

(2) 实际尺寸 通过测量所得到的尺寸。

(3) 极限尺寸 允许尺寸变化的两个界限值。它以基本尺寸为基数来确定。两个界限值中较大的一个称为最大极限尺寸，较小的一个称为最小极限尺寸。

(4) 尺寸偏差(简称偏差) 某一尺寸减其相应的基本尺寸所得的代数差。尺寸偏差有：

上偏差＝最大极限尺寸－基本尺寸

下偏差＝最小极限尺寸－基本尺寸

上、下偏差统称极限偏差。上、下偏差可以是正值、负值或零。

国家标准规定：孔的上偏差代号为 ES，孔的下偏差代号为 EI；轴的上偏差代号为 es，轴的下偏差代号为 ei。

(5) 尺寸公差(简称公差) 允许实际尺寸的变动量。

尺寸公差＝最大极限尺寸－最小极限尺寸＝上偏差－下偏差

因为最大极限尺寸总是大于最小极限尺寸，所以尺寸公差一定为正值。

(6) 公差带和零线　由代表上、下偏差的两条直线所限定的一个区域称为公差带。为了便于分析，一般将尺寸公差与基本尺寸的关系，按放大比例画成简图，称为公差带图。在公差带图中，确定偏差的一条基准直线，即为零偏差线，简称零线。通常零线表示基本尺寸。如图 8-25 所示。

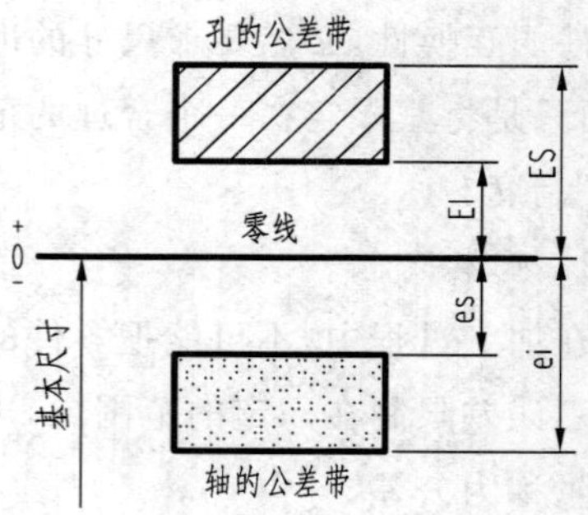

图 8-25　公差带图

(7) 标准公差　用以确定公差带大小的任一公差。国家标准将公差等级分为 20 级：IT01、IT0、IT1～IT18。"IT"表示标准公差，公差等级的代号用阿拉伯数字表示。IT01～IT18，精度等级依次降低。标准公差等级数值可查附表 15。

(8) 基本偏差　用以确定公差带相对于零线位置的上偏差或下偏差。一般是指靠近零线的那个偏差，如图 8-26 所示。根据实际需要，国家标准分别对孔和轴各规定了 28 个不同的基本偏差，基本偏差系列如图 8-26 所示。孔和轴的基本偏差数值参见附表 13 和附表 14。

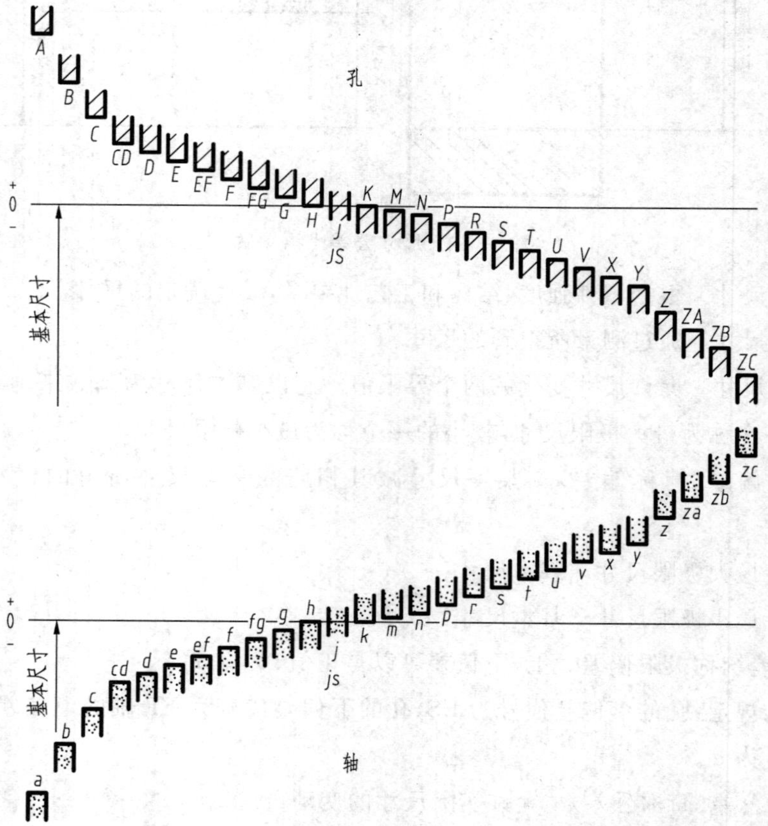

图 8-26　基本偏差系列图

从图 8－26 可知：基本偏差用拉丁字母表示，大写字母代表孔，小写字母代表轴。

公差带位于零线之上，基本偏差为下偏差；

公差带位于零线之下，基本偏差为上偏差。

(9) 孔、轴的公差带代号　由基本偏差与公差等级代号组成，并且要用同一号字母书写。例如ϕ50H8 的含义是：基本尺寸为ϕ50，公差等级为 8 级，基本偏差为 H 的孔的公差带。又如ϕ50f7 的含义是：基本尺寸为ϕ50，公差等级为 7 级，基本偏差为 f 的轴的公差带。

2. 配合

基本尺寸相同，相互结合的孔和轴公差带之间的关系称为配合。

(1) 配合的种类　根据设计要求和生产实际的需要，国家标准将配合分为三类：

① 间隙配合。孔的公差带完全在轴的公差带之上，任取其中一对轴和孔相配都成为具有间隙的配合(包括最小间隙为零)，如图 8－27 所示。

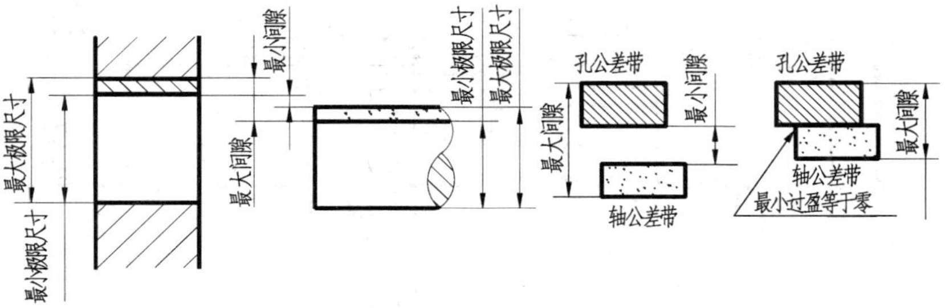

图 8－27　间隙配合

② 过盈配合。孔的公差带完全在轴的公差带之下，任取其中一对轴和孔相配都成为具有过盈的配合(包括最小过盈为零)，如图 8－28 所示。

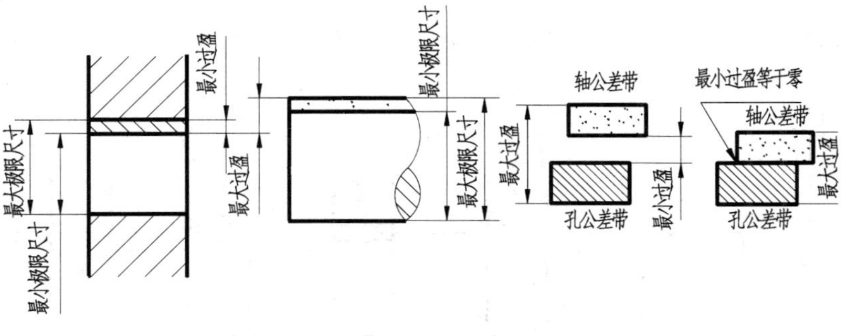

图 8－28　过盈配合

③ 过渡配合。孔和轴的公差带相互交叠，任取其中一对孔和轴相配合，可能具有间隙，也可能具有过盈的配合，如图 8－29 所示。

(2) 配合制度　国家标准规定了基轴制配合和基孔制配合两种配合制度：

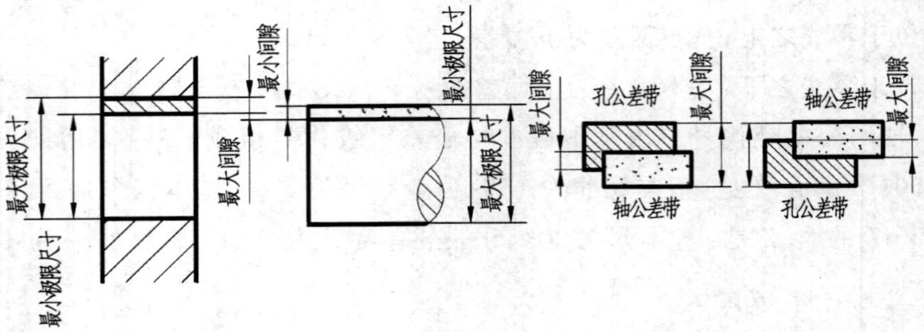

图 8－29　过渡配合

① 基孔制配合。基本偏差为一定的孔的公差带，与不同基本偏差的轴的公差带构成各种配合的一种制度称为基孔制配合。这种制度在同一基本尺寸的配合中，是将孔的公差带位置固定，通过变动轴的公差带位置，得到各种不同的配合，如图 8－30 所示。

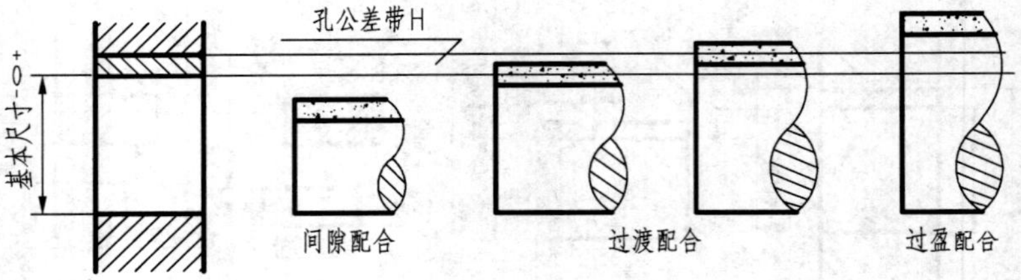

图 8－30　基孔制配合

基孔制配合的孔称为基准孔。国标规定基准孔的下偏差为零，"H"为基准孔的基本偏差。

② 基轴制配合。基本偏差为一定的轴的公差带与不同基本偏差的孔的公差带构成各种配合的一种制度称为基轴制配合。这种制度在同一基本尺寸的配合中，是将轴的公差带位置固定，通过变动孔的公差带位置，得到各种不同的配合，如图 8－31 所示。

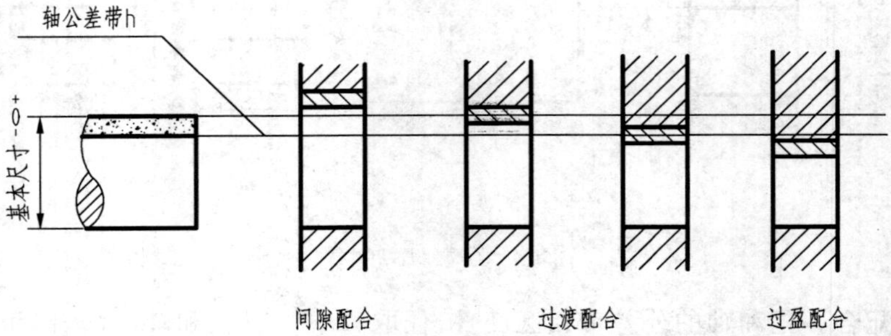

图 8－31　基轴制配合

基轴制配合的轴称为基准轴。国家标准规定基准轴的上偏差为零,"h"为基轴制的基本偏差。

3. 极限与配合在图样上的标注

(1) 在装配图中的标注方法　在装配图上标注极限与配合时,其代号必须在基本尺寸的右边,用分数形式注出,分子为孔的公差带代号,分母为轴的公差带代号。其注写形式有三种,如图 8-32 所示。

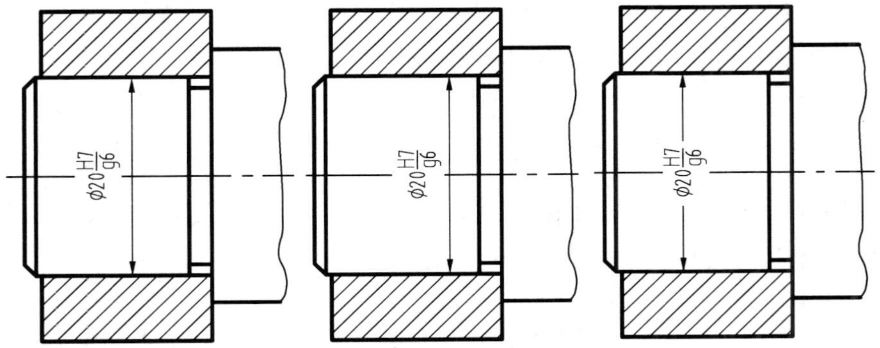

(a)　(b)　(c)

图 8-32　配合代号在装配图上标注的三种形式

(2) 在零件图中的标注方法　用于大批量生产零件图,可只注公差带代号,如图 8-33(a)所示;用于中小批量生产的零件图,一般可只注出极限偏差,如图 8-33(b)所示;如需要同时注出公差带代号和对应的偏差值时,应将偏差值加上圆括号,如图 8-33(c)所示。

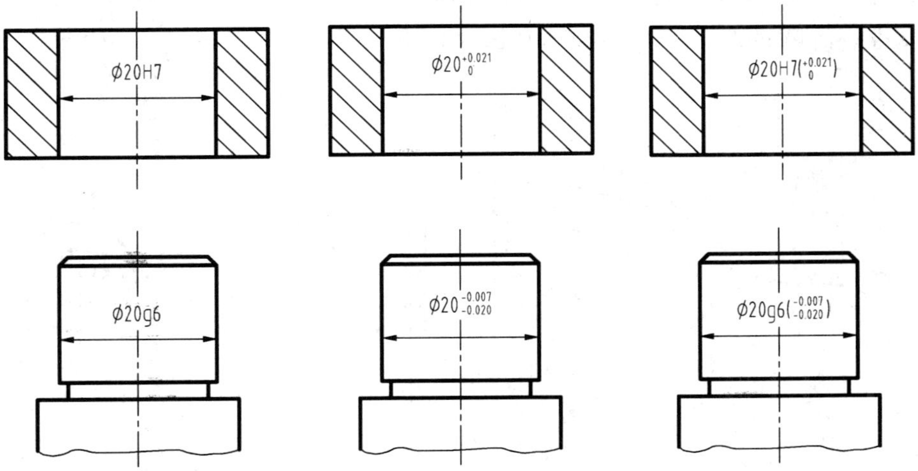

(a)　(b)　(c)

图 8-33　公差带代号、极限偏差在零件图上标注的三种形式

三、形状和位置公差

评定零件的质量的因素是多方面的，不仅零件的尺寸影响零件的质量，零件的几何形状和结构的位置也大大影响零件的质量。

1. 形状和位置公差的基本概念

如图 8－34(a)所示为一理想形状的销轴，而加工后的实际形状则是轴线变弯了，如图 8－34(b)，因而产生了直线度误差。

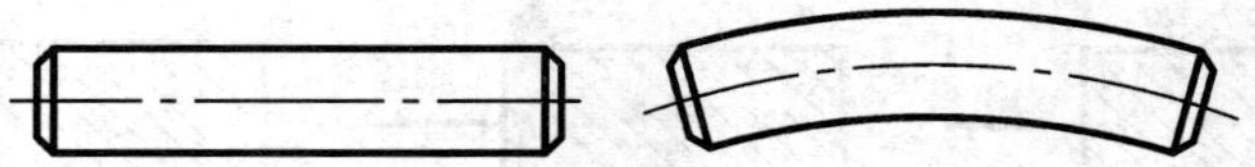

(a) (b)

图 8－34 形状误差

又如图 8－35(a)所示为一阶梯轴，加工后出现各段的轴线不在同一直线上的情况，如图 8－35(b)，因而产生了同轴度误差。

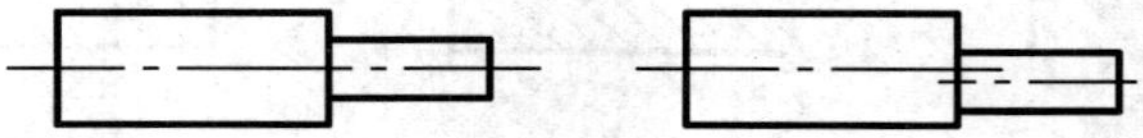

(a) (b)

图 8－35 位置误差

如果零件存在严重的形状和位置误差，将给装配造成困难，影响机器的质量，因此，对于精度要求较高的零件，除给出尺寸公差外，还应根据设计要求，合理地确定出形状和位置误差的最大允许值，如图 8－36(b)中的∅0.08[即销轴轴线必须位于直径为公差值∅0.08 的圆柱面内，如图 8－36(a)所示]、图 8－36(b)中的 0.1[即上表面必须位于距离为公差值 0.1 且平行于基准表面 A 的两平行平面之间，如图 8－36(a)所示]。

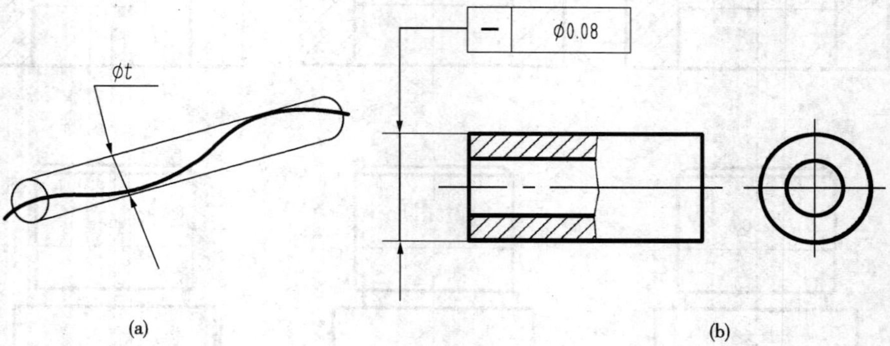

(a) (b)

图 8－36 直线度公差

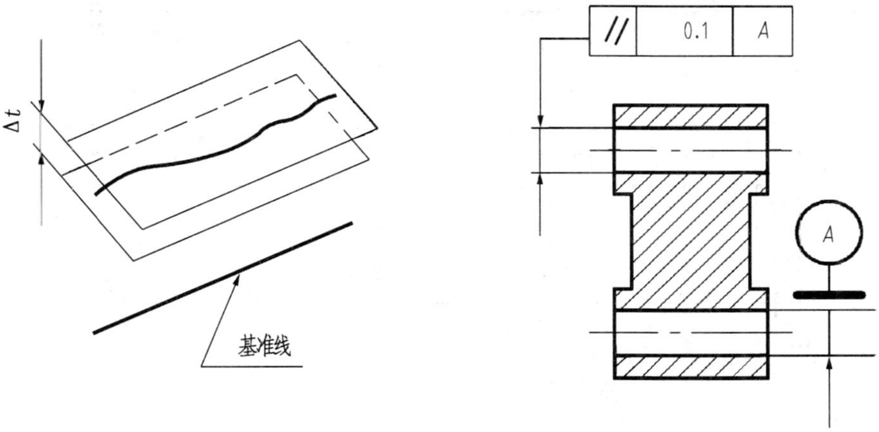

(a)　　　　　　　　(b)

图 8-37　平行度公差

2. 形状公差和位置公差的有关术语

形状公差和位置公差的有关术语见表 8-8。

表 8-8　形状公差和位置公差的有关术语

术　语	定　义	图示说明
要　素	指组成零件的点、线、面。	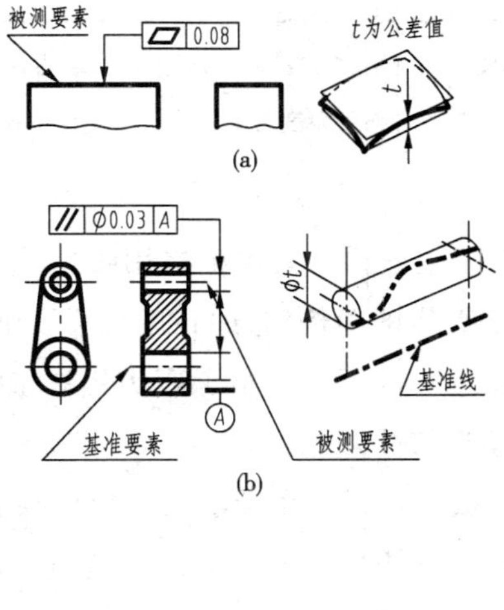
形状公差	指实际要素的形状所允许的变动量（如图 a 所示）。	
位置公差	指实际要素的位置对基准所允许的变动量，它包括定向公差、定位公差和跳动公差（如图 b 所示）。	
被测要素	给出了形状或（和）位置公差的要素。	
基准要素	用来确定理想被测要素方向或（和）位置的要素。	

3. 形位公差的项目及符号

形位公差的分类、项目资料及符号见表 8-9。

表 8-9　形位公差的分类、项目资料及符号

分　类		项　目	特征符号	有或无基准要求
形状公差	形状	直线度	—	无
		平面度	▱	无
		圆　度	○	无
		圆柱度	⌭	无
形状或位置公差	轮廓	线轮廓度	⌒	有或无
		面轮廓度	⌓	有或无
位置公差	定向	平行度	//	有
		垂直度	⊥	有
		倾斜度	∠	有
	定位	位置度	⊕	有或无
		同轴(同心)度	◎	有
		对称度	⌯	有
	跳动	圆跳动	↗	有
		全跳动	⌰	有

注:国家标准 GB/T 1182-1996 规定:项目特征符号线型为 $h/10$,符号高度为 h(同字高)。其中,平面度、圆柱度、平行度、跳动等符号的倾斜角度为 75°。

4. 形位公差的标注

(1) 公差框格　公差框格用细实线画出,可画成水平的或垂直的。框格高度是图样中尺寸数字高度的两倍,它的长度视需要而定。框格中的数字、字母、符号与图样中的数字等高。如图 8-38 所示给出了形状公差和位置公差的框格形式。用带箭头的指引线将被测要素与公差框格一端相连。

(2) 被测要素　用带箭头的指引线将被测要素与公差框格一端相连,指引线箭头指向公差带的宽度方向或直径方向。指引线箭头所指部位可有:

① 当被测要素为整体轴线或公共中心平面时,指引线箭头可直接指在轴线或中心线上,如图 8-39(a)所示。

② 当被测要素为轴线、球心或中心平面时,指引线箭头应与该要素的尺寸线对齐,如图 8-39(b)所示。

③ 当被测要素为线或表面时，指引线箭头应指向该要素的轮廓线或其引出线上，并应明显地与尺寸线错开，如图 8－39(c)所示。

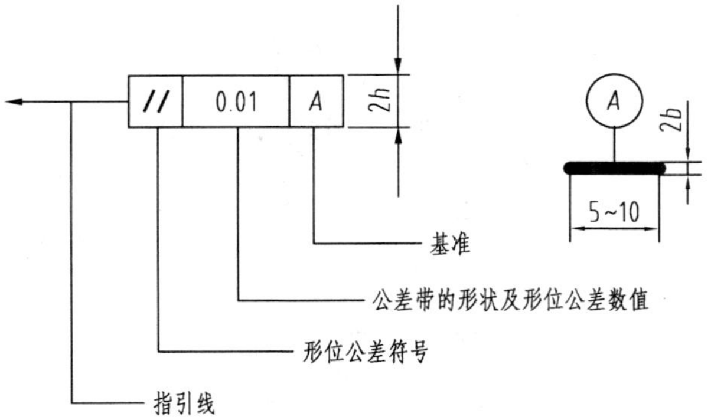

图 8－38　形位公差代号及基准符号

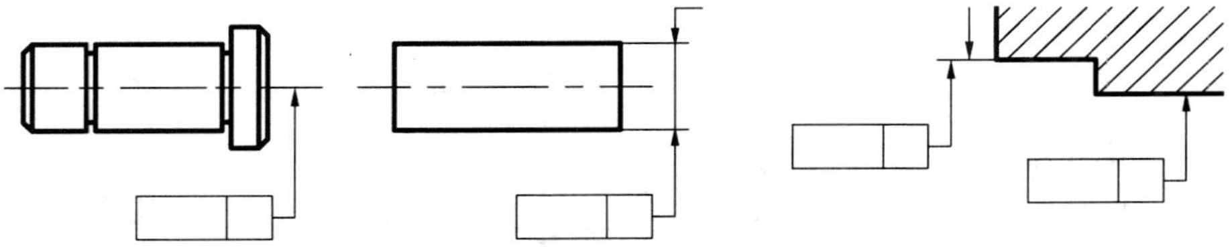

(a)　(b)　(c)

图 8－39　被测要素标注示例

(3) 基准要素　用带基准符号的指引线将基准要素与公差框格的另一端相连，如图 8－40(a)所示。

① 当基准要素为素线或表面时，基准符号应靠近该要素的轮廓线或引出线标注，并应明显地与尺寸线箭头错开，如图 8－40(a)所示。

② 当基准要素为轴线、球心或中心平面时，基准符号应与该要素的尺寸线箭头对齐，如图 8－40(b)所示。

③ 当基准要素为整体轴线或公共中心面时，基准符号可直接靠近公共轴线(或公共中心线)标注，如图 8－40(c)所示。

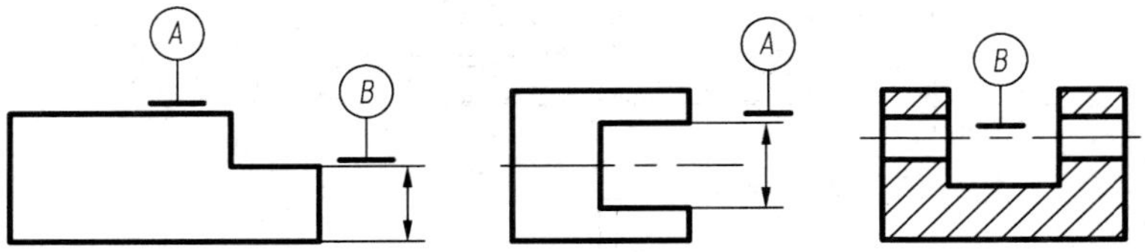

(a)　(b)　(c)

图 8－40　基准要素标注示例

5. 零件图上标注形状公差和位置公差的实例

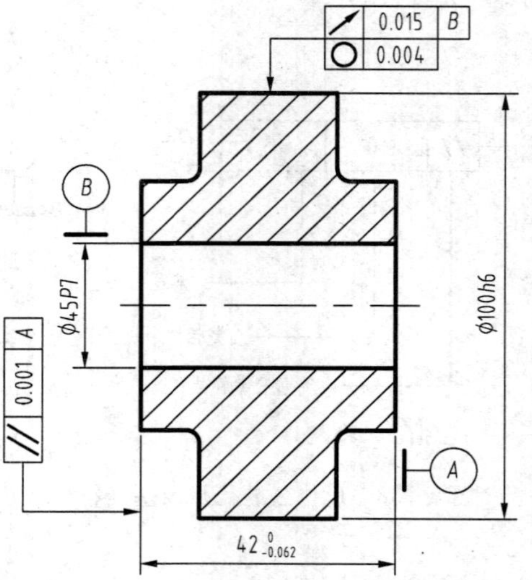

图 8-41 零件图上标注形位公差实例一

图 8-41 中所标注的形位公差的含义如下表：

代 号	公差项目	公差值	被测要素	基准要素
// 0.01 A	平行度	0.01mm	零件左端面	零件右端面
↗ 0.015 B	圆跳动	0.015mm	ϕ 100h6 圆柱面	ϕ 45P7 孔轴线
○ 0.004	圆度	0.004mm	ϕ 100h6 圆柱面	

请自行分析如图 8-42 所注的形位公差含义。

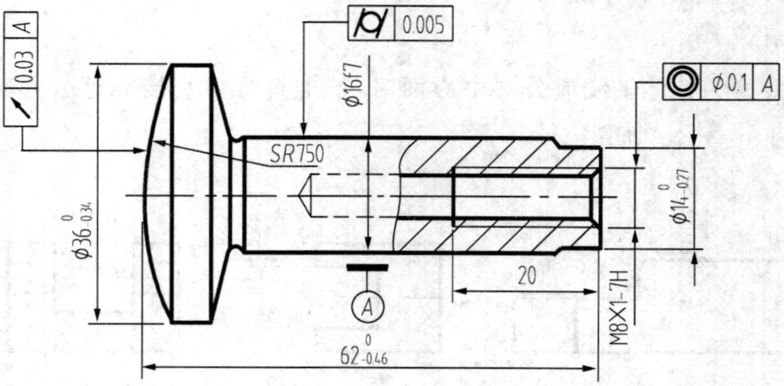

图 8-42 零件图上标注形位公差实例二

第六节 零件测绘

零件测绘就是根据实际零件绘制图形，测量尺寸并制订技术要求。测绘时，首先徒手画出零件草图，然后根据该草图画出零件工作图。由于零件草图是绘制零件图的依据，必要时还要直接根据它制造零件，因此，一张完整的零件草图必须具备零件图应有的全部内容，要求做到：图形正确，尺寸完整，线型分明，字体工整，并注写出技术要求和标题栏中的相关内容。

一、零件测绘的方法和步骤

下面以齿轮油泵的泵体（如图 8－43 所示）为例，说明零件测绘的方法和步骤。

1. 了解和分析测绘对象

首先应了解零件的名称、材料以及它在机器或部件中的位置、作用及与相邻零件的关系，然后对零件的内外结构形状进行分析。

如图 8－44 所示为齿轮油泵工作原理图。齿轮油泵是机器润滑供油系统中的一个主要部件。当外部动力经齿轮传至主动齿轮轴时，即产生旋转运动。当主动齿轮轴按逆时针方向（从主视图观察）旋转时，从动齿轮轴则按顺时针方向旋转，此时右边啮合的轮齿逐步分开，空腔体积逐渐扩大，油压降低，因而油池中的油在大气压力的作用下，沿吸油口进入泵腔中。齿槽中的油随着齿轮的继续旋转被带到左边。而左边的各对轮齿又重新啮合，空腔体积缩小，使齿槽中不断挤出的油成为高压油，并由压油口压出，然后经管道被输送到需要供油的部位。

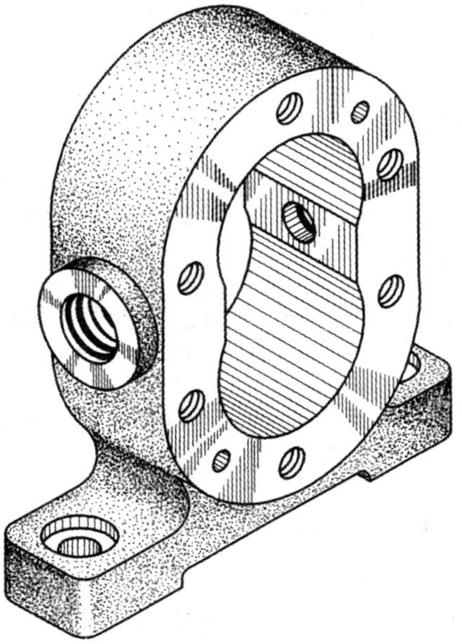

图 8－43 齿轮油泵泵体轴测图

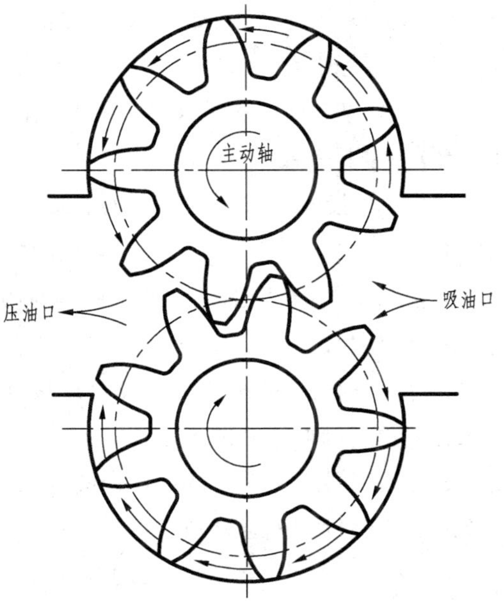

图 8－44 齿轮油泵工作原理简图

泵体是油泵上的一个主体件，属于箱体类零件，材料为铸铁。它的主要作用是容纳一对啮合齿轮及进油、出油通道。在泵体上设置了两个销孔和六个螺孔，是为了使左泵盖和右泵盖与其定位和连接。泵体下部带有凹坑的底板和其上的两个沉孔是为了安装油泵。泵体进、出油口孔端的螺孔是为了连接进、出油管等。

2. 确定表达方案

由于泵座的内外结构都比较复杂，应选用主、左、仰三个基本视图。泵体的主视图应按其工作位置及形状结构特征选定。为表达进、出油口的结构与泵腔的关系，应对其中一个孔道进行局部剖视。为表达安装孔的形状也应对其中一个安装孔进行局部剖视。

为表达泵体与底板、出油口的相对位置，左视图应选用 $A-A$ 旋转剖视图，将泵腔及孔的结构表示清楚。表示底板的形状及安装孔的数量、位置，仰视图取 B 向局部视图。最后选定表达方案如图 8 - 45 所示。

3. 绘制零件草图

(1) 绘制图形　根据选定的表达方案，徒手画出视图、剖视等图形，其作图步骤与画零件图相同。但需注意以下两点：

① 零件上的制造缺陷(如砂眼、气孔等)，以及由于长期使用造成的磨损、碰伤等，均不应画出或纠正后画出。

② 零件上的细小结构(如铸造圆角、倒角、倒圆、退刀槽、砂轮越程槽、凸台和凹坑等)必须画出。

(2) 标注尺寸　先选定基准，再标注尺寸。具体应注意以下三点：

① 先集中画出所有的尺寸界线、尺寸线和箭头，再依次测量，逐个标注尺寸数字。

② 零件上标准结构(如键槽、退刀槽、销孔、中心孔、螺纹等)的尺寸，必须查阅相应国家标准，并予以标准化。

③ 与相邻零件的相关尺寸(如泵体上螺孔、销孔、沉孔的定位尺寸，以及有配合关系的尺寸等)一定要一致。

(3) 注写技术要求　零件上的表面粗糙度、极限与配合、形位公差等技术要求，通常可采用类比法给出(参考有关零件图)。具体注写时需注意以下三点：

① 主要尺寸要保证其精度。泵体的两轴线、轴线距底面以及有配合关系的尺寸等，都应给出公差，如图 8 - 45 所示。

② 有相对运动的配合表面及对形状、位置要求较严格的线、面等要素，要给出既合理又经济的粗糙度或形位公差要求。

③ 有配合关系的孔与轴，要查阅与其相结合的轴与孔的相应资料(装配图或零件图)，以核准配合制度和配合性质。

只有这样，经测绘而制造出的零件，才能顺利地装配到机器上去并达到其功能要求。

(4) 填写标题栏　一般可填写零件的名称、图形比例、材料及绘图者的姓名和完成时间等。

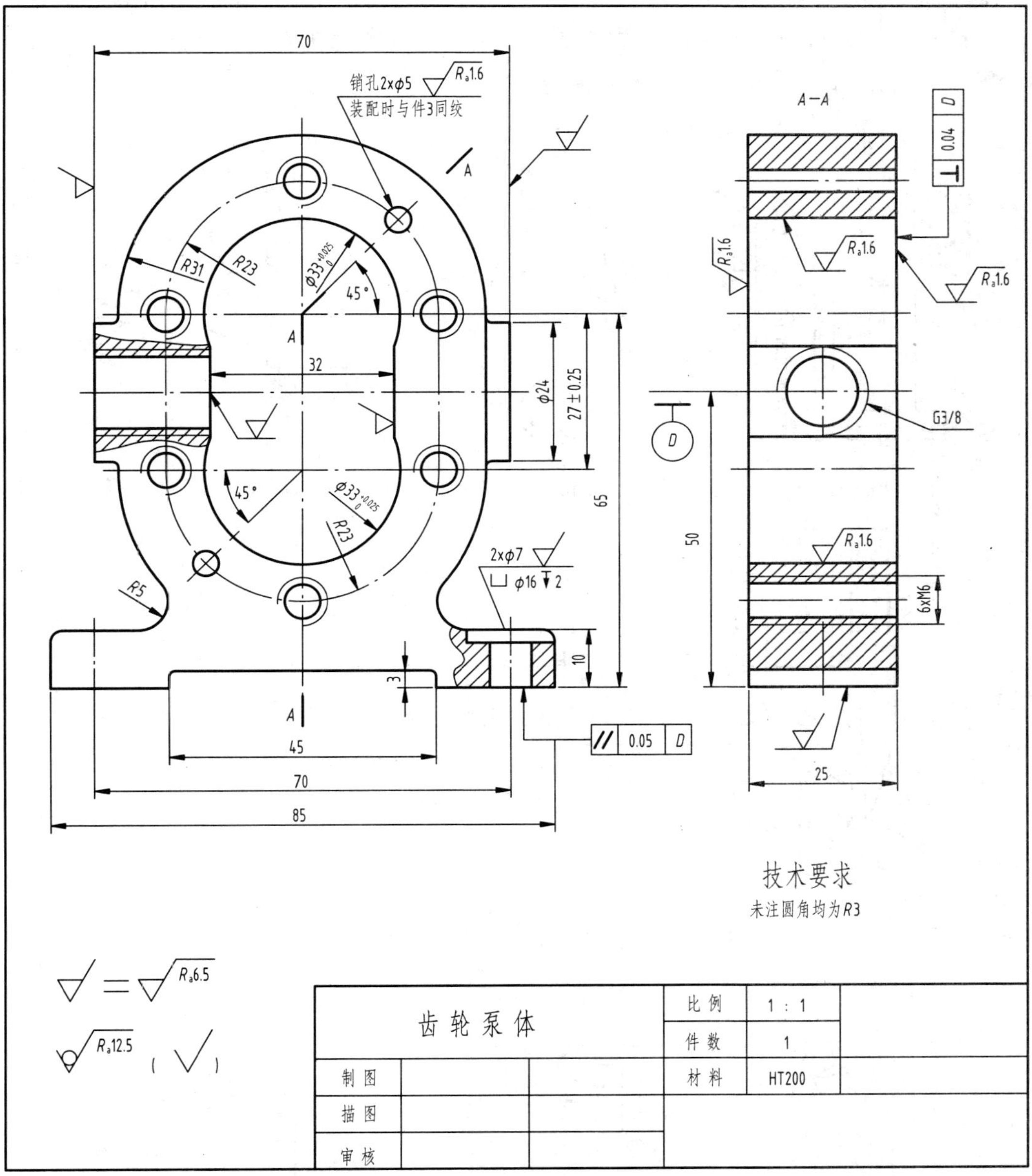

图 8-45 泵体零件图

4. 根据零件草图画零件工作图

草图完成后，便要根据它绘制零件工作图，其绘图方法和步骤同前，这里不再赘述。

二、零件尺寸的测量方法

测量尺寸是零件测绘过程中一个很重要的环节。尺寸测量得准确与否，将直接影响机器的装配和工作性能，因此，测量尺寸要谨慎。

测量时，应根据对尺寸精度要求的不同选用不同的测量工具。常用的量具有钢直尺，内、外卡钳等；精密的量具有游标卡尺、千分尺等；此外，还有专用量具，如螺纹规、圆角规等。图 8-46～图 8-49 为常见尺寸的测量方法。

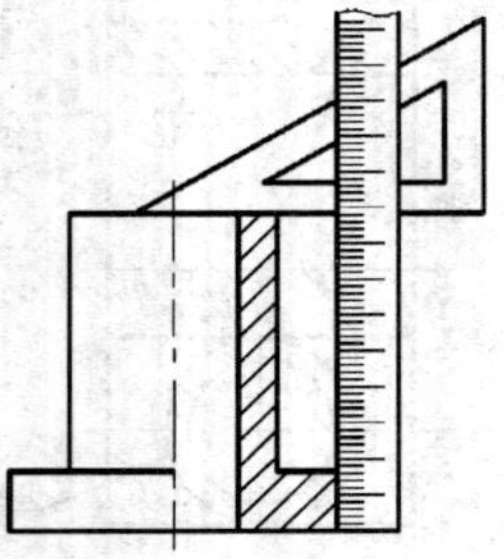

(a)用钢直尺测量尺寸

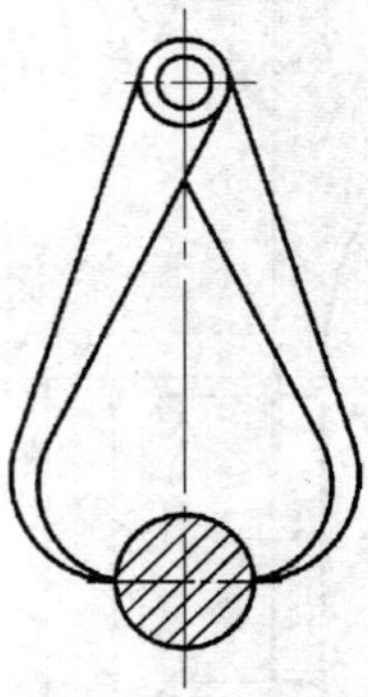

(b)用外卡钳测量圆外径

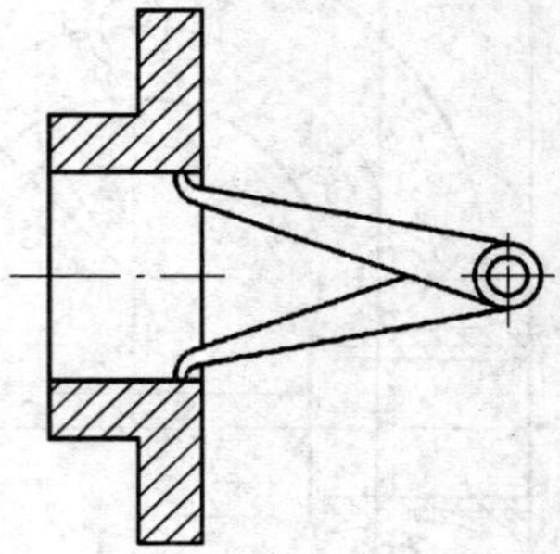

(c)用内卡钳测量圆内径

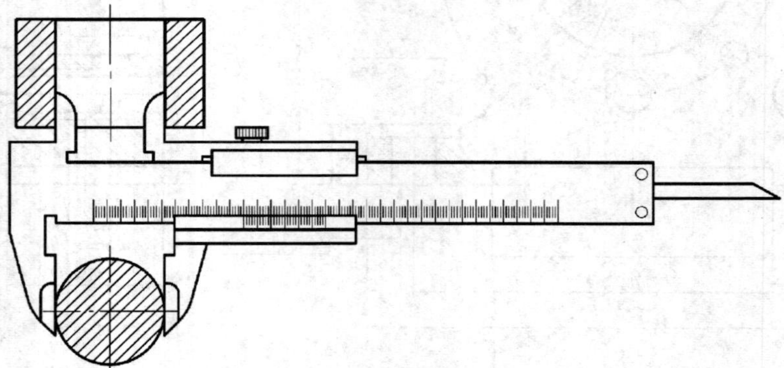

(d)用游标卡尺测量精确尺寸

图 8-46　线性尺寸及内、外径尺寸的测量方法

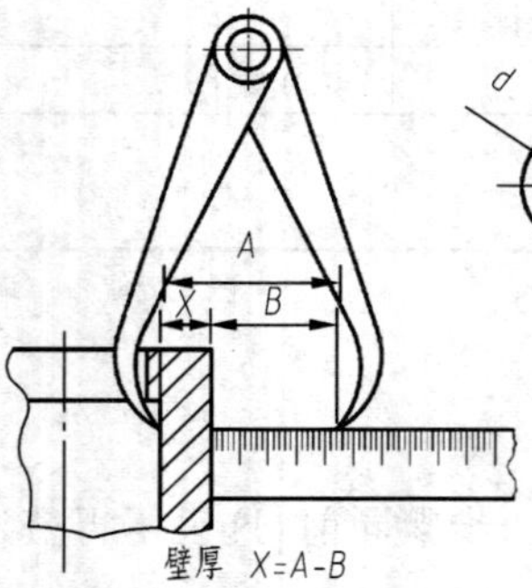

(a)测量壁厚

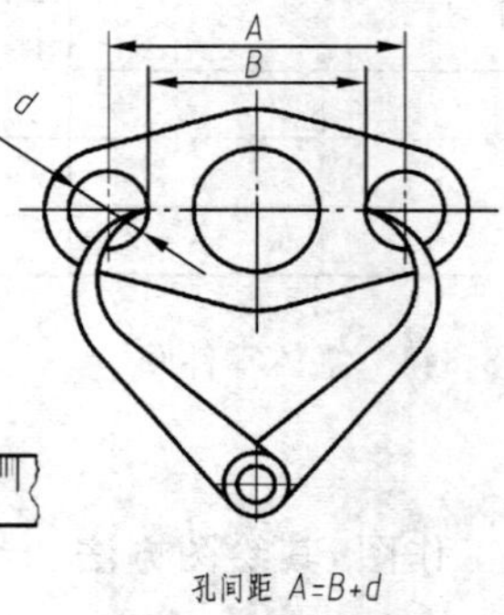

(b)测量圆孔间距

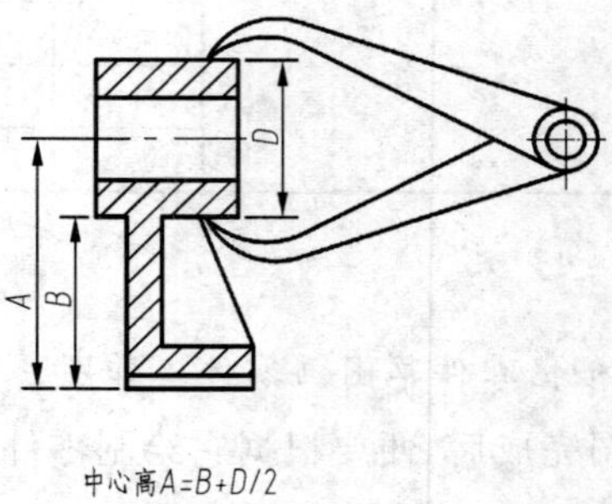

(c)测量孔中心高

图 8-47　壁厚、孔间距的测量方法

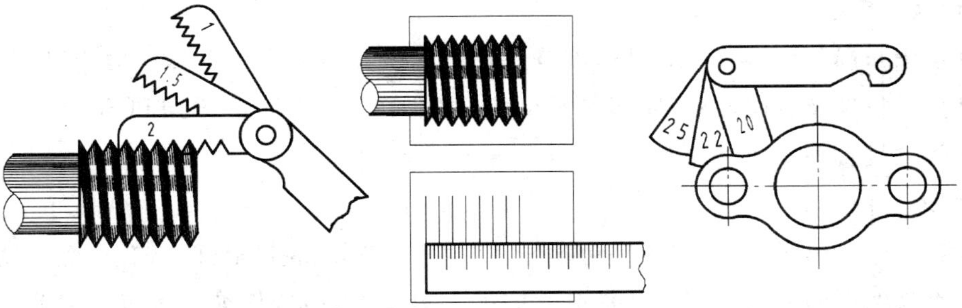

(a) 用螺纹规测量螺距　(b) 先拓印，然后用直尺测量螺距　(c) 用圆角规测量圆弧半径

图 8-48　螺距、圆弧半径的测量方法

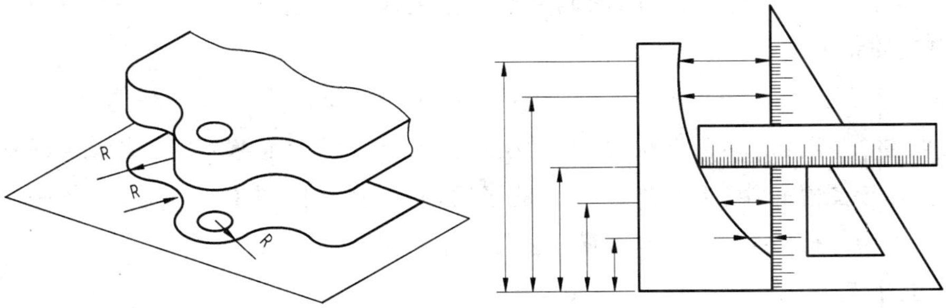

(a)用拓印法测量曲面　(b)用坐标法测量曲线

图 8-49　曲面、曲线的测量方法

第七节　读零件图

在设计和制造的实际工作中，读零件图是一项非常重要的工作。工程技术人员必须具备熟练阅读零件图的能力。

一、读零件图的要求

(1) 了解零件的名称、用途、材料和数量等。

(2) 了解组成零件各部分结构形状的特点、功用，及它们之间的相对位置。

(3) 了解零件的尺寸标注、制造方法和技术要求。

二、读零件图的方法和步骤

1. 读标题栏

首先读标题栏，了解零件的名称、材料、比例等，并浏览全图，对零件有个概括了解，如零件属什么类型、大致轮廓和结构等。

2. 表达方案分析

根据视图布局，首先确定主视图，围绕主视图分析其他视图的配置。对于剖视图、断面图要找到剖切位置及方向，对于局部视图和局部放大图要找到投影方向和部位，弄清楚各个图形彼此间的投影关系。

3. 形体分析

首先利用形体分析法，将零件按功能分解为主体、安装、联接等几个部分，然后明确每一部分在各个视图中的投影范围与各部分之间的相对位置，最后仔细分析每一部分的形状和作用。

4. 分析尺寸和技术要求

根据零件的形体结构，分析确定长、宽、高各方向的主要基准。分析尺寸标注和技术要求，找出各部分的定形和定位尺寸，明确哪些是主要尺寸和主要加工面，进而分析制造方法等，以便保证质量要求。

5. 综合考虑

综上所述，将零件的结构形状、尺寸标注及技术要求综合起来，就能比较全面地阅读零件图。在实际读图过程中，上述步骤常常是穿插进行的，看懂图中每一条线、每一个符号和其中的文字说明，这才表明你基本读懂了此图。

三、读图举例

如图 8-50 所示为蜗轮箱体零件图，具体读图过程如下：

(1) 读标题栏　通过读标题栏可知，该零件的名称为蜗轮箱体，材料为铸铁(牌号HT200)，比例为 1∶4，结合参阅配套图纸、资料等了解到该箱体为蜗轮蜗杆减速器的主体零件，用来安装和支承蜗轮、蜗杆、蜗轮轴等零件，它具有铸件的结构特点。

(2) 表达方案分析　纵观图 8-50，共有七个图形。其中，主、俯、左三个基本视图，分别取了全剖、$C-C$ 半剖、$D-D$ 局部剖(主视图的全剖视，因剖切平面通过零件前后的对称平面，故省略了标注)；E 为向视图，采用了简化画法(也可视为特殊的局部视图，实际上是用对称线代替断裂边界线)；A、B、F 为三个按向视图配置的局部视图；此外，还选用了一个重合断面图。

(3) 形体分析　按形体分析法，从主视图入手，利用主、俯、左和 E 视图的特征，可将箱体大致分为四个部分：即左方为一带空腔的壳体，右上方为一相当于轴承座的空心圆柱体，下为安装底板，右下方为连接底板、壳体和轴承座的肋板。

从主视图对照俯、左视图阅读，可知壳体外形的上部为半圆形，下部为长方形，内腔亦是相似的拱门形状。壳体上部的圆柱形内腔用于安装蜗轮。对照左视图可知壳体左端面上有六个螺孔是供与箱盖连接之用，壳体下部为了支承蜗杆轴，所以在前、后都设置有轴孔，该轴孔的端面凸缘外形可从 B 视图看出，且端面上有三个均布的螺孔。右上方的圆柱体中空的

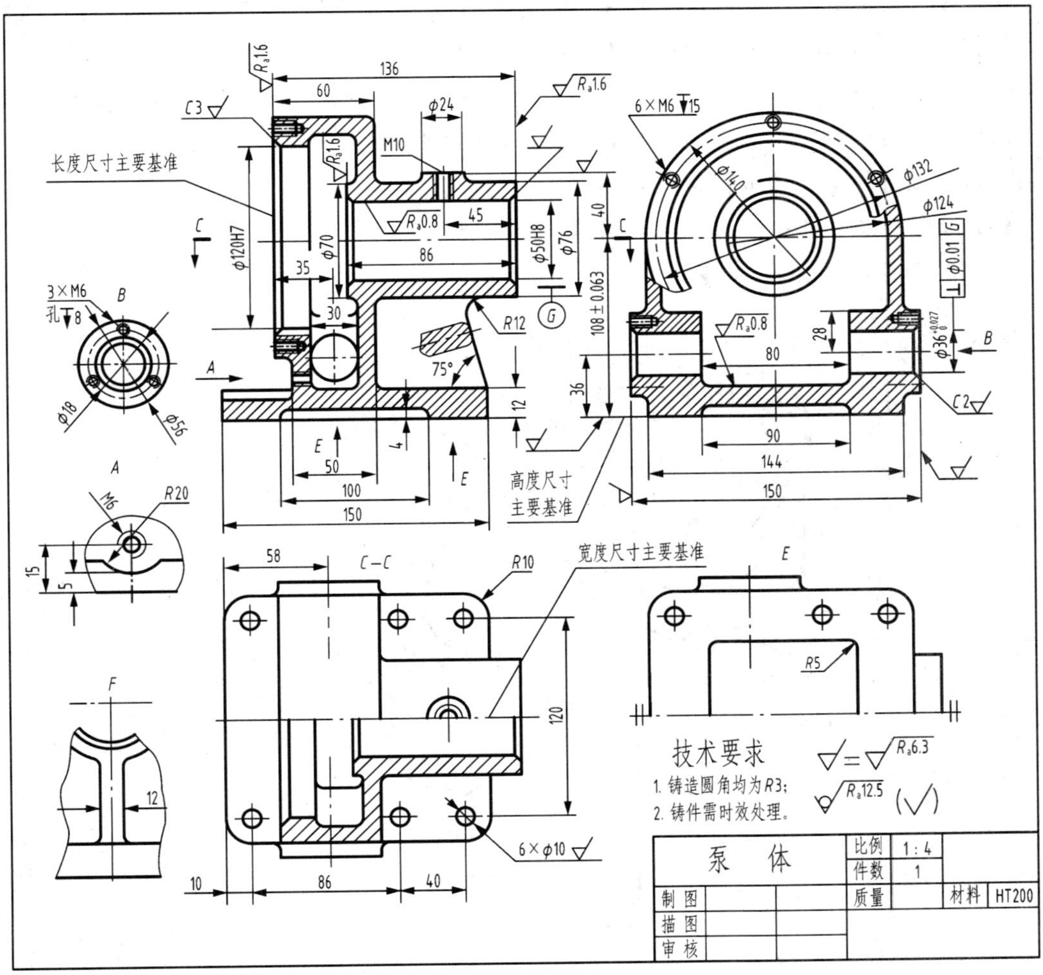

图 8-50 箱体零件图

轴孔主要用于支承蜗轮轴，其上方的螺孔及凸台是用来安装油杯的。下部底板可从主、左视图和 *E* 向视图看出为一带圆角的长方形板，在板的底部有一带圆角的长方形凹槽，底板上还有六个装螺栓的通孔供将减速器安装到其他部件上。右下方的梯形肋板用来加强箱体各部分连接的刚性，它的形状和位置可从主视图及其重合断面图和 *F* 局部视图看清楚。

通过上述对箱体各组成部分的结构形状分析，再按照各部分的相对位置关系，即可想像出箱体的整体结构形状，如图 8-51 所示。

(4) 尺寸分析　分析图中的尺寸可知，长度方向主要尺寸基准为空腔壳体的左端面(加工面)，宽度方向尺寸基准为箱体的前后对称面(俯、左视图中的中心对称线)，高度方向的尺寸基准是底板的安装底面(这些尺寸基准如图 8-50 中所注)。从这些基准出发所注的尺寸均是箱体的主要尺寸，如长度方向的尺寸 15、32、136，宽度方向的尺寸 80、120、144、148，高度方向的尺寸 12、36、72±0.063 等。

(5) 分析技术要求　分析图中的技术要求可知，凡支承蜗轮、蜗杆的轴孔都给出了公差带代号，均为基孔制配合的基准孔。为保证蜗轮、蜗杆轴线之间的尺寸精度，其距离尺寸也给了公差限制，且提出了垂直度的位置公差要求。此外，因蜗轮、蜗杆、轴孔都是要求精确定心的重要的配合表面，所以这些表面的粗糙度参数值都比较小，其 R_a 的上限值均为 0.8μm，必须经过磨削等精加工才能获得。

(6) 综合考虑　把零件的结构形状、尺寸标注、工艺和技术要求等内容综合起来，就能了解零件的全貌，也就读懂了零件图。

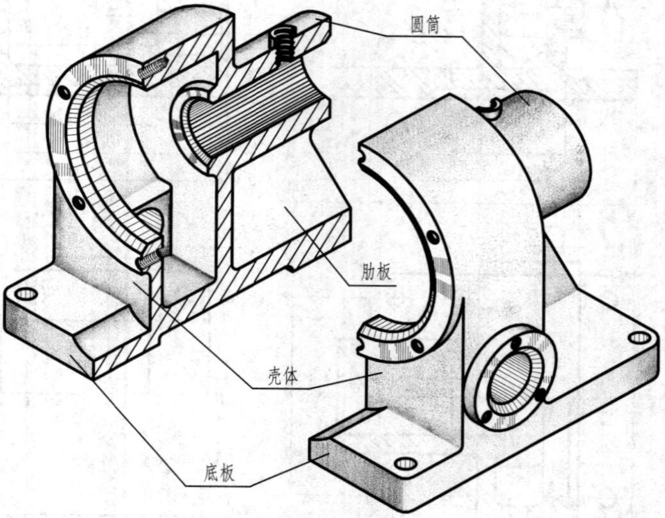

图 8-51　箱体轴测图

第九章 装配图

第一节 装配图的作用和内容

装配图是表示产品及其组成部分的连接、装配关系的图样。它用以表达该机器(或部件)的构造,零件之间的装配与连接关系,装配体的工作原理,以及生产该装配体的技术要求、检验要求等。

如图 9-1 所示为滑动轴承装配图。

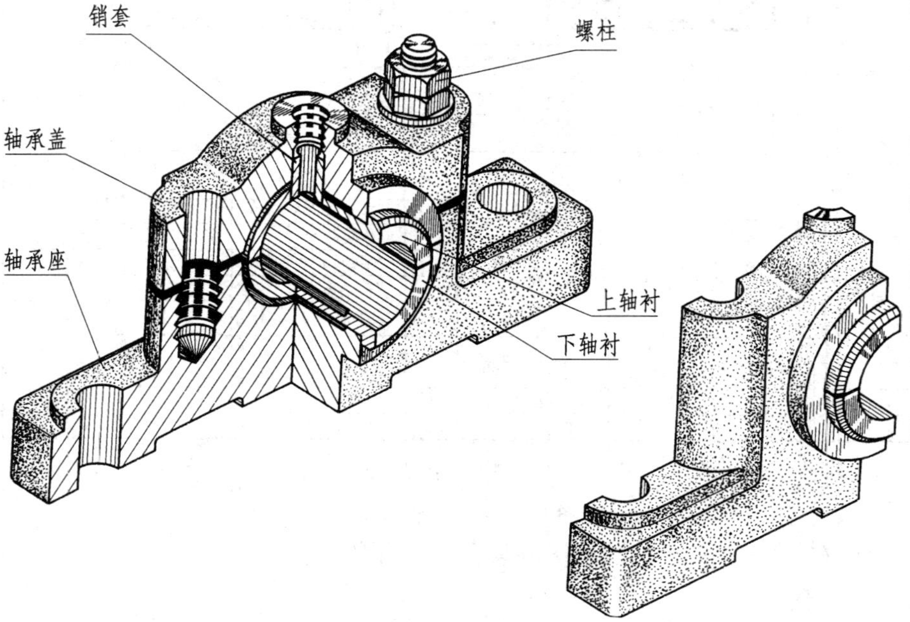

(a) 轴测图

图 9-1 滑动轴承

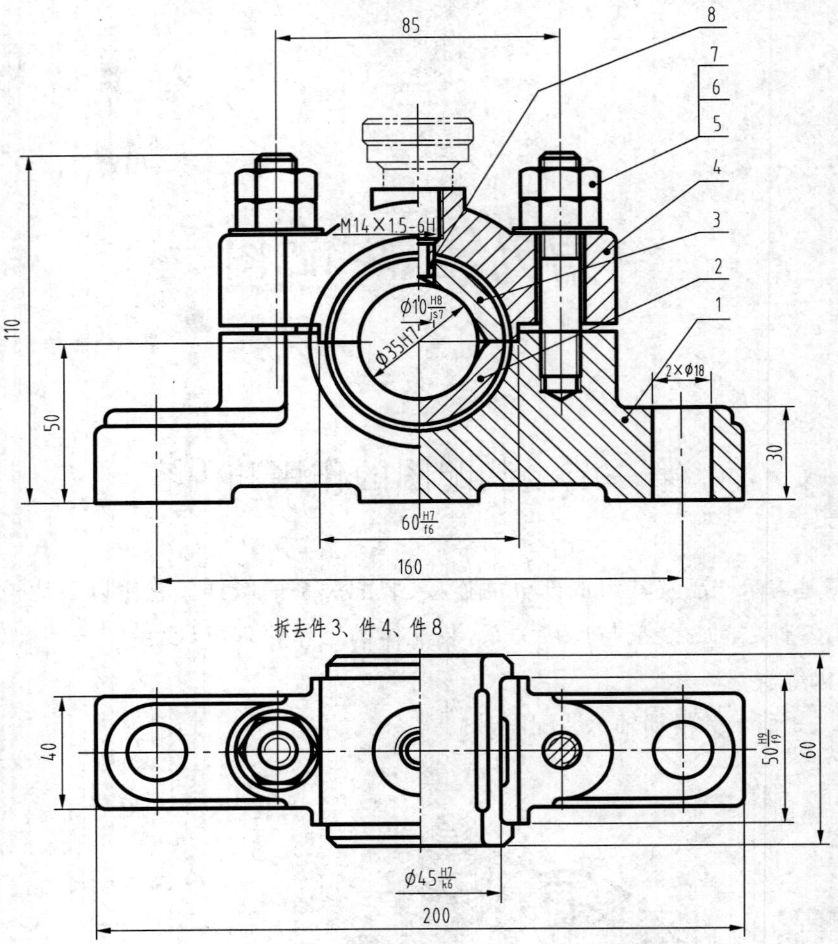

技术要求

调整试转后，零件用煤油清洗，工作面涂一层薄干油。

4	轴承盖	1	HT150	
3	上轴衬	1	ZCuAl10Fe3	
2	下轴衬	1	ZCuAl10Fe3	
1	轴承座	1	HT150	
序号	名称	数量	材料	备注

8	销套	1	45	
7	螺母 M12	4	Q235	GB/T5170-1986
6	螺柱 M2×70	2	Q235	GB/T5898-1988
5	垫圈 12	2	Q235	GB/T597.1-1985

滑动轴承		比例	1:1	共1张
		数量		
制图				
审核				

(b) 滑动轴承装配图

图 9-1　滑动轴承(续)

从图中可看出，一张完整的装配图应具有下列内容：

(1) 一组视图；

(2) 必要的尺寸；

(3) 零件编号、明细栏和标题栏；

(4) 技术要求等。

第二节　装配图的规定画法和特殊表示法

零件图的各种表达方法在装配图中同样适用。但由于装配图所表达的目的与零件图不同，因此国家标准中规定了有关绘制装配图的画法。

一、装配图的规定画法

(1) 两零件的接触面或配合(包括间隙配合)表面，规定只画一条线；而非接触面、非配合表面，即使间隙再小，也应画两条线，如图 9-2 所示。

(2) 相邻两零件的剖面线倾斜方向应相反，或方向一致但间隔不等，如图 9-3 所示。同一零件在各视图上的剖面线画法应一致。宽度小于或等于 2mm 的狭小面积的剖面线，可以涂黑代替，如图 9-4 所示的垫片。

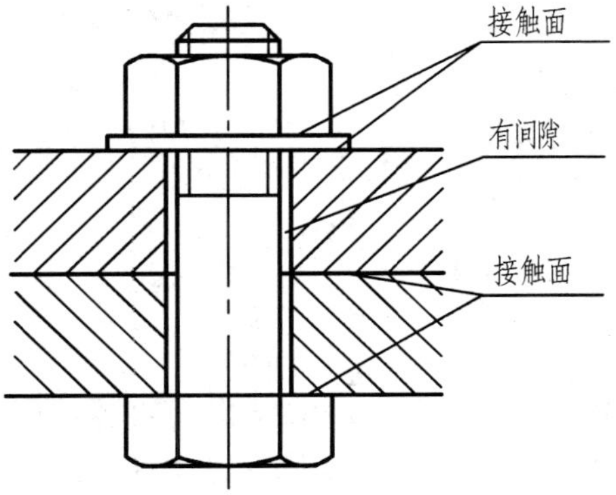

图 9-2　相邻零件轮廓线的画法

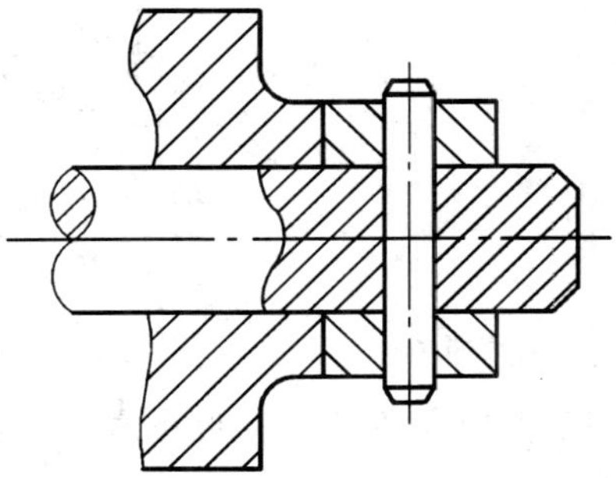

图 9-3　相邻零件剖面线画法

(3) 在装配图上作剖视时，当剖切平面通过标准件(螺母、螺钉、垫圈、销、键等)和实心件(轴、杆、柄、球等)的基本轴线时，这些零件按不剖绘制(即不画剖面线)。如图 9-1 主视图右半部剖视图中的螺母、垫圈、双头螺柱的画法。

二、装配图的特殊表达方法

1. 拆卸画法

对于在某视图上已表达清楚的零件，如在另一视图上重复出现，或其图形将影响后面零件的表达时，可假想将该零件拆去不画。如图 9-1 所示的俯视图，是将轴承盖、上轴衬等沿对称中心线拆去一半后画出的。它相当于沿着轴承盖与轴承座的结合面而作的半剖视图。如将螺柱等联接件同时拆去，则俯视图上只需画出螺孔。

对于拆去零件的视图，可在视图上方标注“拆去件×、×……”。如拆去的零件明显时，也可省略不注。

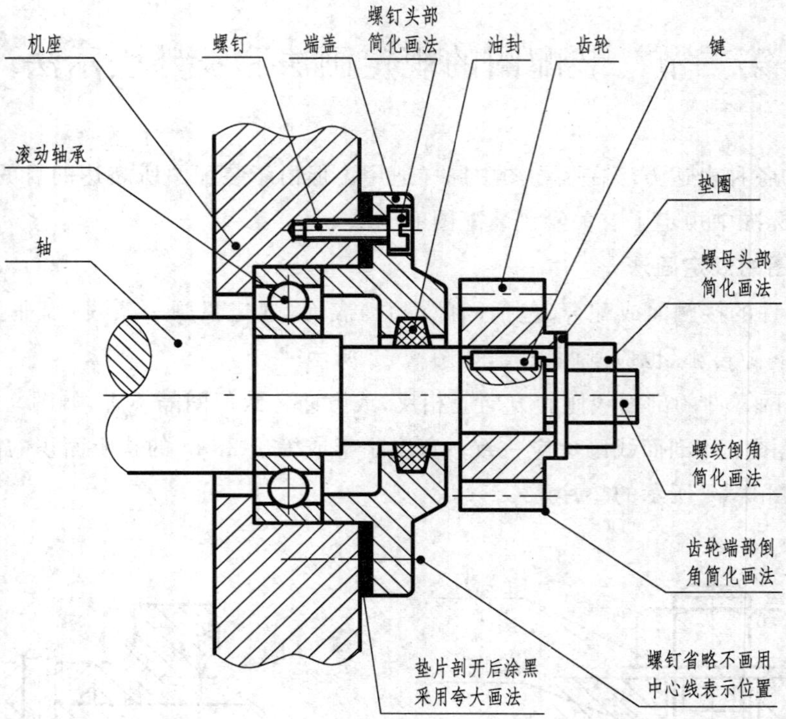

图 9-4 规定画法与简化画法

2. 假想画法

对于与该部件相关联但不属于该部件的零(部)件,可用双点画线画出其轮廓,以利于表达该部件的装配关系和工作原理,如图 9-1 所示的油杯。对于某零件在装配体中的运动范围或极限位置,也可用双点画线画出其轮廓,如图 9-5 所示。

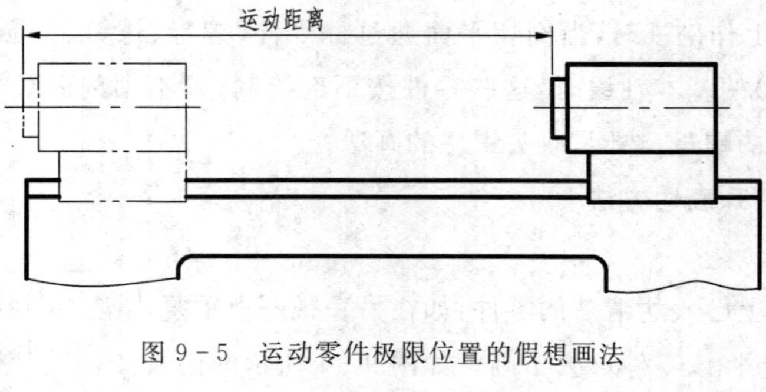

图 9-5 运动零件极限位置的假想画法

3. 简化画法

(1) 装配图中,零件的工艺结构如小圆角、倒角、退刀槽等可省略不画。

(2) 对于装配图中若干相同的零件组,可以详细地画出一组或几组,其余只需画出点画线表示其装配位置,如图 9-4 中的螺钉连接。

(3) 装配图中的螺栓、螺母、滚动轴承等均可采用简化画法,滚动轴承也可采用示意画法。

4. 夸大画法

对于薄、细以及斜度、锥度很小的零件及小间隙,可以适当地加厚、加粗、加大画出,使这些部位的轮廓特征明显。对于厚度或直径小于 2mm 的薄、细零件的剖面,可用涂黑代替剖面线,如图 9-4 中的垫片。

第三节 装配图的视图选择和画法

绘制部件或机器的装配图时,要从有利于生产、便于读图的角度出发,恰当地选择视图。

一、装配图的视图选择

装配图的作用是表达机器或部件的工作原理、装配关系以及主要零件的结构形状。视图选择的目的是以最少的视图,完整、清晰地表达出机器或部件的装配关系和工作原理。视图选择的一般步骤为:

1. 部件分析

对要绘制的机器或部件的工作原理、装配关系及主要零件形状、零件与零件之间的相对位置、定位方式等进行深入细致的分析。

2. 确定主视图

主视图的选择应符合机器或部件的工作位置或习惯放置位置。尽可能反映该机器或部件的结构特点、工作状况及零件之间的装配、连接关系;应能明显地表示机器或部件的工作原理。主视图通常取剖视,以表达零件主要装配干线(如工作系统、传动路线)。如图 9-1 所示的主视图采用了半剖视,既明显地反映滑动轴承的结构特点,又将零件间的配合、连接关系表示得很清楚,同时也符合其工作位置。

3. 其他视图的选择

其他视图的选择应能补充主视图尚未表达或表达不够充分的部分。一般情况下,机器或部件中的每一种零件至少应在视图中出现一次。如图 9-1 中俯视图采用了拆卸画法(半剖),侧重表示轴承座、轴承盖等主体零件的外形和轴衬孔内的油槽结构。

二、装配图的画法

在考虑表达方案时,一般应先绘制装配草图,经审查修改后方可正规作图。装配图画图步骤如下:

(1) 定比例、选图幅、合理布局。画图的比例及图幅大小,应根据装配体的大小、复杂程度及所确定的表达方案而定。还要考虑尺寸标注、编注序号、明细栏等所占的位置。

视图布局通过画装配体的基准面、基准线来安排,如图 9-6(a)所示。

(2) 依次画主要零件和较大零件的轮廓，如图 9－6(b)、(c)所示。画每一零件时，均应在各视图中按各部分对应关系同时进行。

(3) 画其他零件及各零件的细节部分，如图 9－6(d)所示，按事先确定的方案画出剖视部分或其他图形。

(4) 检查所画视图，加深图线，标注尺寸，注写技术要求，编序号，填写标题栏、明细栏，完成的装配图如图 9－1 所示。

(5) 对完成的装配图进行全面校核。

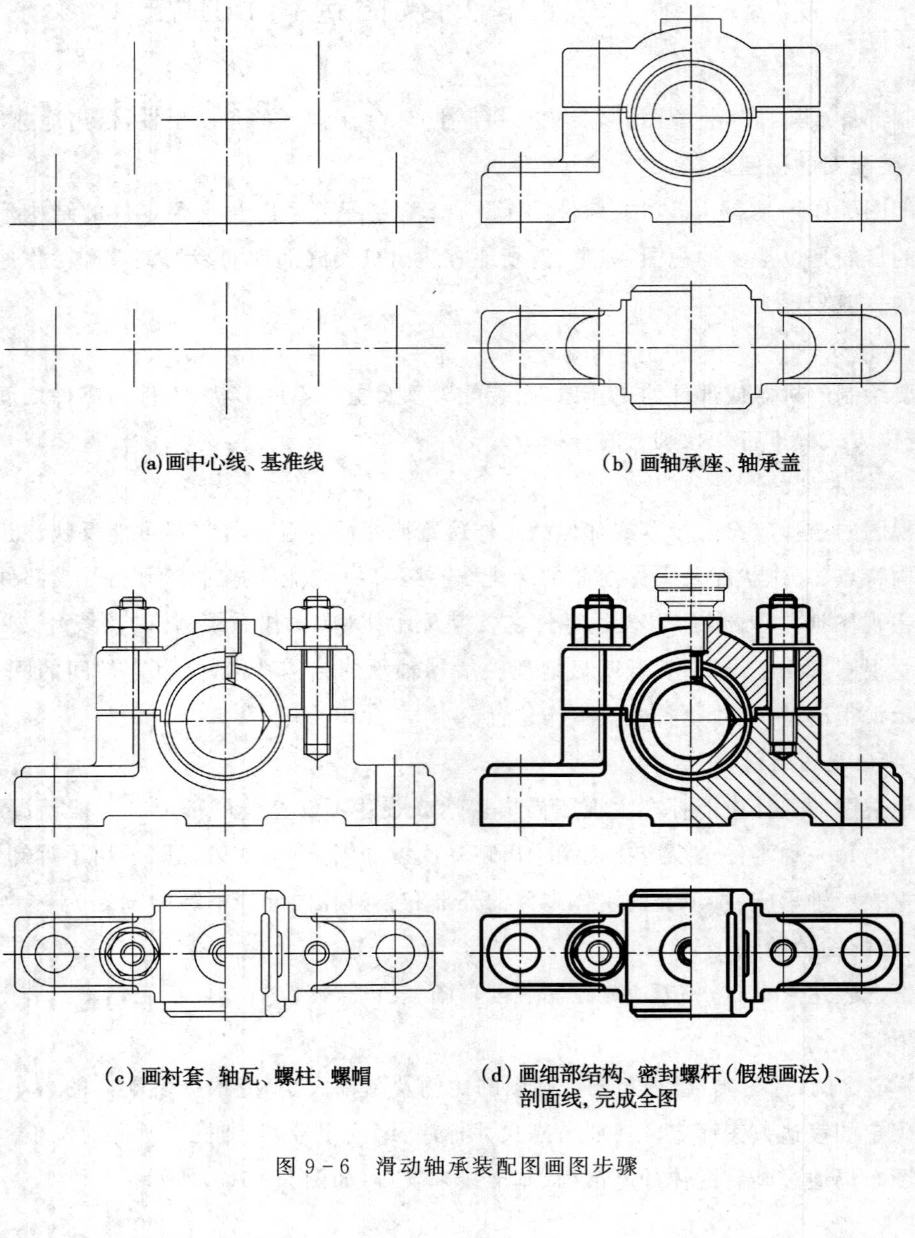

(a)画中心线、基准线

(b) 画轴承座、轴承盖

(c) 画衬套、轴瓦、螺柱、螺帽

(d) 画细部结构、密封螺杆(假想画法)、剖面线，完成全图

图 9－6　滑动轴承装配图画图步骤

第四节　装配图的尺寸标注和技术要求

一、尺寸标注

装配图应标注以下几类尺寸：

1. 性能(规格)尺寸

这类尺寸表明装配体的性能和规格大小。如图 9-1 所示轴承孔的直径ϕ35H7，它反映所支承的轴的直径大小。

2. 装配关系尺寸

这类尺寸表明装配体上相关零件之间的装配关系。

(1) 配合尺寸　如图 9-1 所示的ϕ35H7、60H7/f6。

(2) 主要轴线的定位尺寸　如图 9-1 所示ϕ35H7 孔的中心高 50。

(3) 各装配干线轴线间的距离　如图 9-23 所示两齿轮的中心距 28.76 ±0.016。

3. 安装尺寸

如图 9-1 所示轴承座上两安装孔的直径ϕ18 和两孔中心距 160。标注这类尺寸是为了将该部件安装到某机台上，对于机台来说，它是加工相同直径的孔和两孔中心距所必需的尺寸，以完成该部件在机台上的螺栓联接。

4. 总体尺寸

这类尺寸是指装配体总长、总宽、总高的尺寸。它是包装、安装所占用体积、面积设计所需要的尺寸。如滑动轴承的总长 200、总宽 60、总高 110。

5. 其他主要尺寸

这类尺寸是指设计时经过计算而确定的尺寸。如图 9-23 所示齿轮油泵装配图中根据齿轮模数(m)、齿数(z)计算出来的两齿轮的中心距 28.76±0.016；影响输入输出油的流量和压力的进、出油口的直径 G3/8。还有主要零件的某些主要结构尺寸，如图 9-1 所示联接轴承盖与轴承座的两螺柱的中心距 85。

二、技术要求

一般应注写以下几方面的内容：

(1) 在装配过程中的注意事项和装配后应满足的要求，如精度要求、润滑要求、密封要求、保证的间隙等；

(2) 检验、试验的条件和规范以及操作要求；

(3) 机器或部件的性能、规格参数，包装、运输、使用时的注意事项和涂饰等要求。

第五节　装配图的零件序号、标题栏和明细栏

为了方便看图，便于生产管理，对组成部件的所有零件（组件），应在装配图上编写序号，并在标题栏上方编制相应的明细栏（填写零件序号、名称、材料、数量等）。

一、序号编排方法

将组成部件的所有零件（包括标准件）进行统一编号。相同的零（部）件编一个序号，一般只标注一次。如图 9－1 所示的四个螺母、两个螺柱各编一个号。序号应注写在视图外明显的位置上。序号的注写形式如图 9－7 所示，其注写规定如下：

（1）序号的字号应比图上尺寸数字大 1 号，如图 9－7(a)所示或大两号，如图 9－7(b)所示。一般从被注零件的轮廓内用细实线画出指引线，在零件一端画圆点，另一端画水平细实线或细实线圆。

（2）直接将序号写在指引线附近，这时的序号应比图上尺寸数字大两号，如图 9－7(c)所示。

（3）当指引线所指零件很薄，或是涂黑的剖面而不便画圆点时，则可用箭头代替圆点，箭头直接指在该部件的轮廓线上图，如图 9－7(d)所示。

（4）画指引线不要相互交叉，不要与剖面平行，必要时允许画成一次折线，如图 9－7(e)所示。

（5）对于一组联接件，可按如图 9－7(f)所示的形式引注。

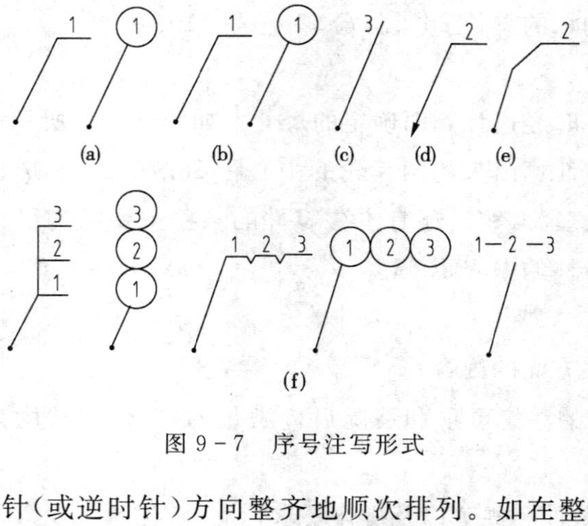

图 9－7　序号注写形式

（6）序号应按顺时针（或逆时针）方向整齐地顺次排列。如在整个图上无法连续时，可只在每个水平或垂直方向顺次排列。

（7）在编写序号时，要尽量使各序号之间距离均匀一致。

二、标题栏及明细栏

明细栏一般应绘制在标题栏上方。表格内应填写零件的编号、名称、材料、数量等内容。

明细栏的填写，应由下向上顺序填写零件编号。当标题栏上方位置不够时，可移至标题栏左边继续填写。

如图 9－8 所示格式可供学习时使用。

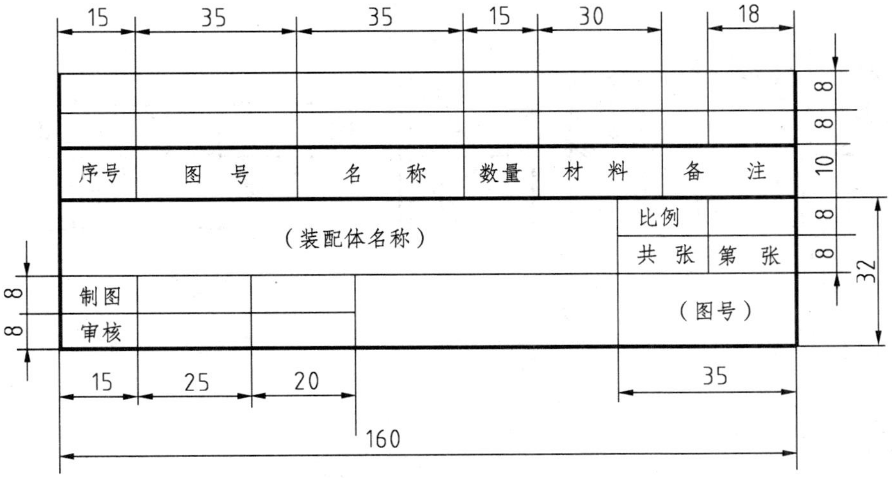

图 9－8　标题栏及明细栏格式

第六节　常见的装配结构

在设计和绘制装配图的过程中，应该考虑装配结构的合理性，以保证部件的性能要求以及零件加工和装拆的方便。下面仅就常见的装配结构问题作简要介绍。

1. 两个零件接触面的数量

两个零件接触时，在同一方向接触面一般只有一个，避免两组面同时接触，不然就要提高接触面处的尺寸精度，增加加工成本，如图 9－9 所示。

2. 两零件接触处拐角的结构

如轴与孔端面接触时，在拐角处孔边要倒角或轴根切槽，以保证两端面能紧密接触，如图 9－10 所示。

3. 密封装置的结构

在一些部件或机器中，常需要有密封装置，以防止液体外流或灰尘进入。如图 9－11 所示的密封装置是用在泵和阀上的常见结构。通常用浸油的石棉绳或橡胶作填料，拧紧压盖螺母，通过填料压盖即可将填料压紧，起到密封作用。但填料压盖与阀体端面之间必须留有一定间隙，才能保证将填料压紧，而轴与填料压盖之间应有一定的间隙，以免转动时产生磨擦。

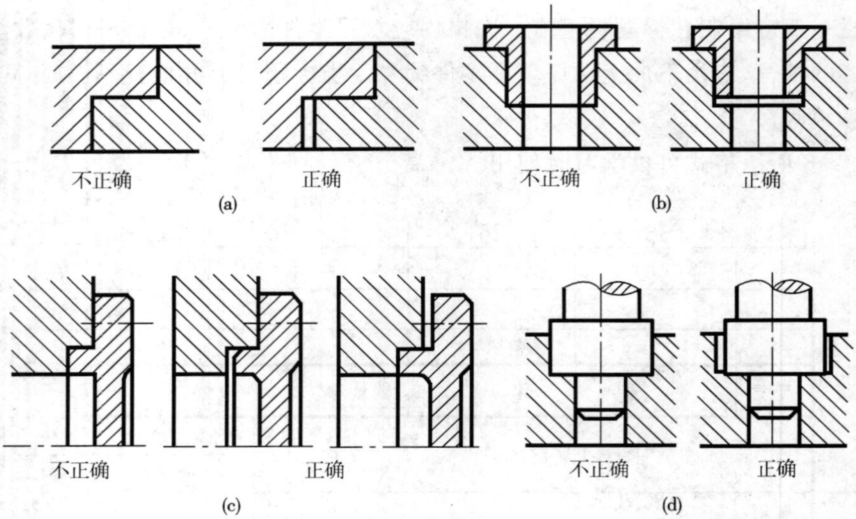

图 9-9　两零件接触面

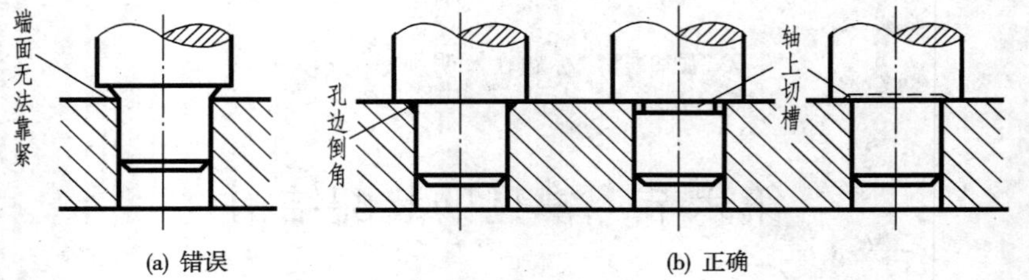

图 9-10　两零件接触面拐角处结构

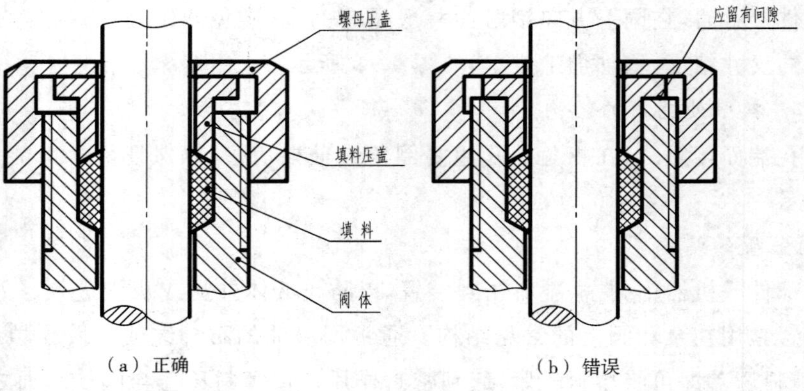

图 9-11　填料密封装置画法

4. 零件在轴向的定位结构

装在轴上的滚动轴承及齿轮等一般都要有轴向定位结构，以保证零件在轴向不产生移动。如图 9－12 所示，轴上的滚动轴承及齿轮是靠轴的台肩来定位的，齿轮的一端用螺母、垫圈来压紧，垫圈与轴肩的台阶面间应留有间隙，以便压紧。

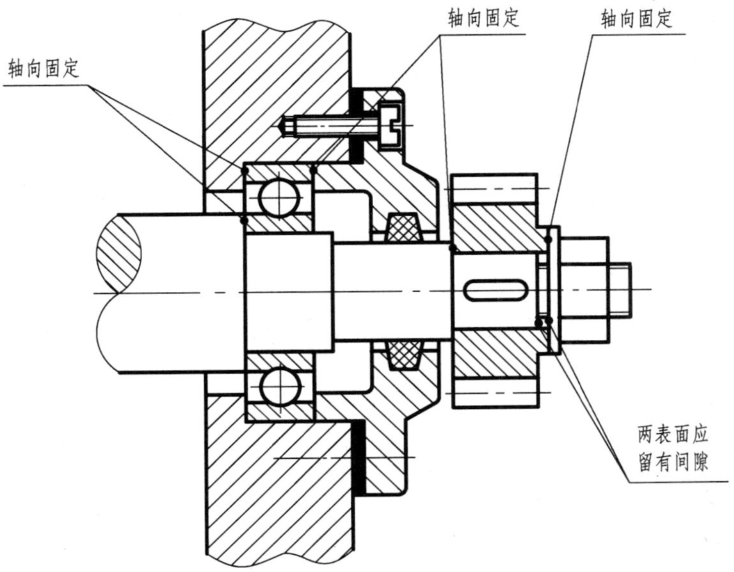

图 9－12 轴向定位结构

5. 考虑维修、安装、拆卸的方便

如图 9－13(b)、(d)所示，滚动轴承装在箱体轴承孔及轴上的情形是合理的，若设计成如图 9－13(a)、(c)所示，将无法拆卸。

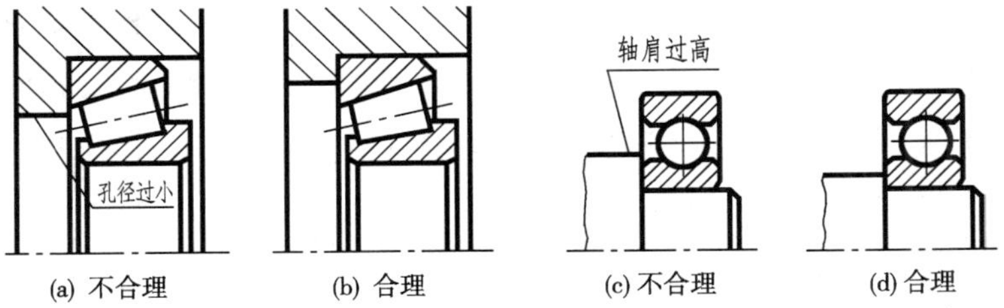

图 9－13 滚动轴承的合理安装

如图 9－14 所示，在安排螺钉位置时，应考虑扳手的空间活动范围。图9－14(a)中所留空间太小，扳手无法使用，图 9－14(b)是正确的结构形式。

如图 9－15 所示，应考虑螺钉放入时所需要的空间。图 9－15(a)中所留空间太小，螺钉无法放入，图 9－15(b)是正确的结构形式。

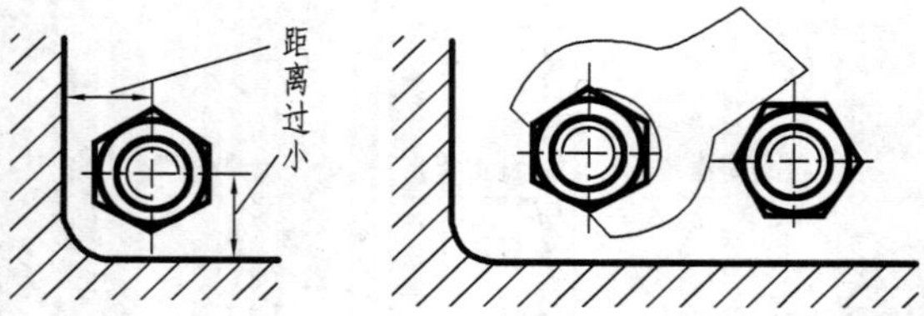

(a) 不合理　　(b) 合理

图 9－14　应考虑扳手活动范围

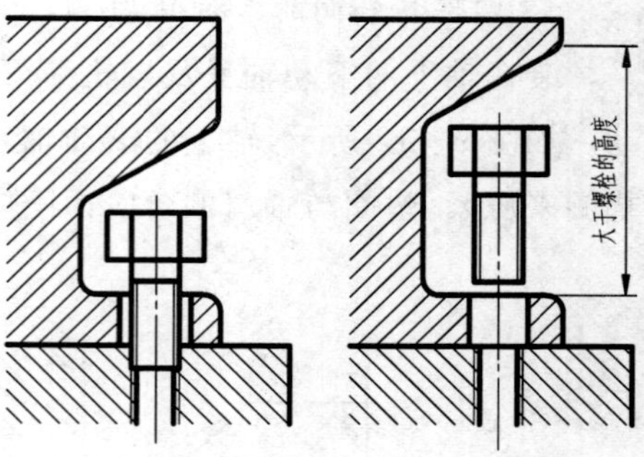

（a）正确　　（b）错误

图 9－15　应考虑拧入螺钉所需空间

第七节　装配体的测绘

根据部件实物画出零件草图，进行测量，最后整理出装配图和零件图的过程叫部件测绘。在生产中，为了仿造其他机械设备或技术改造时，在没有现成的技术资料情况下，就需要对机器或部件进行测绘，以得到有关的资料。现以机用虎钳为例，说明装配体的测绘方法和步骤。

一、分析装配体

在测绘之前，首先要对部件进行全面地了解和分析，了解其用途、性能、工作原理、结构特点以及零件之间的装配关系。

了解的方法，一是参阅有关资料、说明书或同类产品的图纸，二是经过拆卸，对部件及零件进行全面了解。

如图 9－16 所示是机用虎钳的装配轴测图。虎钳是装在机床工作台上，用来夹紧零件，以便进行加工的夹具。其工作原理是用手柄转动螺杆，螺杆带动螺母，使活动钳身沿着固定钳身作直线运动，使钳口闭合或开放，即可夹紧或卸下零件。

二、拆卸零件和画装配示意图

1. 拆卸零件

（1）在拆卸工作进行之前，应先分析，确定拆卸顺序，然后再按顺序逐个拆下。对于过盈配合的零件，原则上不拆；对过渡配合的零件，如不影响画图和测量也可不拆。

（2）将拆下的零件逐一编号，妥善保管。对于小零件如螺钉、键、销等，要防止丢失；对重要零件上的重要表面，要防止碰伤、变形、生锈，以免影响精度。

（3）对较复杂的装配体，为了便于在拆卸后重装，往往要绘制装配示意图，用以表示零件间的相对位置和配合关系，如图 9－17 所示为机用虎钳装配示意图。

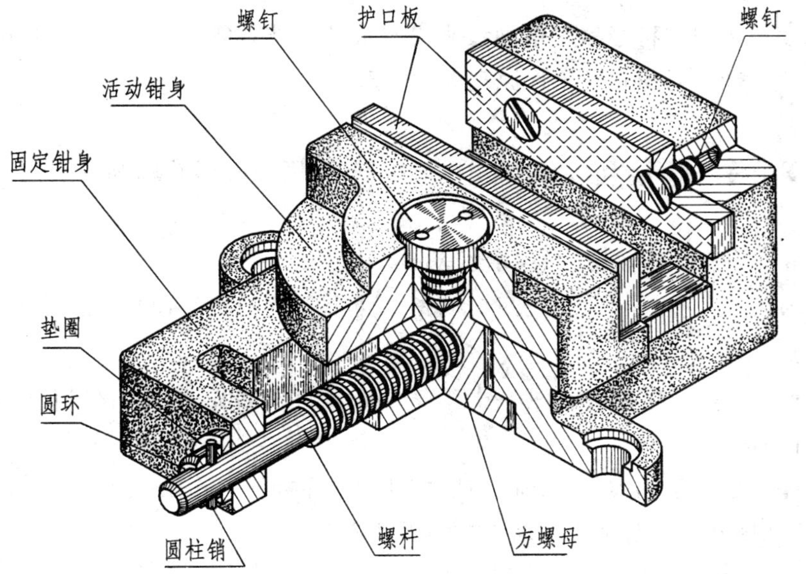

图 9-16 机用虎钳轴测图

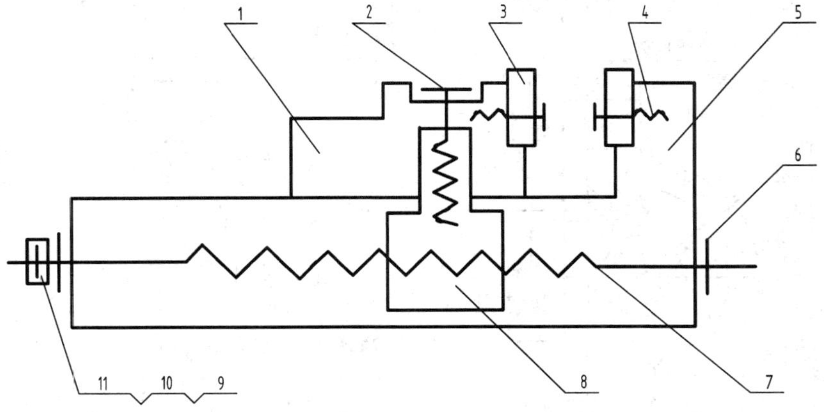

序号	名 称	数量	材 料	备 注
11	销	1	35	A4x20
10	圆环	1	Q235-A	
9	垫圈	1	Q235-A	
8	方螺母	1	Q235-A	
7	螺杆	1	45	
6	垫圈	1	Q235-A	
5	钳座	1	HT200	
4	螺钉	2	35	M8x18
3	钳口板	2	45	
2	螺钉	1	35	
1	活动钳身	1	HT200	

机用虎钳装配示意图		比例	1:1	
		数量	1	
制图		重量		材料
描图				
审核				

图 9-17 机用虎钳装配示意图

2. 画装配示意图

装配示意图是用规定符号和简单图线画出组成装配体各零件的大致轮廓，用以说明零件之间的装配关系和相对位置及工作原理等的图形，如图 9－17 所示。画装配示意图时，应注意以下几点：

(1) 示意图是将装配体假设为透明物体而绘制的，因而外形轮廓和内部构造均可反映出来。

(2) 每个零件只画大致轮廓，并用单线表示。

(3) 装配示意图一般只画一个或两个视图。两个零件的接触面要留出间隙，以区别不同零件。

(4) 装配示意图一般应编出零件序号，列表写出零件的名称、数量、材料等项目。

三、画零件草图

零件草图是画装配图和零件工作图的依据，因此，在拆卸工作结束后，对零件进行测绘，画出零件草图，如图 9－18 所示为活动钳身的零件草图。

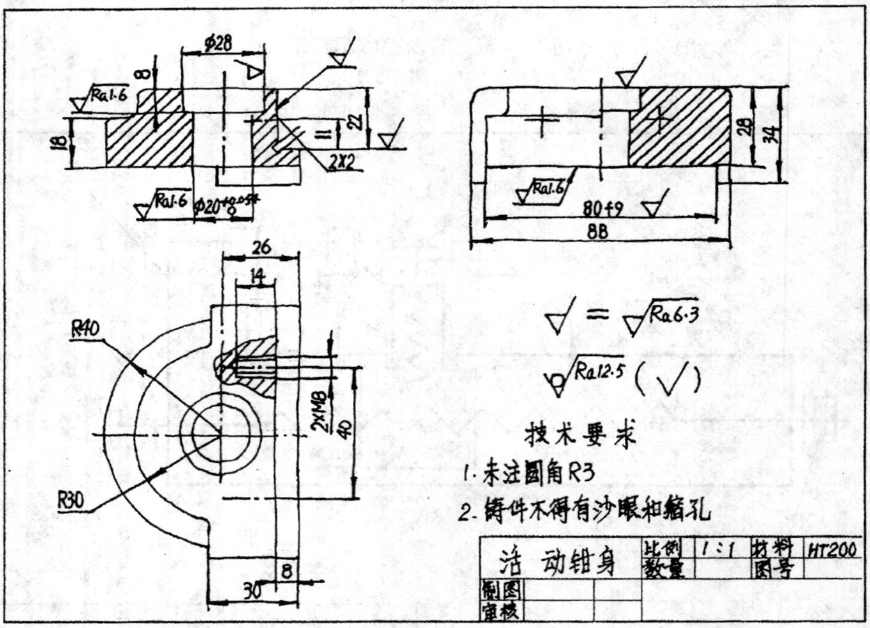

图 9－18　活动钳身零件草图

零件测绘在第九章中已详细介绍，不再赘述。在画零件草图时应注意以下几点：

(1) 标准件不画草图，但要测出其结构要素（如螺纹基本直径、螺距等）。然后查标准表，确定其标记代号，列出明细表，予以详细记录。

(2) 零件的配合尺寸的确定。应正确判定配合状况，并成对地在两零件的草图上进行标注。

(3) 零件材料的确定。一般可从外观判定材料是钢、铸铁、铸钢还是有色金属等，再根据零件的作用和工作条件，对比同类型产品选定材料的牌号。

四、画装配图

根据测绘的零件草图、标准件和装配示意图画出装配图。画装配图的方法和步骤在本章第三节中已有详细介绍。图9-19 所示为机用虎钳的装配图。

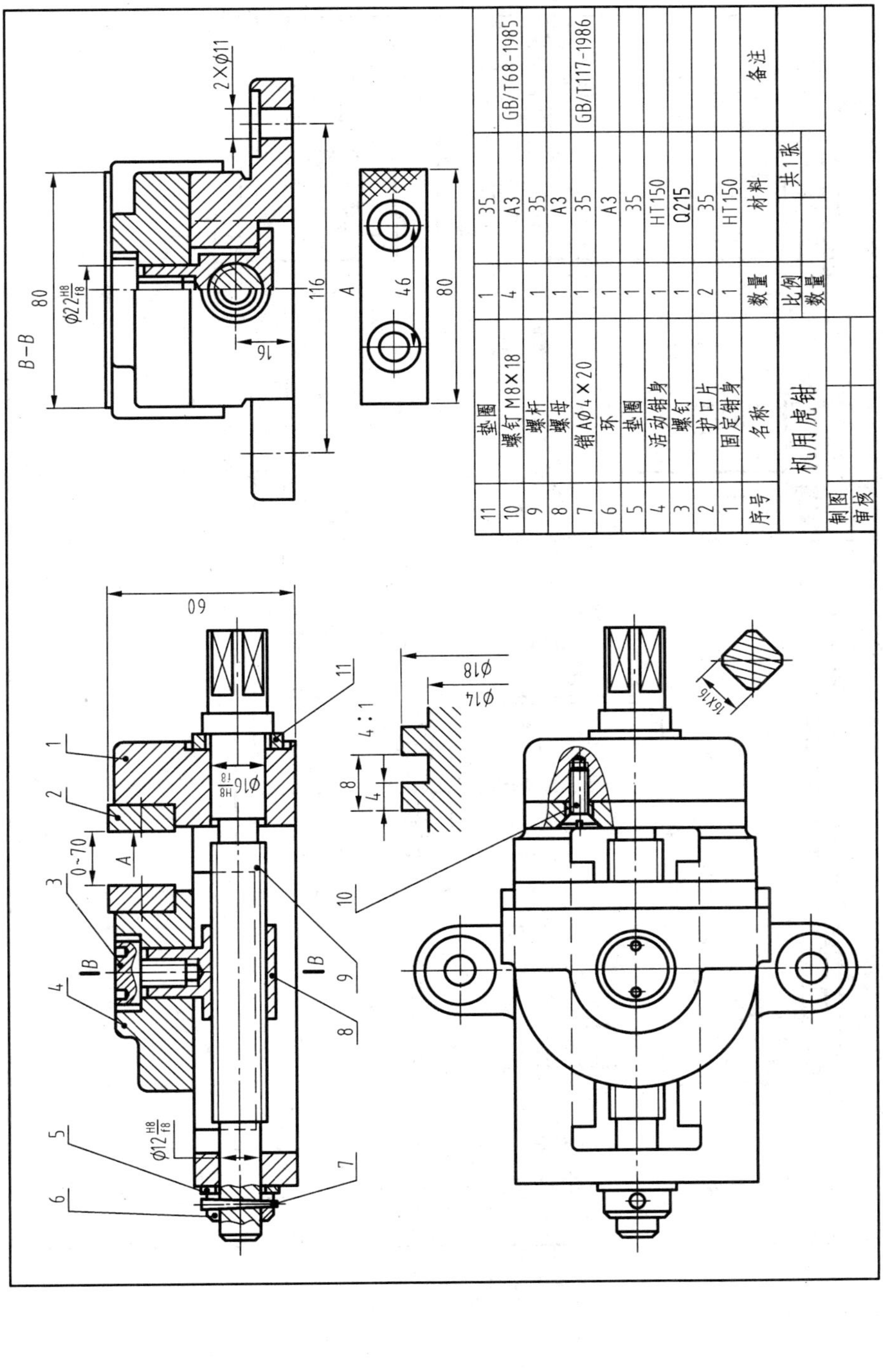

图 10-19 机用虎钳装配图

五、画零件工作图

根据装配图和零件草图，整理绘制出一套零件工作图。画零件工作图时，其视图选择不强求与零件草图或装配图的表达方案完全一致。但对画零件草图中不合理的部分都要进行认真修改。注意配合尺寸或相关尺寸应协调一致，画完后要进行检查，要求整套零件工作图和装配图中无错误。如图 9－20、如图 9－21、如图 9－22 所示为机用虎钳中的零件工作图。

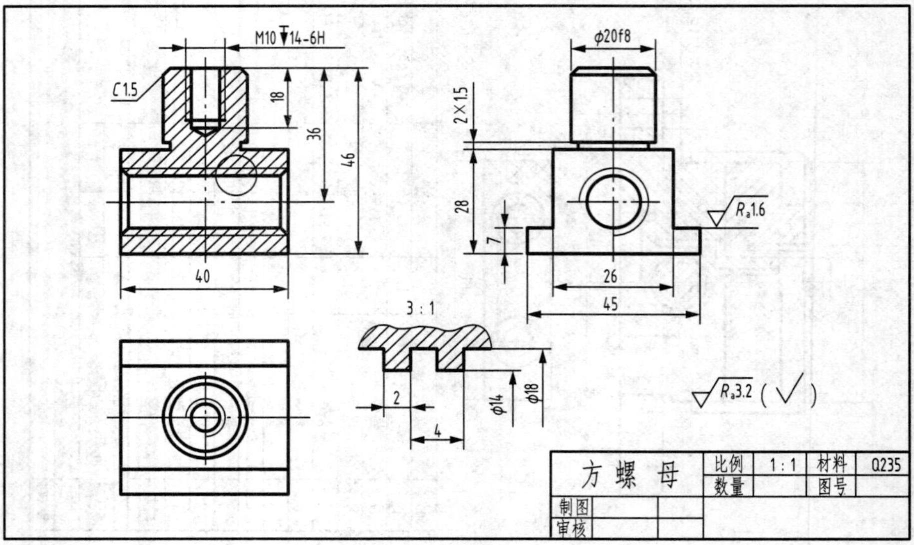

图 9－20　方螺母零件图

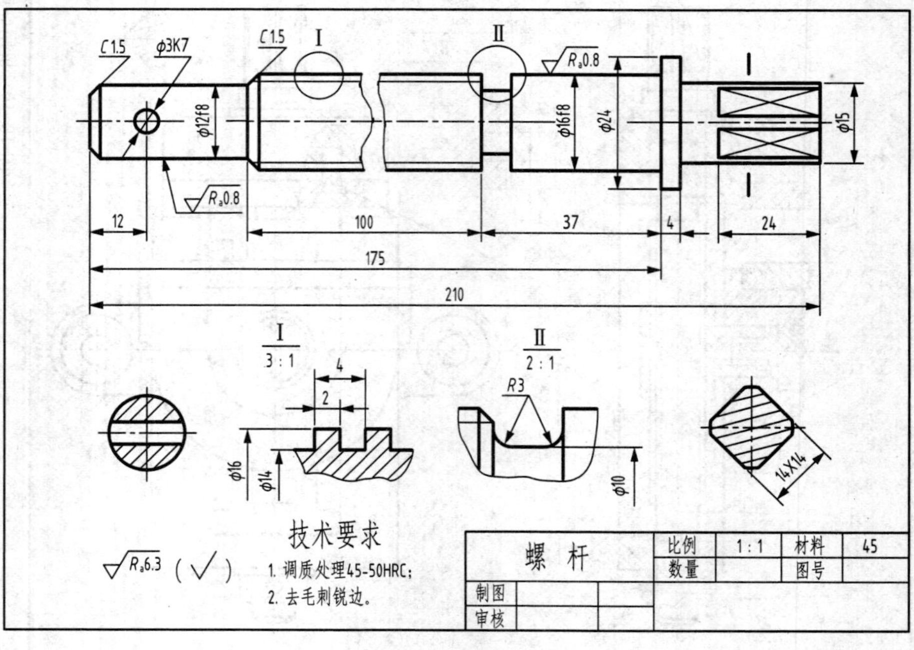

图 9－21　螺杆零件图

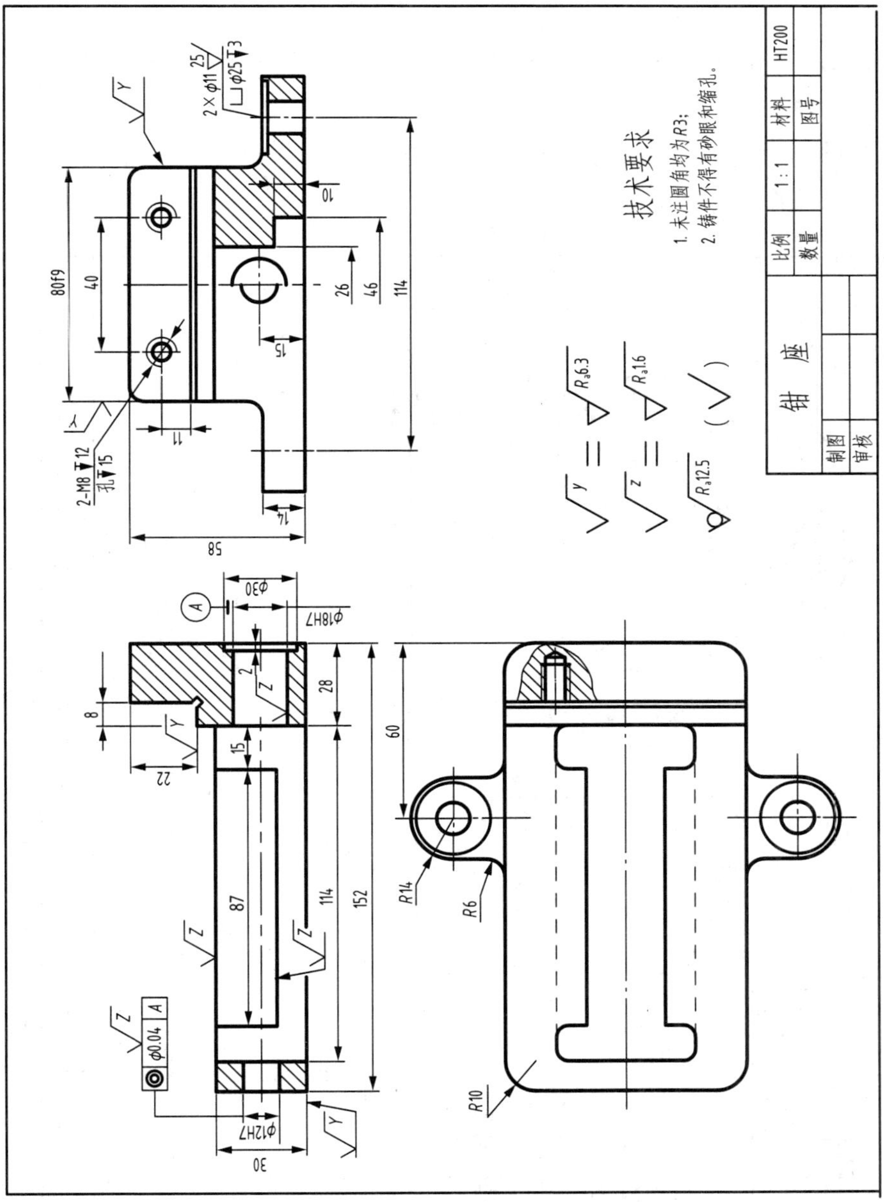

第八节 读装配图拆画零件图

在生产过程中，经常要遇到读装配图的问题。在设计时，需依据装配图设计零件并画出零件图；在装配时，需根据装配图将零件组装成部件和机器；在维修时，需参照装配图进行拆卸和重装；在技术交流时，需参阅装配图来了解机器或部件的具体情况等。因此，工程技术人员必须具备读装配图的能力。

一、读装配图的方法和步骤

读装配图的目的是了解机器或部件的性能、工作原理、装配关系和各零件的主要结构、作用以及拆装顺序等。

下面以如图 9－23 所示的齿轮油泵装配图为例，说明读装配图的一般方法和步骤。如图 9－24 所示是齿轮油泵轴测图。

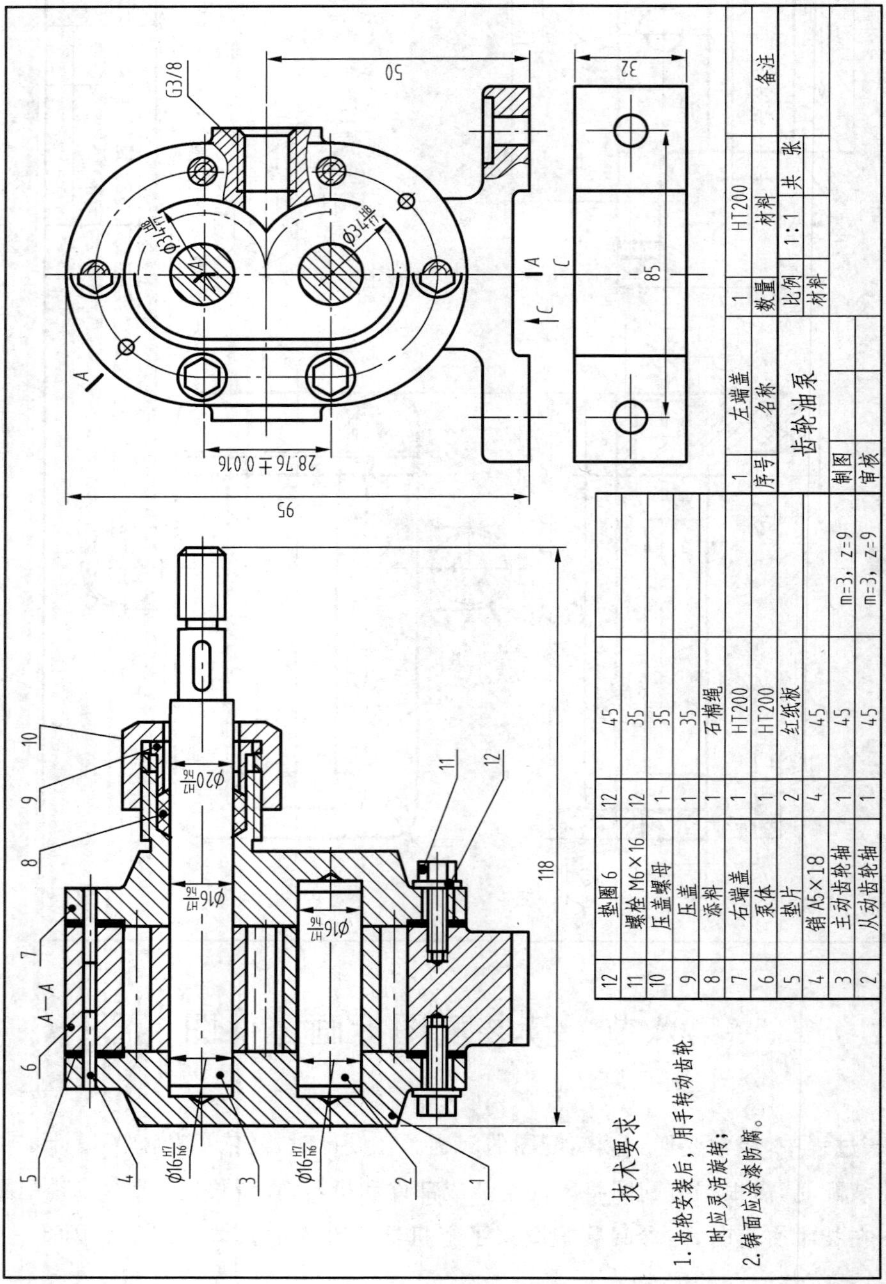

图10-23 齿轮油泵装配图

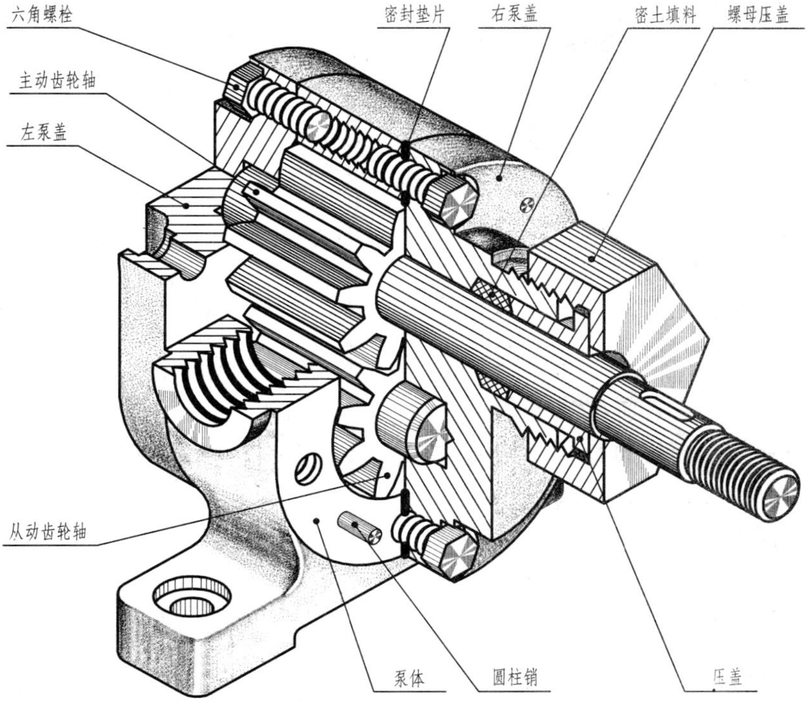

图 9-24 齿轮油泵轴测图

1. 概括了解

读装配图时，首先通过标题栏和产品说明书了解部件的名称、用途。从明细栏了解组成该部件的零件名称、数量、材料以及标准件的规格。通过对视图的浏览，了解装配图的表达情况和复杂程度。从绘图比例和外形尺寸了解部件的大小。从技术要求看该部件在装配、试验、使用时有哪些具体要求，从而对装配图的大体情况和内容有一个概括的了解。

齿轮油泵是机器润滑、供油系统中的一个部件。其体积较小，要求传动平稳，保证供油，不能有渗漏。它由十二种零件组成，其中有标准件五种。由此可知，这是一个较简单的部件。

2. 分析视图

了解各视图、剖视图、断面图的数量，各自的表达意图和它们相互之间的关系，明确视图名称、剖切位置、投射方向，为下一步深入看图作准备。

齿轮油泵装配图共选用两个基本视图。主视图采用了全剖视 A-A，它将该部件的结构特点和零件间的装配、连接关系大部分表达出来。左视图采用了半剖视图(拆卸画法)，它是沿左端盖 1 和泵体 6 的结合面剖切的，清楚地反映油泵的外部形状和齿轮的啮合情况，以及泵体与左、右端盖的连接和油泵与机体的装配方式。局部剖视则是用来表达进油口和螺栓孔的内部情况。

3. 分析传动路线和工作原理

一般可从图样上直接分析，当部件比较复杂时，需参考说明书。分析时，应从机器或部件的传动入手：当主动齿轮3按逆时针方向（从左视图上观察）转动时，带动从动齿轮轴2，从而使后者作顺时针方向转动。传动关系清楚了，就可分析出工作原理，如图9-25所示：当一对齿轮在泵体内作啮合传动时，啮合区内前边空间的压力降低而产生局部真空，油池内的油在大气压力作用下进入油泵低压区内的进油口，随着齿轮的转动，齿槽中的油不断沿箭头方向被带至后边的出油口，把油压出，送至机器中需要润滑的部位。

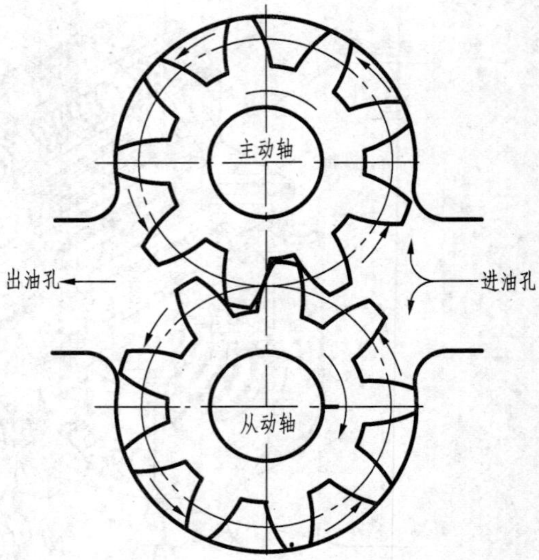

图9-25 油泵工作原理示意图

凡属泵、阀类部件都要考虑渗漏问题。为此，该泵在泵体与端盖的结合处加入了垫片5，并在齿轮轴3的伸出端用密封圈8、压盖9、压盖螺母10加以密封。

4. 分析装配关系

分析清楚零件之间的配合关系、连接方式和接触情况，能够帮助我们进一步了解为保证实现部件的功能所采取的相应措施，更加深入地了解部件。

如连接方式。从图中可以看出，它是采用四个圆柱销定位、十二个螺栓紧固的方法将两个端盖与泵体牢靠地连接在一起。

如配合关系，两轴与左、右泵盖配合是ϕ 16H7/h6，为间隙配合，它采用了间隙配合中间隙为最小的方法，以保证轴在孔中既能转动，又可减少或避免轴的径向跳动。

尺寸28.76±0.016，则反映对齿轮啮合中心距的要求。可以想像出，这个尺寸准确与否将会直接影响齿轮的传动情况。另外一些配合代号请读者自行分析。

5. 分析零件主要结构形状和用途

前面的分析是综合性的。为了深入了解部件，还应进一步分析零件的主要结构形状和用途。

分析时，应先看简单件，后看复杂件。即将标准件、常用件及一看即明的简单零件看懂后，再将其从图中“剥离”出去，然后集中精力分析剩下的为数不多的复杂零件。

分析时，应依据剖面线划定各零件的投影范围。根据同一零件的剖面线在各个视图上方向相同、间隔相等的规定，首先将复杂零件在各个视图上的投影范围及其轮廓分析清楚，进而运用形体分析法并辅以线面分析法进行仔细推敲，还可借助丁字尺，三角板、分规等帮助找投影关系。此外，分析零件主要结构形状时，还应考虑零件要采用这种结构形状的原因，以进一步分析该零件的作用。

当某些零件的结构形状在装配图上表达不够完整时，可先分析相邻零件的结构形状，根据它和周围零件的关系及其作用，再来确定该零件的结构形状就比较容易了。但有时还需参考零件图来加以分析，以弄清零件的细小结构及其作用。

6. 归纳总结

在以上分析的基础上，还要对技术要求和全部尺寸进行分析，并把部件的性能、结构、装配、操作、维修等几方面联系起来研究，进行归纳总结，这样对部件才能有一个全面的了解。

上述读图方法和步骤，是为初学者读图时理出的一个思路，彼此不能截然分开。读图时还应根据装配图的具体情况而加以选用(齿轮油泵的轴测图参见本书 171 页图 8-43)。

二、由装配图拆画零件图

在设计新机器时，通常是根据使用要求先画出装配图，确定实现其工作性能的主要结构，然后根据装配图再来画零件图。由装配图拆画零件图，简称“拆图”。拆图的过程，也是继续设计零件的过程。

1. 拆画零件图的要求

(1) 拆图前，必须认真阅读装配图，全面深入地了解设计意图，分析清楚装配关系、技术要求和各个零件的主要结构。

(2) 画图时，要从设计方面考虑零件的作用和要求，从工艺方面考虑零件的制造和装配，使所画的零件图既符合设计要求又符合生产要求。

2. 拆画零件图应注意的几个问题

(1) 完善零件结构　由于装配图主要是表达装配关系，因此对某些零件的结构形状往往表达得不够完整，在拆图时，应根据零件的功用加以补充、完善。

(2) 重新选择表达方案　装配图的视图选择是从表达装配关系和整个部件情况考虑的，因此在选择零件的表达方案时不能简单照搬，应根据零件的结构形状，按照零件图的视图选择原则重新考虑。当然，许多零件，尤其是箱体类零件的主视图方位与装配图还是一致的。对于轴套类零件，一般仍按加工位置(轴线水平放置)选取主视图。

(3) 补全工艺结构　在装配图上，零件的细小工艺结构，如倒角、倒圆、退刀槽等往往被省略。拆图时，这些结构必须补全，并加以标准化。

(4) 补齐所缺尺寸，协调相关尺寸　由于装配图上的尺寸很少，所以拆图时必须补全。装配图上已注出的尺寸，应在相关零件图上直接注出；未注的尺寸，则由装配图上按所用比例大小直接量取，数值可作适当圆整；装配图上尚未体现的，则需自行确定。

相邻零件接触面的有关尺寸和连接件的有关定位尺寸必须一致，拆图时应一并将它们注在相关零件图上。对于配合尺寸和重要的相对位置尺寸，应注出偏差数值。

(5) 确定表面粗糙度　表面粗糙度应根据零件表面的作用和要求确定。接触面与配合面的表面粗糙度数值要小些，自由表面的表面粗糙度数值要大些。但有密封、耐腐蚀、美观等要求的表面粗糙度数值则要小一些。

(6) 注写技术要求　技术要求将直接影响零件的加工质量。正确制定技术要求，涉及许多专业知识，初学者可参照同类产品的相应零件，用类比法确定。

3. 拆画零件图举例

下面以拆画如图 9-23 所示齿轮油泵装配图中的右端盖为例，介绍拆图的方法和步骤。

(1) 确定零件的结构形状　根据图 9-23 零件序号 7 和剖面符号看出，右端盖的投影轮廓分明，左连接板、中支承板、右空心凸缘的结构也比清楚，但连接板、支承板的端面形状不明确，而左视图上又没有直接表达，需仔细分析确定。

从主视图上看，左、右端盖的销孔、螺孔均与泵体贯通。从左视图上看，销孔、螺孔的分布情况很清楚，而两个端盖上的连接板、支承板的内部结构和它们所起的作用又完全相同，据此，可确定右端盖的端面形状与左端盖的端面形状完全一样。

(2) 选择表达方案　经过分析、比较确定，主视图的投射方向应与装配图一致。它既符合该零件的安装位置、工作位置和加工位置，又突出了零件的结构形状特征。主视图也采用全剖视，既可将三个组成部分的外部结构及其相对位置反映出来，又可将其内部结构，如阶梯孔、销孔、螺孔等表达得很清楚。那么，该零件的端面形状怎样表达呢？

总的来看，选左视图或右视图均可。如选右视图，其优点是避免了虚线，但视图位置发生了变化，不便与装配图对照；若选左视图，长圆形支承板的投影轮廓则为虚线，但可省略几个没必要画出的圆，使图形更显清晰，制图更为简便，同时也便于和装配图对照，故左视图也应与装配图一致。

(3) 尺寸标注　除了标注装配图上已给出的尺寸和可直接从装配图上量取的一般尺寸外，还应确定以下几种特殊尺寸：

① 根据 M6 查表确定了螺栓孔的尺寸，即 6×ϕ6.6；又确定了细牙普通螺纹 M27×1.5 的尺寸。

② 查表确定了退刀槽的尺寸ϕ24.7。

③ 为了保证圆柱销定位的准确性，确定销孔应与泵体同钻铰。

④ 确定了螺孔、销孔的定位尺寸 $R22$ 和 45°，该尺寸则必须与左端盖和泵体上的相关尺寸协调一致。

(4) 确定表面粗糙度　有钻铰的孔和有相对运动的孔的表面粗糙度数值要小，故给出的 R_a 分别为 0.8 和 1.6；其他表面的表面粗糙度则是按常规给出的。

(5) 技术要求　参考有关同类产品的资料，注写了技术要求，并根据装配图上给出的公差带代号查出了相应的公差值。

如图 9-26 所示为齿轮油泵中右端盖的零件图。

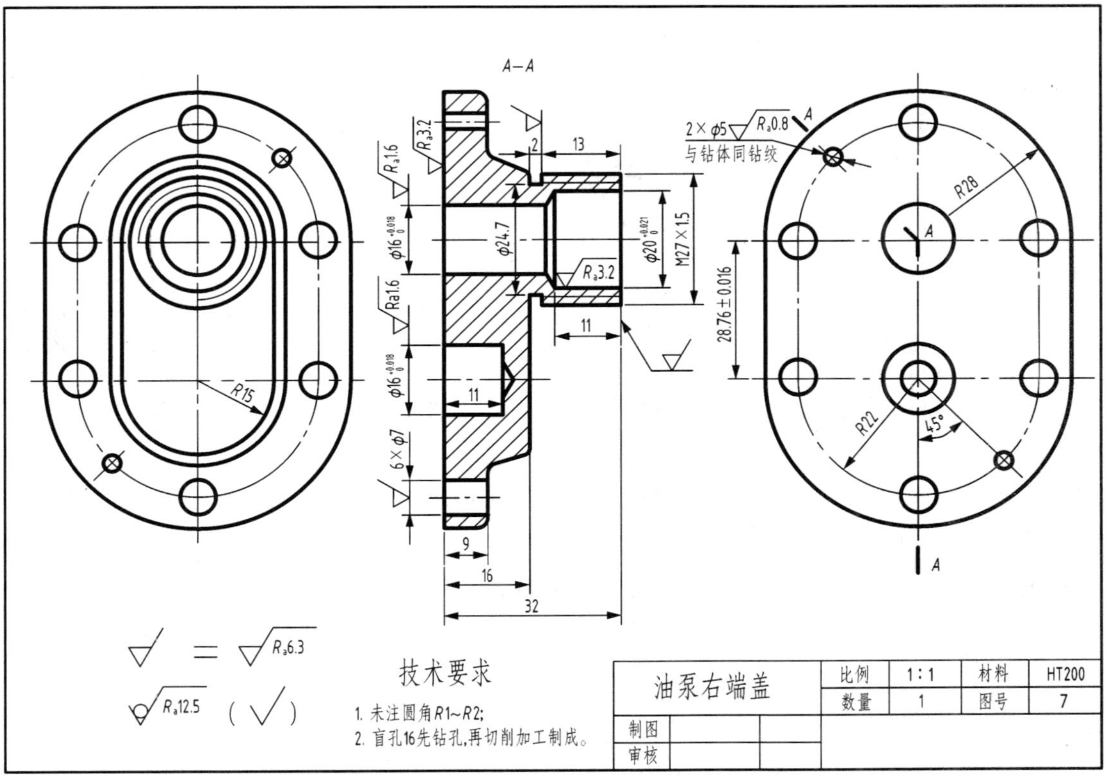
A—A
2×φ5 与钻体同钻绞
Ra0.8
Ra3.2
Ra1.6
R28
R22
R15
45°
13
2
11
9
16
32
φ24.7
φ20 +0.021 0
M27×1.5
φ16 +0.018 0
6×φ7
28.76±0.016
A
技术要求
1. 未注圆角R1～R2;
2. 盲孔16先钻孔,再切削加工制成。
Ra6.3
Ra12.5
油泵右端盖
比例 1:1
材料 HT200
数量 1
图号 7
制图
审核

图 9-26　右端盖零件图

第十章 表面展开图

将物体的表面按照它们的实际形状和大小，依次摊平在一个平面上，称为表面展开。展开后所绘制的平面图形称为表面展开图。

表面展开图在电力、化工、冶金、石油等设备制造、安装中有着广泛的应用。这些设备中很多都是由金属板件制成的零件，如图 10-1 所示的金属簿板制件。这些零件的制造一般都是根据展开图下料、弯曲成型、最后焊接或铆接而成。

本章讨论一些常见立体表面展开图的画法。

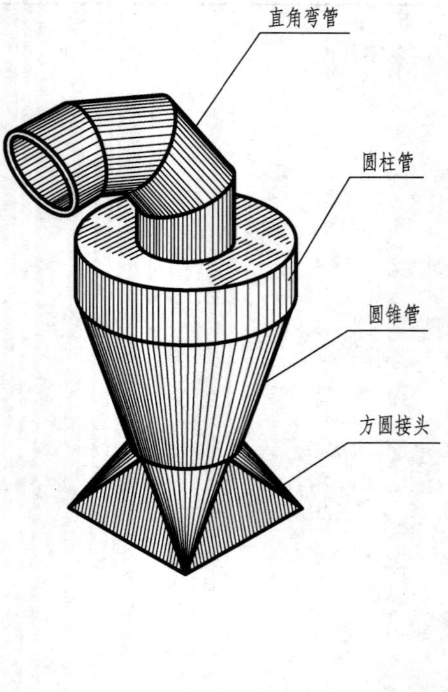

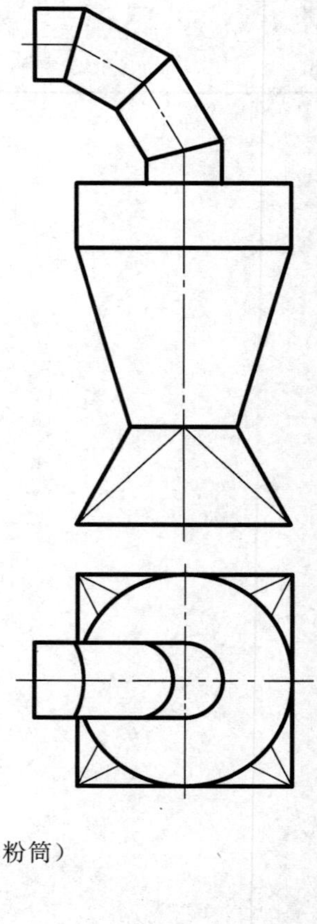

图 10-1　金属簿板制件(集粉筒)

第一节　平面立体的表面展开

平面立体的表面都是平面多边形。将平面立体各表面的实形求出后，将其依次摊平在一个平面上，即可得到平面立体的表面展开图。

一、棱柱表面的展开

如图 10－2 所示为斜口四棱柱管。由于围成的四个表面(即棱面)平行于正面和侧面，因此正面投影和侧面投影均反映该表面的实形，由此可直接度量棱柱各边长，画出展开图。

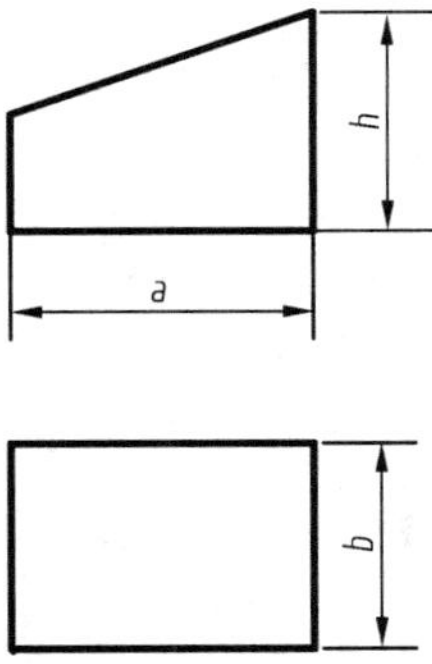

(a) 投影图

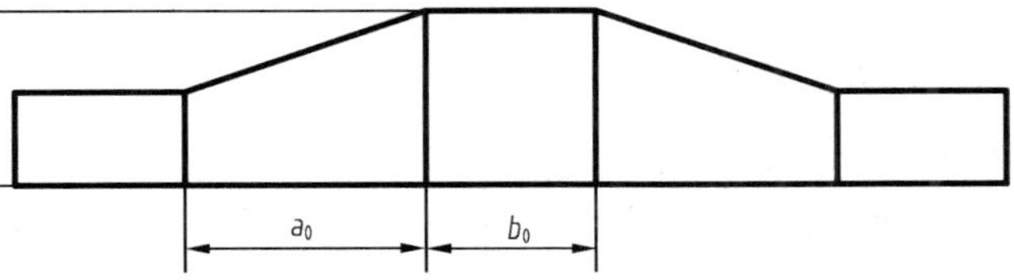

(b) 展开图

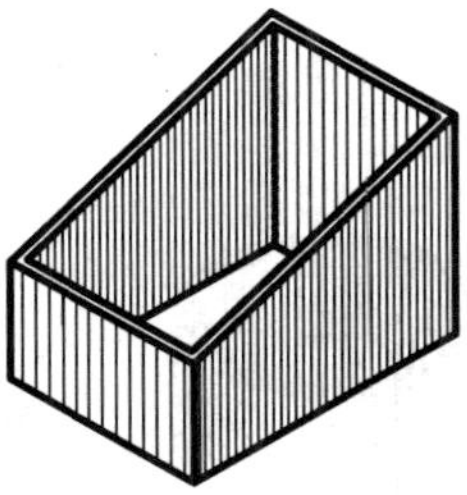

(c) 轴测图

图 10－2　斜口四棱柱管的表面展开

二、棱锥表面的展开

如图 10－3 所示为四棱锥管的展开图。

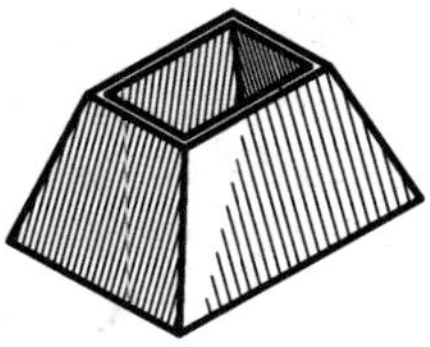

(a) 轴测图

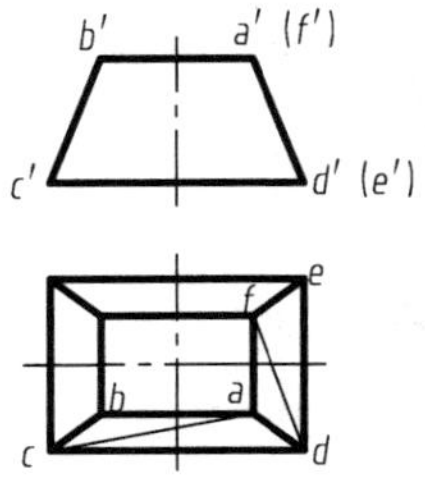

(b) 投影图

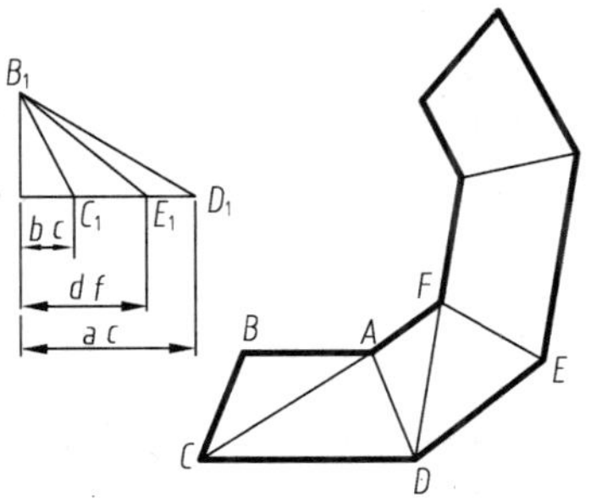

(c) 展开图

图 10－3　四棱锥管的表面展开

从图 10-3 中可以看到，四棱锥管是由四个等腰梯形平面围成。而这四个梯形平面在投影图上均不反映实形。为了作出它们的展开图，必须先求出四个等腰梯形平面的实形。为此，可将各个梯形平面都用对角线分成两个三角形，求出这些三角形各边的实长，则可依次画出各个三角形的实形，即得到展开图。求三角形各边实长的方法可利用直角三角形法求出。

第二节　回转立体的表面展开

一、圆柱表面的展开

1. 圆柱管表面的展开

圆柱管的展开图为一矩形。展开图的长度等于圆柱管的周长 πD（D 为圆柱管直径），展开图的高度等于管高 H，通过计算即可画出圆柱管的展开图，如图 10-4 所示。

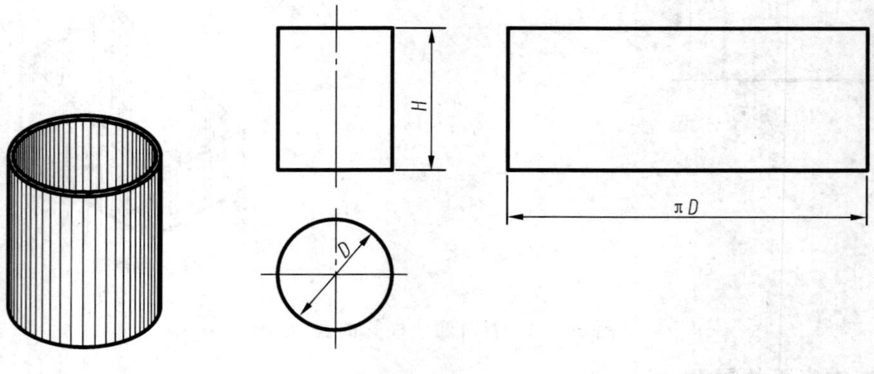

(a) 轴测图　　(b) 投影图　　(c) 展开图

图 10-4　圆柱管的表面展开

2. 斜口圆柱管的展开

斜口圆柱管表面上的各条素线长短不等，但这些素线在主视图上都能反映实长，可利用各条素线实长将管面展开，如图 10-5 所示。

作法：

(1) 将水平投影的圆周分为若干等分（图中为 12 等分），并在正面投影上将各等分点的素线画出。

(2) 在展开图长边（πD）上分成相同等分（12 等分）。

(3) 在各个等分点上画出该点的素线实长。

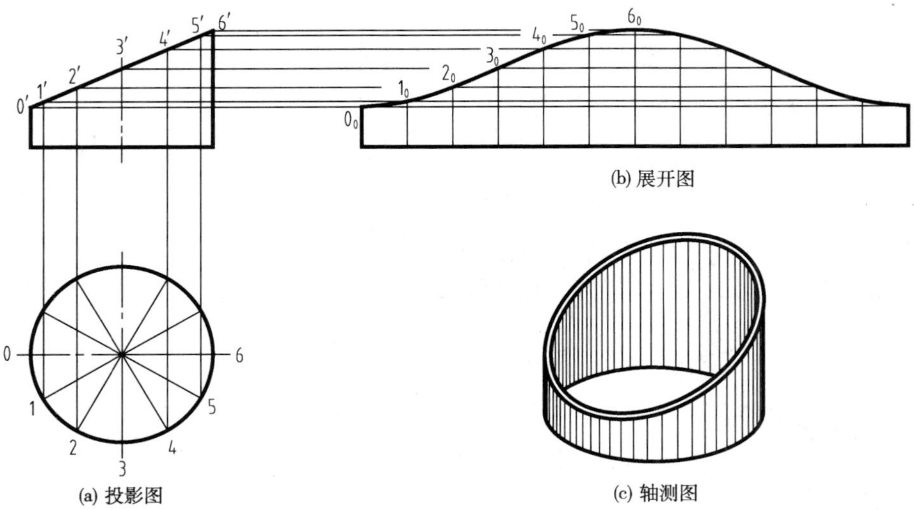

(a) 投影图　(b) 展开图　(c) 轴测图

图 10－5　斜口圆柱管的表面展开

（4）用曲线光滑地连接各素线的上端点，即得斜口圆柱管的展开图。

3．三通管的展开

如图 10－6 所示为异径三通管的展开图。画展开图时以相贯线为界分成两个圆柱管面Ⅰ和Ⅱ。圆柱管面Ⅰ的素线长度沿相贯线变化，正面投影均反映素线实长，作展开图的方法与斜口圆柱管的方法相同。圆柱管面Ⅱ展开时需将相贯线范围中的部分截去，因此需作出相贯线的展开图。在圆柱管面Ⅱ展开图对应的素线上，找出相贯线上对应点的位置，最后用曲线依次光滑连接各对应点而成，如图 10－6 中圆柱管面Ⅱ的展开图（只画了一半）。

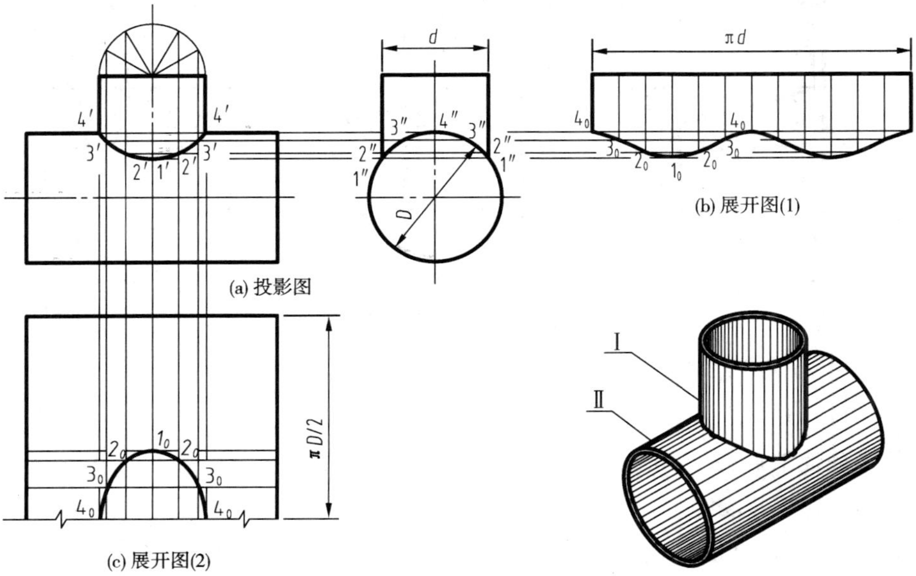

(a) 投影图　(b) 展开图(1)　(c) 展开图(2)

图 10－6　异径三通管的表面展开

4. 直角弯管的展开

工程中经常要用到弯管，但弯管上的环形面是不可展开的曲面，因此用金属簿板制造弯管时是用几段斜口圆柱管焊接在一起代替弯管使用，如图 10－7(a)所示是 4 段斜口圆柱管焊接在一起形成直角弯管的情形，所以画弯管展开图的方法与斜口圆柱管相同。

由于弯管各节圆柱管的斜口与轴线的倾角 α 相同，如果把各节圆柱管一正一反依次叠合在一起，恰恰构成一个完整的圆柱管，如图 10－7(c)所示，所以画直角弯管的展开图可以拼合画图，这样可使作图简便，用料合理，下料也方便，如图 10－7(d)所示。

(a) 轴测图

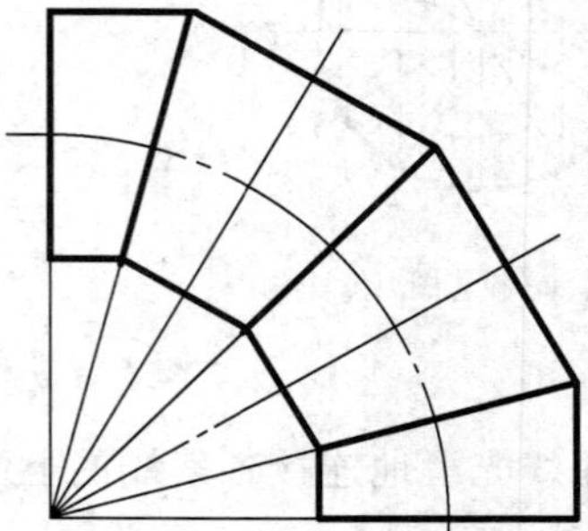

(b) 投影图

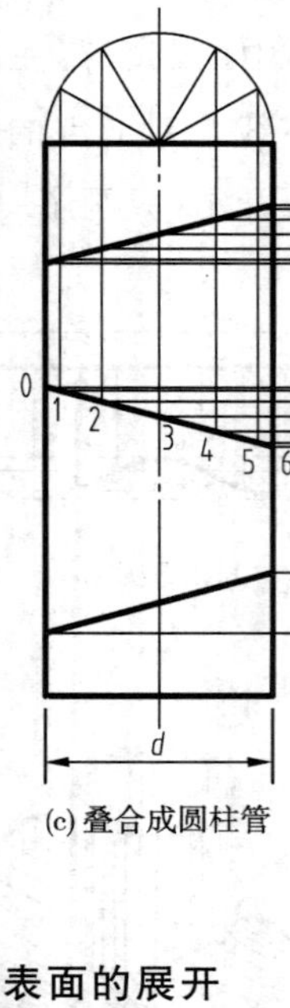

(c) 叠合成圆柱管

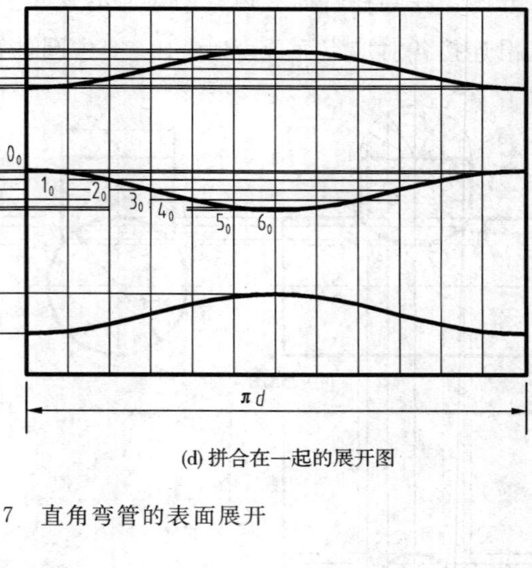

(d) 拼合在一起的展开图

图 10－7　直角弯管的表面展开

二、圆锥表面的展开

1. 正圆锥表面的展开

正圆锥表面的展开图是扇形。扇形半径等于圆锥素线长度 l，弧长等于圆锥底圆的周长，扇形角 $\alpha=180°\dfrac{D}{l}$，如图 10－8(a)所示。

画正圆锥表面的展开图时，也可以将圆锥表面划分为若干个相等的等腰三角形平面，求得等腰三角形实形后，依次摊平即得圆锥表面展开图，如图 10－8(b)所示。

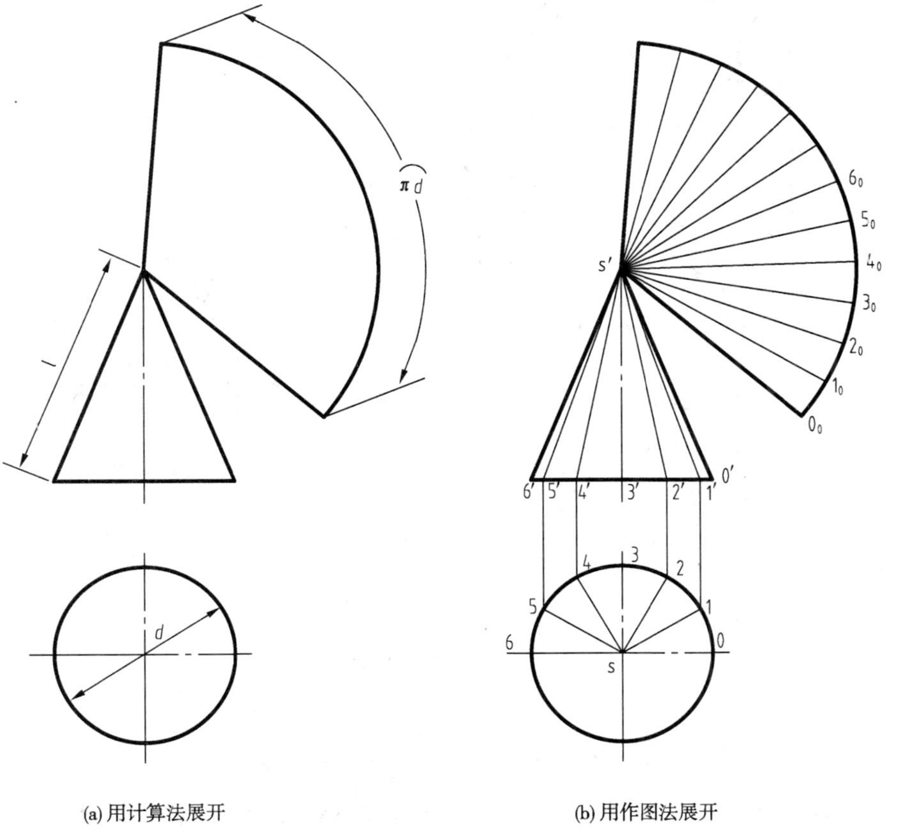

图 10－8 正圆锥的表面展开

2. 斜口圆锥管的表面展开

如图 10－9(a)所示，斜口圆锥管可看成是圆锥被平面斜切去锥顶部分形成。作斜口圆锥管的展开图，可先画好圆锥表面的展开图，再从展开图中相应的素线上截去锥顶部分的素线，然后用曲线光滑连接各素线的端点，即得到斜口圆锥管的表面展开图。

由于投影图中有的素线不反映实长，求素线实长的方法除了用直角三角形法之外，还可以采用旋转法，如图 10－9(b)所示。

作法：

(1) 先作出完整的圆锥表面展开图。

(2) 将扇形圆弧分成与圆锥底圆相同的等分(本图中分为八等分)。

(3) 用旋转法求得斜口圆锥管素线的实长，在圆锥展开图中相应素线上量得斜口在素线上的各点。

(4) 用曲线光滑连接素线上的各点，即得到斜口圆锥管的展开图。

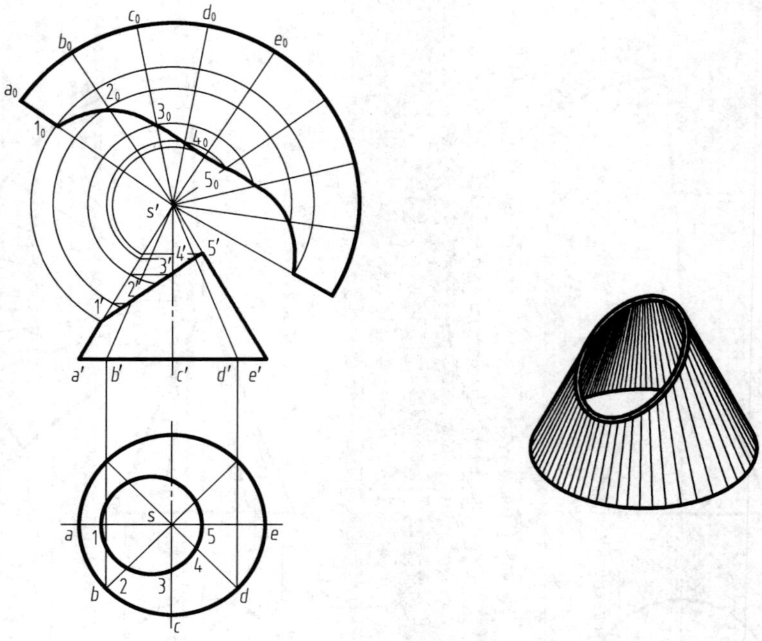

图 10－9 斜口圆锥管的表面展开

三、方圆接头的展开

如图 10－10(c)所示是上圆下方的方圆接头，它的表面是由四个全等的等腰三角形和四个相同的部分斜圆锥面组成。画展开图时，由于等腰三角形的底边在水平投影上反映实长，但两腰为一般位置线，需求出实长后，才能完成等腰三角形的实形。对于四个相同的部分斜圆锥面，可看成由几个三角形平面组成，求得三角形各边的实长将其展开成平面，依次和等腰三角形拼合形成方圆接头的展开图，如图 10－10(b)所示。

作法：

(1) 用直角三角形法(或旋转法)求得等腰三角形腰边 L 和部分圆锥面素线 M 的实长。

(2) 在展开图中取等腰三角形的底边 AB，分别以 A、B 为圆心，L 为半径画圆弧交于 4_0 点，用直线连接后得 $AB4_0$ 等腰三角形(实形)。再以 4_0 点和 A 点为圆心，分别以水平投影中 $\overset{\frown}{43}$ 和 M 为半径画弧交于 3_0 点，连接后得到部分圆锥面上的三角形 $A4_03_0$。用同样的方法依次作出部分圆锥面上的其他的三角形平面 $A3_02_0$、$A2_01_0$。

(3) 光滑地连 $1_0\,2_0\,3_0\,4_0$ 即得到方圆接头上圆孔的展开图。

(4) 用同样的方法作出其他部分的展开图，将其组合在一起即得到方圆接头的完整的表面展开图，如图 10－10(b)所示。

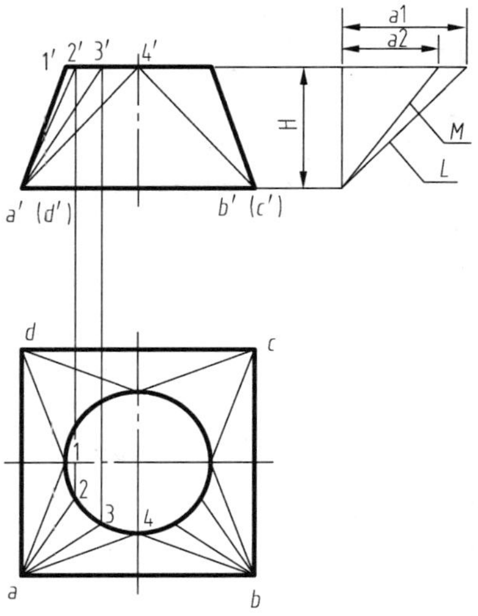

(a) 投影图

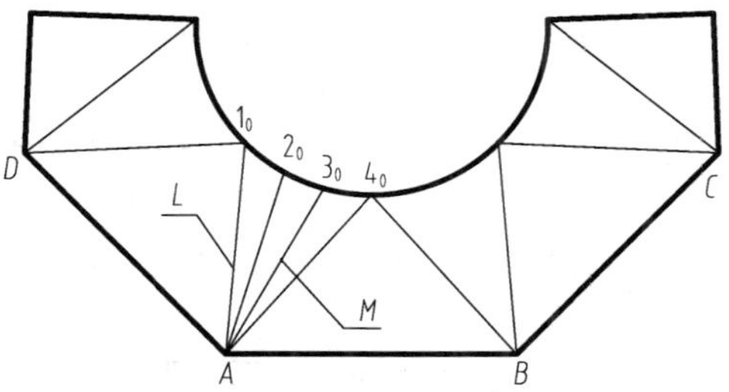

(b) 展开图

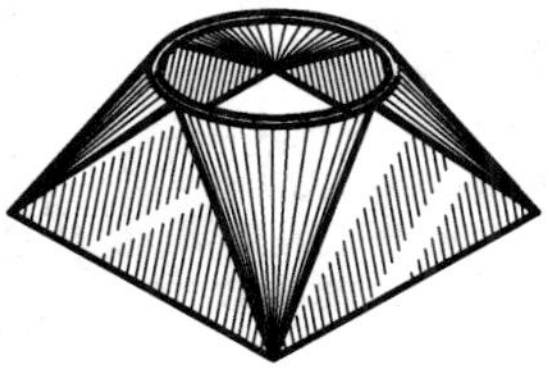

(c) 轴测图

图 10－10　方圆接头的表面展开

附　录

附表 1　普通螺纹直径与螺距(摘自 GB/T 196～197－1981)　　(mm)

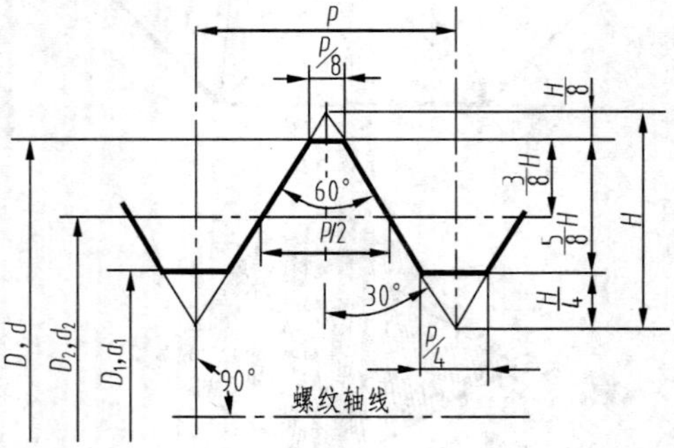

D—内螺纹基本大径

d—外螺纹基本大径

D_2—内螺纹基本中径

d_2—外螺纹基本中径

D_1—内螺纹基本小径

d_1—外螺纹基本小径

P—螺距

标记示例：

M10－6g(粗牙普通外螺纹、公称直径 d＝10、右旋、基本中径及基本大径公差带均为 6g、中等旋合长度)；

M10×1LH－6H(细牙普通内螺纹、公称直径 D＝10、螺距 P＝1、左旋、基本中径及基本小径公差带均为 6H、中等旋合长度)。

公称直径 D、d			螺距 P		粗牙螺纹
第一系列	第二系列	第三系列	粗牙	细　牙	基本小径 D_1、d_1
4	—	—	0.7	0.5	3.242
5	—	—	0.8		4.134
6	—	—	1	0.75、(0.5)	4.917
—	—	7			5.917
8	—	—	1.25	1、0.75、(0.5)	6.647
10	—	—	1.5	1.25、1、0.75、(0.5)	8.376
12	—	—	1.75	1.5、1.25、1、(0.75)、(0.5)	10.106
—	14	—	2		11.835
—	—	15		1.5、(1)	＊13.376
16	—	—	2	1.5、1、(0.75)、(0.5)	13.835
—	18	—	2.5	2、1.5、1、(0.75)、(0.5)	15.294
20	—	—			17.294
—	22	—			19.294
24	—	—	3	2、1.5、1、(0.75)	20.752
—	—	25	—	2、1.5、(1)	＊22.835
—	27	—	3	2、1.5、1、(0.75)	23.752
30	—	—	3.5	(3)、2、1.5、1、(0.75)	26.211
—	33	—		(3)、2、1.5、(1)、(0.75)	29.211
—	—	35	—	1.5	＊33.376
36	—	—	4	3、2、1.5、(1)	31.670
—	39	—			34.670

注：1. 优先选用第一系列，其次是第二系列，第三系列尽可能不用。

2. 括号内尺寸尽可能不用。

3. M14×1.25 仅用于火花塞；M35×1.5 仅用于滚动轴承锁紧螺母。

4. 带＊号的为细牙参数，是对应于第一种细牙螺距的基本小径尺寸。

附表 2　梯形螺纹(摘自 GB/T 5796.1～5796.4－1986)　　(mm)

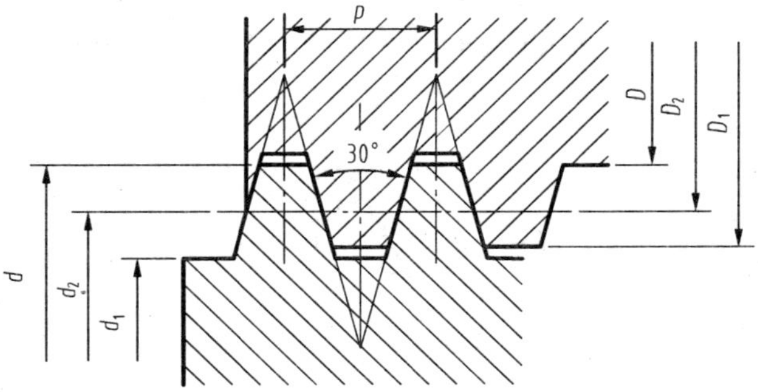

d—外螺纹基本大径(公称直径)
d_1—外螺纹基本小径
D—内螺纹基本大径
D_1—内螺纹基本小径
d_2—外螺纹基本中径
D_2—内螺纹基本中径
P—螺距
a_c—牙顶间隙

标记示例:

Tr40×7—7H(单线梯形内螺纹、公称直径 $D=40$、螺距 $P=7$、右旋、基本中径公差带为 7H、中等旋合长度);

Tr60×18(P9)LH—8e—L(双线梯形外螺纹、公称直径 $d=60$、导程 $s=18$、螺距 $P=9$、左旋、基本中径公差带为 8e、长旋合长度)。

梯 形 螺 纹 的 基 本 尺 寸

d 公称系列		螺距 P	基本中径 $d_2=D_2$	基本大径 D	基本小径		d 公称系列		螺距 P	基本中径 $d_2=D_2$	基本大径 D	基本小径	
第一系列	第二系列				d_1	D_1	第一系列	第二系列				d_1	D_1
8	—	1.5	7.25	8.3	6.2	6.5	32	—	6	29.0	33	25	26
—	9	2	8.0	9.5	6.5	7	—	34		31.0	35	27	28
10	—		9.0	10.5	7.5	8	36	—		33.0	37	29	30
—	11		10.0	11.5	8.5	9	—	38	7	34.5	39	30	31
12	—	3	10.5	12.5	8.5	9	40	—		36.5	41	32	33
—	14		12.5	14.5	10.5	11	—	42		38.5	43	34	35
16	—	4	14.0	16.5	11.5	12	44	—		40.5	45	36	37
—	18		16.0	18.5	13.5	14	—	46	8	42.0	47	37	38
20	—		18.0	20.5	15.5	16	48	—		44.0	49	39	40
—	22	5	19.5	22.5	16.5	17	—	50		46.0	51	41	42
24	—		21.5	24.5	18.5	19	52	—		48.0	53	43	44
—	26		23.5	26.5	20.5	21	—	55	9	50.5	56	45	46
28	—		25.5	28.5	22.5	23	60	—		55.5	61	50	51
—	30	6	27.0	31.0	23.0	24	—	65	10	60.0	66	54	55

注:1. 优先选用第一系列的直径。

2. 表中所列的螺距和直径,是优先选择的螺距及与之对应的直径。

附表 3 管螺纹

用螺纹密封的管螺纹

(摘自 CB/T 7306 - 1987)

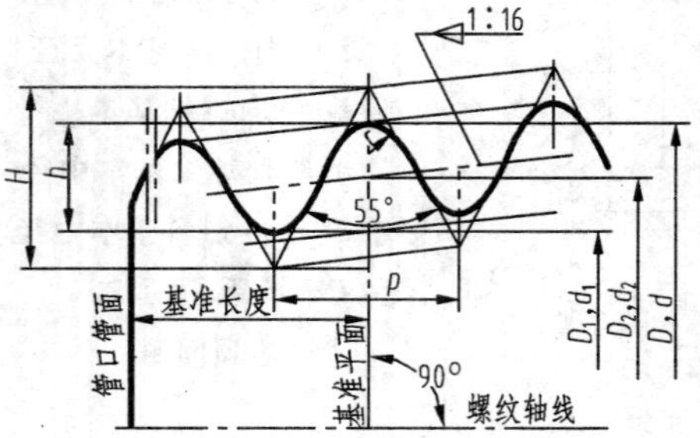

非螺纹密封的管螺纹

(摘自 CB/T 7307 - 1987)

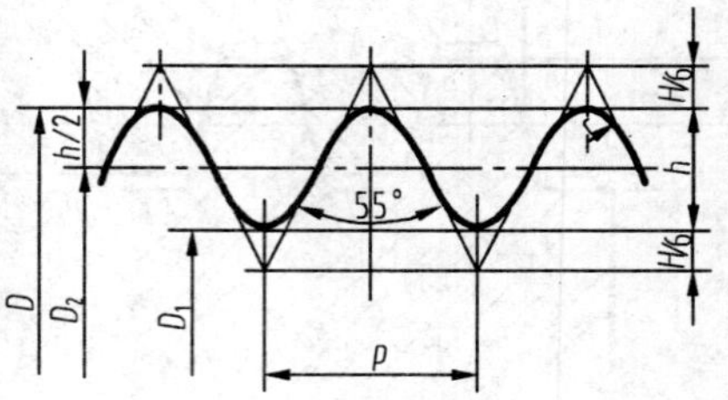

标记示例：

R1/2(尺寸代号 1/2,右旋圆锥外螺纹)；

R_c1/2 - LH(尺寸代号 1/2,左旋圆锥内螺纹)；

R_P1/2(尺寸代号 1/2,右旋圆柱内螺纹)。

标记示例：

G1/2 - LH(尺寸代号 1/2,左旋内螺纹)；

G1/2A(尺寸代号 1/2,A 级右旋外螺纹)；

G1/2 - LH(尺寸代号 1/2,B 级左旋外螺纹)。

尺寸代号	基面上的直径(GB/T7306) 基本直径(GB/T7307)			螺距 P /mm	牙高 h /mm	圆弧半径 r/mm	每 25.4mm 内的牙数 n	有效螺纹长度 (GB/T7306) /mm	基准的基本长度 (GB/T7306) /mm
	基本大径 $d=D$ /mm	基本中径 $d_2=D_2$ /mm	基本小径 $d_1=D_1$ /mm						
1/16	7.723	7.142	6.561	0.907	0.581	0.125	28	6.5	4.0
1/8	9.728	9.147	8.566					6.5	4.0
1/4	13.157	12.301	11.445	1.337	0.856	0.184	19	9.7	6.0
3/8	16.662	15.806	14.950					10.1	6.4
1/2	20.955	19.793	18.631	1.814	1.162	0.249	14	13.2	8.2
3/4	26.441	25.279	24.117					14.5	9.5
1	33.249	31.770	30.291	2.309	1.479	0.317	11	16.8	10.4
$1\frac{1}{4}$	41.910	40.431	28.952					19.1	12.7
$1\frac{1}{2}$	47.803	46.324	44.845					19.1	12.7
2	59.614	58.135	56.656					23.4	15.9
$2\frac{1}{2}$	75.184	73.705	72.226					26.7	17.5
3	87.884	86.405	84.926					29.8	20.6
4	113.030	111.551	110.072					35.8	25.4
5	138.430	136.951	135.472					40.1	28.6
6	163.830	162.351	160.872					40.1	28.6

六解头螺栓- C 级(摘自 GB/T 5780－2000)

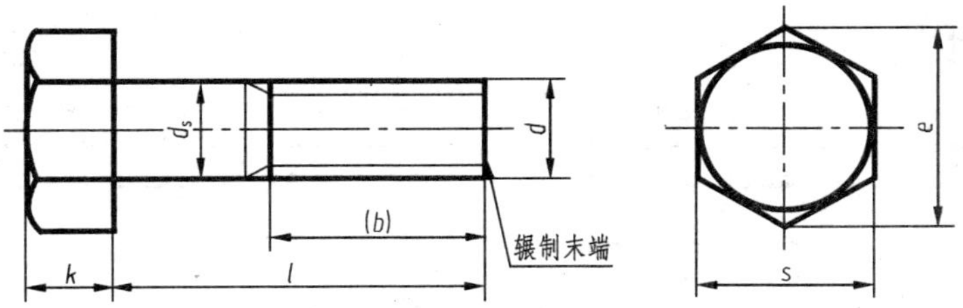

标记示例:

螺栓 GB/T5780 M20×100 (螺纹规格 d=M20、公称长度 l=100、性能等级为 4.8 级、不经表面处理、杆身半螺纹、C 级的六角头螺栓)。

六角头螺栓-全螺纹- C 级(摘自 GB/T 5781－2000)

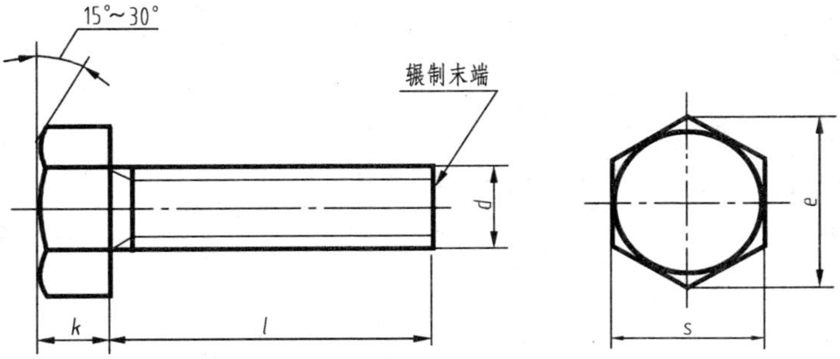

标记示例:

螺栓 GB/T 5781 M12×80 (螺纹规格 d=M12、公称长度 l=80、性能等级为 4.8 级、不经表面处理、全螺纹、C 级的六角头螺栓)。

螺纹规格 d		M5	M6	M8	M10	M12	M16	M20	M24	M30	M36	M42	M48
$b_{参考}$	$l \leqslant 125$	16	18	22	26	30	38	40	54	66	78	—	—
	$125 < l \leqslant 1200$	—	—	28	32	36	44	52	60	72	84	96	108
	$l > 200$	—	—	—	—	—	57	65	73	85	97	109	121
$k_{公称}$		3.5	4.0	5.3	6.4	7.5	10	12.5	15	18.7	22.5	26	30
s_{max}		8	10	13	16	18	24	30	36	46	55	65	75
e_{max}		8.63	10.9	14.2	17.6	19.9	26.2	33.0	39.6	50.9	60.8	72.0	82.6
d_{smax}		5.48	6.48	8.58	10.6	12.7	16.7	20.8	24.8	30.8	37.0	45.0	49.0
$l_{范围}$	GB/T 5780－2000	25～50	30～60	35～80	40～100	45～120	55～160	65～200	80～240	90～300	110～300	160～420	180～480
	GB/T 5781－2000	10～40	12～50	16～65	20～80	25～100	35～100	40～100	50～100	60～100	70～100	80～420	90～480
$l_{系列}$		10、12、16、20～50(5 进位)、(55)、60、(65)、70～160(10 进位)、180、220～500(20 进位)											

注:1. 括号内的规格尽可能不用,末端按 GB/T 2－2000 规定。

2. 螺纹公差:8g(GB/T5780－2000)、6g(GB/T 5781－2000);机械性能等级:4.6 级、4.8 级;产品等级:C。

附表 5　双头螺柱(摘自 GB/T 897～900－1988)　　(mm)

$b_m=1d$(GB/T 897)　$b_m=1.25d$(GB/T898)　$b_m=1.5d$(GB/T 899)　$b_m=2d$(GB/T 900)

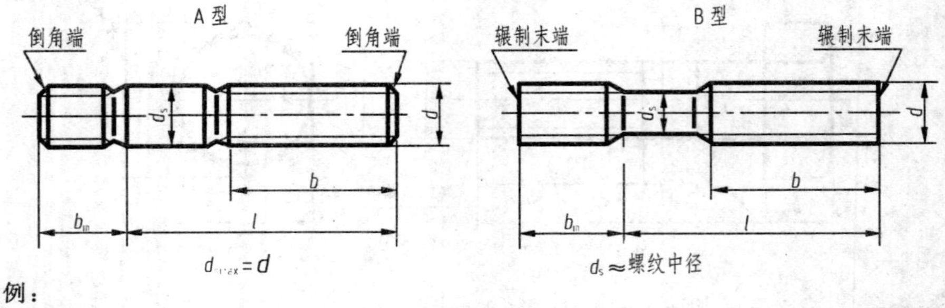

m 标记示例：

螺柱　GB/T 900　M10×50(两端均为粗牙普通螺纹、$d=10$、$l=50$、性能等级为 4.8 级、不经表面处理、B 型、$b_m=2d$ 的双头螺柱)；

螺柱　GB/T 900　AM10－10×1×50(旋入机体一端为粗牙普通螺纹、旋螺母端为螺距 $P=1$ 的细牙普通螺纹、$d=10$、$l=50$、性能等级为 4.8 级、不经表面处理、A 型、$b_m=2d$ 的双头螺柱)。

螺纹规格 d	b_m(旋入机体端长度)				$\frac{l(\text{螺柱长度})}{b(\text{旋螺母端长度})}$
	GB/T 897	GB/T 898	GB/T 899	GB/T 900	
M4	—	—	6	8	$\frac{16\sim22}{8}$ $\frac{25\sim40}{14}$
M5	5	6	8	10	$\frac{16\sim22}{10}$ $\frac{25\sim50}{16}$
M6	6	8	10	12	$\frac{20\sim22}{10}$ $\frac{25\sim30}{14}$ $\frac{32\sim75}{18}$
M8	8	10	12	16	$\frac{20\sim22}{12}$ $\frac{25\sim30}{16}$ $\frac{32\sim90}{22}$
M10	10	12	15	20	$\frac{25\sim28}{14}$ $\frac{30\sim38}{16}$ $\frac{40\sim120}{26}$ $\frac{130}{32}$
M12	12	15	18	24	$\frac{25\sim30}{14}$ $\frac{32\sim40}{16}$ $\frac{45\sim120}{26}$ $\frac{130\sim180}{32}$
M16	16	20	24	32	$\frac{30\sim38}{16}$ $\frac{45\sim55}{20}$ $\frac{60\sim120}{30}$ $\frac{130\sim200}{36}$
M20	20	25	30	40	$\frac{35\sim40}{20}$ $\frac{45\sim65}{30}$ $\frac{70\sim120}{38}$ $\frac{130\sim200}{44}$
(M24)	24	30	36	48	$\frac{45\sim50}{25}$ $\frac{55\sim75}{35}$ $\frac{80\sim120}{46}$ $\frac{130\sim200}{52}$
(M30)	30	38	45	60	$\frac{60\sim65}{40}$ $\frac{70\sim90}{50}$ $\frac{95\sim120}{66}$ $\frac{130\sim200}{72}$ $\frac{210\sim250}{85}$
M36	36	45	54	72	$\frac{65\sim75}{45}$ $\frac{80\sim110}{60}$ $\frac{120}{78}$ $\frac{130\sim200}{84}$ $\frac{210\sim300}{97}$
M42	42	52	63	84	$\frac{70\sim80}{50}$ $\frac{85\sim110}{70}$ $\frac{120}{90}$ $\frac{130\sim200}{96}$ $\frac{210\sim300}{109}$
M48	48	60	72	96	$\frac{80\sim90}{60}$ $\frac{95\sim110}{80}$ $\frac{120}{102}$ $\frac{130\sim200}{108}$ $\frac{210\sim300}{121}$
$l_{系列}$	12、(14)、16、(18)、20、(22)、25、(28)、30、(32)、35、(38)、40、45、50、55、60、(65)、70、75、80、(85)、(95)、100～260(10 进位)、280、300				

注：1. 尽可能不采用括号内的规格。末端按 GB/T 2－2000 规定。

2. $b_m=1d$，一般用于钢对钢；$b_m=(1.25\sim1.5)d$，一般用于钢对铸铁；$b_m=2d$，一般用于钢对铝合金。

附表 6　1 型六角螺母　(mm)

1 型六解螺母—A 和 B 级(摘自 GB/T 6170－2000)

1 型六角头螺母—细牙—A 和 B 级(摘自 GB/T 6171－2000)

1 型六角螺母 C 级(摘自 GB/T 41－2000)

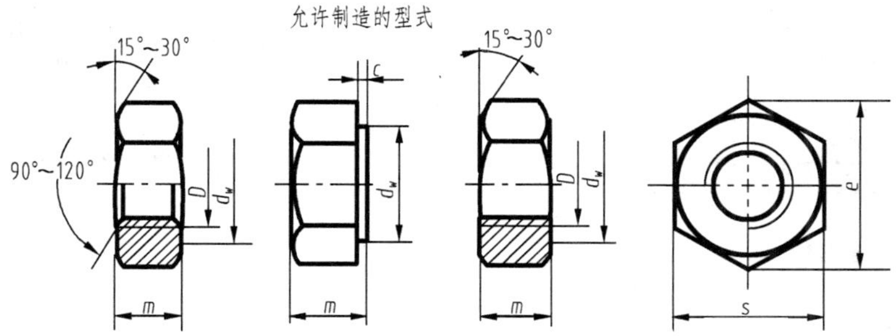

标记示例：

螺母　GB/T 41　M12

(螺纹规格 D=M12、性能等级为 5 级、不经表面处理、C 级的 1 型六角螺母)；

螺母　GB/T6171　M24×2

(螺纹规格 D=M24、螺距 P=M24、性能等级为 10 级、不经表面处理、B 级的 1 型细牙六角螺母)。

螺纹规格	D	M4	M5	M6	M8	M10	M12	M16	M20	M24	M30	M36	M42	M48
	$D\times P$	—	—	—	M8×1	M10×1	M12×15	M16×15	M20×2	M24×2	M30×2	M36×3	M42×3	M48×3
c		0.4	0.5		0.6				0.8			1		
s_{max}		7	8	10	13	16	18	24	30	36	46	55	65	75
e_{min}	A、B 级	7.66	8.79	11.05	14.38	17.77	20.03	26.75	32.95	39.95	50.85	60.79	72.02	82.6
	C 级	—	8.63	10.89	14.2	17.59	19.85	26.17						
m_{max}	A、B 级	3.2	4.7	5.2	6.8	8.4	10.8	14.8	18	21.5	25.6	31	34	38
	C 级	—	5.6	6.1	7.9	9.5	12.2	15.9	18.7	22.3	26.4	31.5	34.9	38.9
d_{wmin}	A、B 级	5.9	6.9	8.9	11.6	14.6	16.6	22.5	27.7	33.7	42.7	51.1	60.6	69.4
	C 级	—	6.9	8.7	11.5	14.5	16.5	22						

注：1. P——螺距。

2. A 级用于 $D\leqslant 16$ 的螺母；B 级用于 $D>16$ 的螺母；C 级用于 $D\geqslant 5$ 的螺母。

3. 螺纹公差：A、B 级为 6H，C 级为 7H；机械性能等级：A、B 级为 6，8，10 级，C 级为 4，5 级。

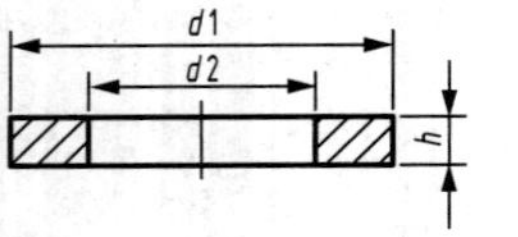

平垫圈-A级 GB/T 97.1-2002

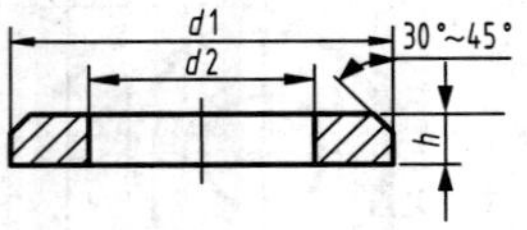

平垫圈 倒角型-A级 GB/T 97.2-2002

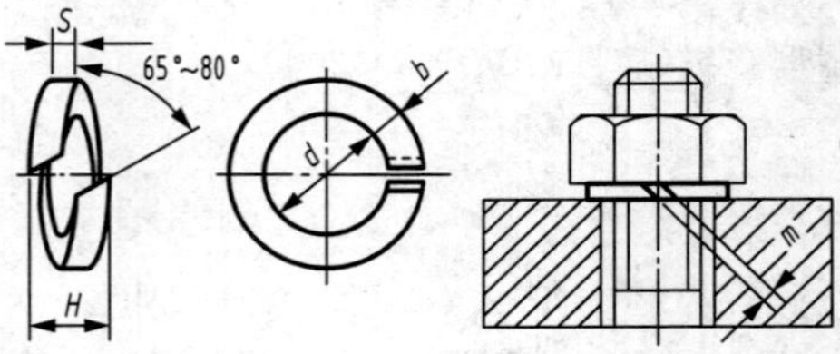

标准型弹簧垫圈 GB/T 93-2003

标记示例：

垫圈　GB/T 97.1　8-200HV；

标准系列、公称尺寸 d=8mm、性能等级为 140HV 级、不经表面处理的平垫圈；

垫圈　GB/T 93　16；

公称直径为 16mm，材料为 65Mn、表面氧化的标准弹簧垫圈。

公称尺寸 d（螺纹规格）		4	5	6	8	10	12	14	16	20	24	30	36	42	48
GB/T 97.1-1985（A 级）	d_1	4.3	5.3	6.4	8.4	10.5	13	15	17	21	25	31	37	—	—
	d_2	9	10	12	16	20	24	28	30	37	44	56	66	—	—
	h	0.8	1	1.6	1.6	2	2.5	2.5	3	3	4	4	5	—	—
GB/T 97.2-1985（A 级）	d_1	—	5.3	6.4	8.4	10.5	13	15	17	21	25	31	37	—	—
	d_2	—	10	12	16	20	24	28	30	37	44	56	66	—	—
	h	—	1	1.6	1.6	2	2.5	2.5	3	3	4	4	5	—	—
GB/T 95-1985（C 级）	d_1	—	5.5	6.6	9	11	13.5	15.5	17.5	22	26	33	39	45	52
	d_2	—	10	12	16	20	24	28	30	37	44	56	66	78	92
	h	—	1	1.6	1.6	2	2.5	2.5	3	3	4	4	5	8	8
GB/T 93-1987	d_1	4.1	5.1	6.1	8.1	10.2	12.2	—	16.2	20.2	24.5	30.5	36.5	42.5	48.5
	$s=b$	1.1	1.3	1.6	2.1	2.6	3.1	—	4.1	5	6	7.5	9	10.5	12
	H	2.8	3.3	4	5.3	6.5	7.8	—	10.3	12.5	15	18.6	22.5	26.3	30

附表 8　普通平键与键槽(GB/T 1096－2003)

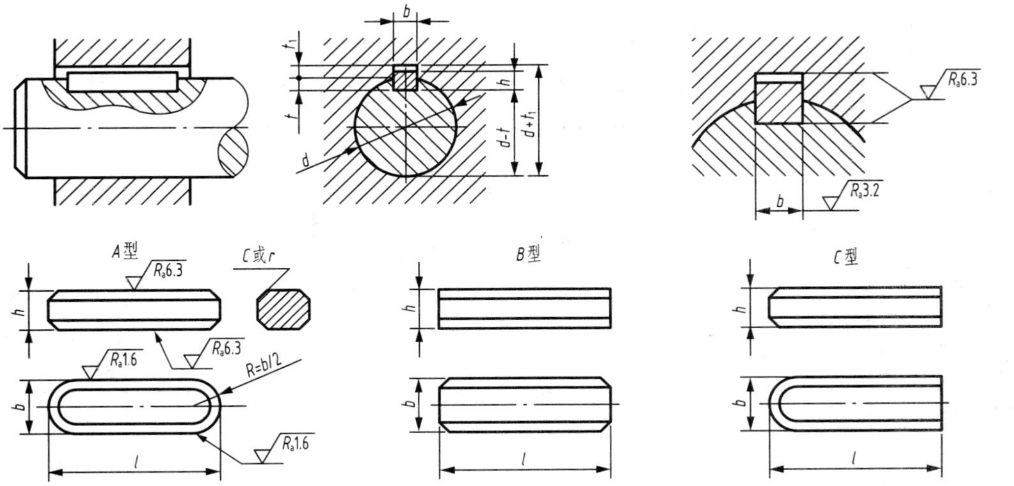

标记示例：

键　18×11×100　GB/T 1096－2003；

圆头普通平键(A 型)　b=18mm，h=11mm，L=100mm；

键　c16×10×80　GB/T 1096－2003；

半圆头普通平键(C 型)　b=16mm，h=10mm，L=80mm。

键		键槽								
		宽度			深度				半径 r	
公称尺寸 $b\times h$	长度 L	公称尺寸	极限偏差 一般键连接		轴 t		毂 t_1			
			轴 $N9$	毂 $JS9$	公称	极限偏差	公称	极限偏差	最大	最小
4×4	8～45	4	0 −0.030	±0.015	2.5	+0.1 0	1.8	+0.1 0	0.08	0.16
5×5	10～56	5			3.0		2.3		0.16	0.25
6×6	14～70	6			3.5		2.8			
8×7	18～90	8	0 −0.036	±0.018	4.0	+0.2 0	3.3	+0.2 0		
10×8	22～110	10			5.0		3.3		0.25	0.40
12×8	28～140	12	0 −0.043	±0.0215	5.0		3.3			
14×9	36～160	14			5.5		3.8			
16×10	45～180	16			6.0		4.3			
18×11	50～200	18			7.0		4.4			
20×12	56～220	20	0 −0.052	±0.026	7.5		4.9		0.40	0.60
22×14	63～250	22			9.0		5.4			
25×14	70～280	25			9.0		5.4			
28×16	80～320	28			10		6.4			
$L_{系列}$	6～22(进位)、25、28、32、36、40、45、50、56、63、70、80、90、100、110、125、140、160、180、200、220、250、280、320、360、400、450、500									

附表 9　圆柱销(摘自 GB/T 119.1－2000)　　(mm)

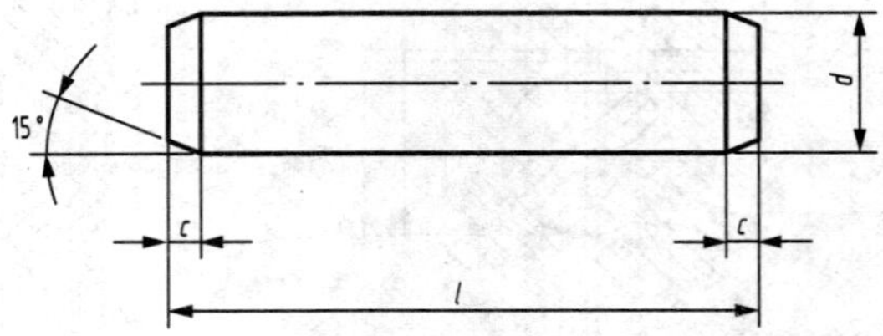

标记示例：

销　GB/T 119.1　8m6×30；

公称直 d=8mm，公差为 m6，公称长度 l=30mm，材料为 35 号钢，不经淬火，不经表面处理的圆柱销。

d(公称) m6/h8	2	3	4	5	6	8	10	12	16	20	25
c≈	0.35	0.5	0.63	0.8	1.2	1.6	2	2.5	3	3.5	4
$l_{范围}$	6～20	8～30	8～40	10～50	12～60	14～80	18～95	22～140	26～180	35～200	50～200
$l_{系列}$(公称)	2、3、4、5、6～32(2 进位)、35～100(5 进位)、120～200(20 进位)										

附表 10　圆锥销(摘自 GB/T 117－2000)　　(mm)

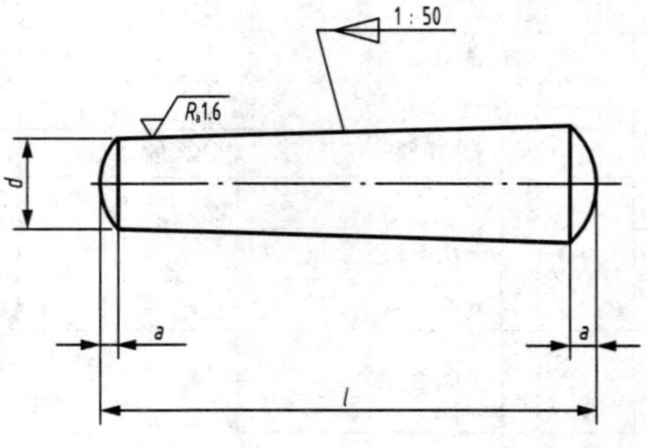

标记示例：

销　GB/T 117　A10×60

公称直径 d=10mm，公称长度 l=60mm，材料为 35 号钢，表面氧化处理的 A 型圆锥销。

$d_{公称}$	2	2.5	3	4	5	6	8	10	12	16	20
a≈	0.25	0.3	0.4	0.5	0.63	0.8	1.0	1.2	1.6	2.0	2.5
$l_{范围}$	10～35	10～35	12～45	14～55	18～60	22～90	22～120	26～160	32～180	40～200	45～200
$l_{系列}$	2、3、4、5、6～32(2 进位)、35～100(5 进位)、120～200(20 进位)										

附表 11　中心孔（GB/T145－1985）

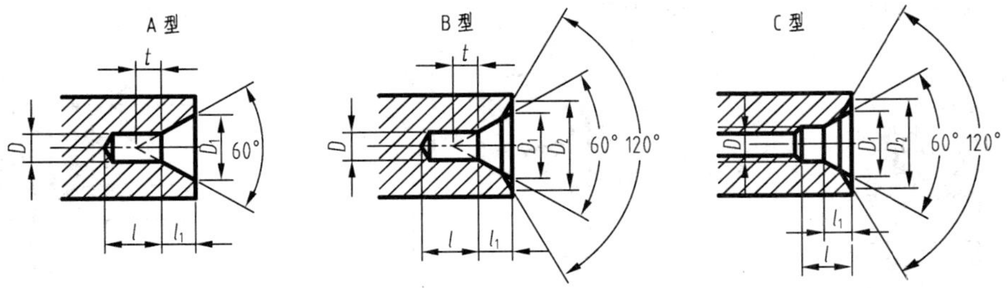

中心孔尺寸

mm

A、B 型							C 型					选择中心孔参考数据（非标准内容）		
D	A 型			B 型			D	D_1	D_2	l	参考 l_1	原料端部最小直径 D_o	轴状原料最大直径 D_c	工件最大重量 t
	D_1	参考 l_1	参考 t	D_1	参考 l_1	参考 t								
2.00	4.25	1.95	1.8	6.30	2.54	1.8						8	>10～18	0.12
2.50	5.30	2.42	2.2	8.00	3.20	2.2						10	>18～30	0.2
3.15	6.70	3.07	2.8	10.00	4.03	2.8	M3	3.2	5.8	2.6	1.8	12	>30～50	0.5
4.00	8.50	3.90	3.5	12.50	5.05	3.5	M4	4.3	7.4	3.2	2.1	15	>50～80	0.8
(5.00)	10.60	4.85	4.4	16.00	6.41	4.4	M5	5.3	8.8	4.0	2.4	20	>80～120	1
6.30	13.20	5.98	5.5	18.00	7.36	5.5	M6	6.4	10.5	5.0	2.8	25	>120～180	1.5
(8.00)	17.00	7.79	7.0	22.40	9.36	7.0	M8	8.4	13.2	6.0	3.3	30	>180～220	2
10.00	21.20	9.70	8.7	28.00	11.66	8.7	M10	10.5	16.3	7.5	3.8	42	>220～260	3

注：1. 尺寸 l 取决于中心钻的长度，此值不应小于 t 值（对 A 型、B 型）。

2. 括号内的尺寸尽量不采用。

3. R 型中心孔未列入。

中心孔表示法

要　求	符　号	标注示例	说　明
在完工的零件上要求保留中心孔	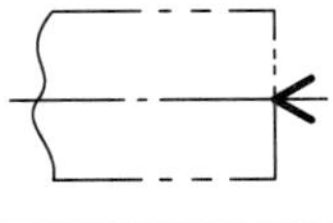		采用 B 型中心孔 D=2.5mm　D_1=8mm 在完工的零件上要求保留
在完工的零件上可以保留中心孔	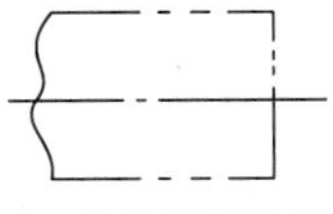	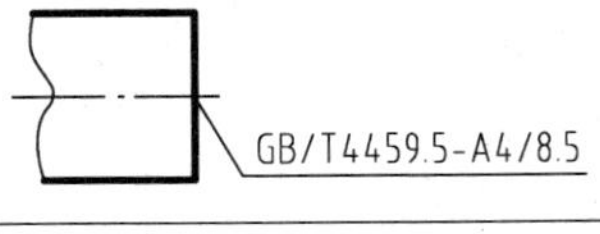	采用 A 型中心孔 D=4mm　D_1=8.5mm 在完工的零件上是否保留都可以
在完工的零件上不允许保留中心孔	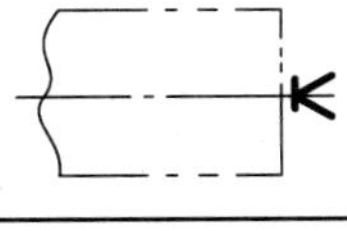		采用 A 型中心孔 D=1.6mm　D_1=3.35mm 在完工的零件上不允许保留

附表 12　滚动轴承

深沟球轴承 （摘自 GB/T 276－1994）	圆锥滚子轴承 （摘自 GB/T 297－1994）	单向推力球轴承 （摘自 GB/T 301－1995）
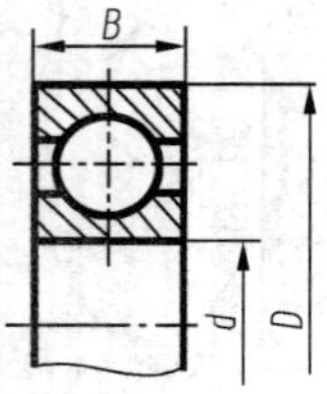	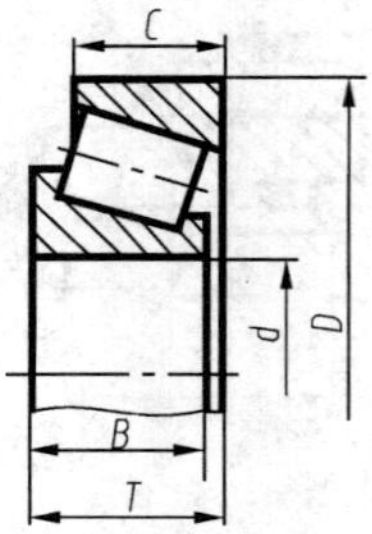	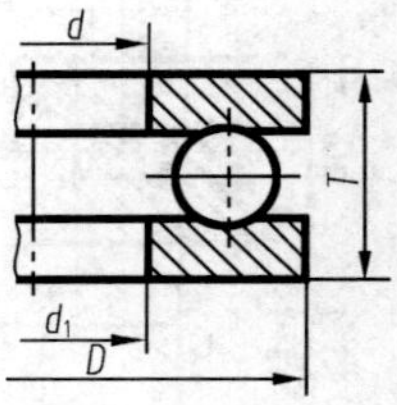
标记示例： 滚动轴承 6310 GB/T 276－1994	标记示例： 滚动轴承 30212 GB/T 297－1994	标记示例： 滚动轴承 51305 GB/T 301－1995

轴承型号	尺寸/mm			轴承型号	尺寸/mm					轴承型号	尺寸/mm			
	d	*D*	*B*		*d*	*D*	*B*	*C*	*T*		*d*	*D*	*T*	d_1
尺寸系列[(0)2]				尺寸系列(02)						尺寸系列(12)				
6202	15	35	11	30203	17	40	12	11	13.25	51202	15	32	12	17
6203	17	40	12	30204	20	47	14	12	15.25	51203	17	35	12	19
6204	20	47	14	30205	25	52	15	13	16.25	51204	20	40	14	22
6205	25	52	15	30206	30	62	16	14	17.25	51205	25	47	15	27
6206	30	62	16	30207	35	72	17	15	18.25	51206	30	52	16	32
6207	35	72	17	30208	40	80	18	16	19.75	51207	35	62	18	37
6208	40	80	18	30209	45	85	19	16	20.75	51208	40	68	19	42
6209	45	85	19	30210	50	90	20	17	21.75	51209	45	73	20	47
6210	50	90	20	30211	55	100	21	18	22.75	51210	50	78	22	52
6211	55	100	21	30212	60	110	22	19	23.75	51211	55	90	25	57
6212	60	110	22	30213	65	120	23	20	24.75	51212	60	95	26	62
尺寸系列[(0)3]				尺寸系列(03)						尺寸系列(13)				
6302	15	42	13	30302	15	42	13	11	14.25	51304	20	47	18	22
6303	17	47	14	30303	17	47	14	12	15.25	51305	25	52	18	27
6304	20	52	15	30304	20	52	15	13	16.25	51306	30	60	21	32
6305	25	62	17	30305	25	62	17	15	18.25	51307	35	68	24	37
6306	30	72	19	30306	30	72	19	16	20.75	51308	40	78	26	42
6307	35	80	21	30307	35	80	21	18	22.75	51309	45	85	28	47
6308	40	90	23	30308	40	90	23	20	25.25	51310	50	95	31	52
6309	45	100	25	30309	45	100	25	22	27.25	51311	55	105	35	57
6310	50	110	27	30310	50	110	27	23	29.25	51312	60	110	35	62
6311	55	120	29	30311	55	120	29	25	31.50	51313	65	115	36	67
6312	60	130	31	30312	60	130	31	26	33.50	51314	70	125	40	72
尺寸系列[(0)4]				尺寸系列(04)						尺寸系列(14)				
6403	17	62	17	31305	25	62	17	13	18.25	51405	25	60	24	27
6404	20	72	19	31306	30	72	19	14	20.75	51406	30	70	28	32
6405	25	80	21	31307	35	80	21	15	22.75	51407	35	80	32	37
6406	30	90	23	31308	40	90	23	17	25.25	51408	40	90	36	42
6407	35	100	25	31309	45	100	25	18	27.25	51409	45	100	39	47
6408	40	110	27	31310	50	110	27	19	29.25	51410	50	110	43	52
6409	45	120	29	31311	55	120	29	21	31.50	51411	55	120	48	57
6410	50	130	31	31312	60	130	31	22	33.50	51412	60	130	51	62
6411	55	140	33	31313	65	140	33	23	36.00	51413	65	140	56	68
6412	60	150	35	31314	70	150	35	25	38.00	51414	70	150	60	73
6413	65	160	37	31315	75	160	37	26	40.00	51415	75	160	65	78

注：圆括号中的尺寸系列代号在轴承型号中省略。

附表 13　优先配合孔的极限偏差表

(μm)

代　号	C	D	E	F	G	H						JS		K		M		N		P		R	S	T	U
基本尺寸 /mm	等　级																								
	11	10	9	8	7	6	7	8	9	10	11	6	7	6	7	6	7	6	7	6	7	7	7	7	7
≤3	+120 +60	+60 +20	+39 +14	+20 +6	+12 +2	+6 0	+10 0	+14 0	+25 0	+40 0	+60 0	±3	±5	0 −6	0 −10	−2 −8	−2 −12	−4 −10	−4 −14	−6 −12	−6 −16	−10 −20	−14 −24	—	−18 −28
>3～6	+145 +70	+78 +30	+50 +20	+28 +10	+16 +4	+8 0	+12 0	+18 0	+30 0	+48 0	+75 0	±4	±6	+2 −6	+3 −9	−1 −9	0 −12	−5 −13	−4 −16	−9 −17	−8 −20	−11 −23	−15 −27	—	−19 −31
>6～10	+170 +80	+98 +40	+61 +25	+35 +13	+20 +5	+9 0	+15 0	+22 0	+36 0	+58 0	+90 0	±4.5	±7	+2 −7	+5 −10	−3 −12	0 −15	−7 −16	−4 −19	−12 −21	−9 −24	−13 −28	−17 −32	—	−22 −37
>10～18	+205 +95	+120 +50	+75 +32	+43 +16	+24 +6	+11 0	+18 0	+27 0	+43 0	+70 0	+110 0	±5.5	±9	+2 −9	+6 −12	−4 −15	0 −18	−9 −20	−5 −23	−15 −26	−11 −29	−16 −34	−21 −39	—	−26 −44
>18～24	+240 +110	+149 +65	+92 +40	+53 +20	+28 +7	+13 0	+21 0	+33 0	+52 0	+84 0	+130 0	±6.5	±10	+2 −11	+6 −15	−4 −17	0 −21	−11 −24	−7 −28	−18 −31	−14 −35	−20 −41	−27 −48	—	−33 −54
>24～30																								−33 −54	−40 −61
>30～40	+280 +120	+180 +80	+112 +50	+64 +25	+34 +9	+16 0	+25 0	+39 0	+62 0	+100 0	+160 0	±8	±12	+3 −13	+7 −18	−4 −20	0 −25	−12 −28	−8 −33	−21 −37	−17 −42	−25 −50	−34 −59	−39 −64	−51 −76
>40～50	+290 +130																							−45 −70	−61 −86
>50～65	+330 +140	+220 +100	+134 +60	+76 +30	+40 +10	+19 0	+30 0	+46 0	+74 0	+120 0	+190 0	±9.5	±15	+4 −15	+9 −21	−5 −24	0 −30	−14 −33	−9 −39	−26 −45	−21 −51	−30 −60	−42 −72	−55 −85	−76 −106
>65～80	+340 +150																					−32 −62	−48 −78	−64 −94	−91 −121
>80～100	+390 +170	+260 +120	+159 +72	+90 +36	+47 +12	+22 0	+35 0	+54 0	+87 0	+140 0	+220 0	±11	±17	+4 −18	+10 −25	−6 −28	0 −35	−16 −38	−10 −45	−30 −52	−24 −59	−38 −73	−58 −93	−78 −113	−111 −146
>100～120	+400 +180																					−41 −76	−66 −101	−91 −126	−131 −166

附表 14　优先配合轴的极限偏差表

(μm)

代　号	c	d	e	f	g	h							js	k	m	n	p	r	s
基本尺寸 /mm	11	9	8	7	6	5	6	7	8	9	10	11	6	6	6	6	6	6	6
≤3	−60 −120	−20 −45	−14 −28	−6 −16	−2 −8	0 −4	0 −6	0 −10	0 −14	0 −25	0 −40	0 −60	±3	+6 0	+8 +2	+10 +4	+12 +6	+16 +10	+20 +14
>3～6	−70 −145	−30 −60	−20 −38	−10 −22	−4 −12	0 −5	0 −8	0 −12	0 −18	0 −30	0 −48	0 −75	±4	+9 +1	+12 +4	+16 +8	+20 +12	+23 +15	+27 +19
>6～10	−80 −170	−40 −76	−25 −47	−13 −28	−5 −14	0 −6	0 −9	0 −15	0 −22	0 −36	0 −58	0 −90	±4.5	+10 +1	+15 +6	+19 +10	+24 +15	+28 +19	+32 +23
>10～18	−95 −205	−50 −93	−32 −59	−16 −34	−6 −17	0 −8	0 −11	0 −18	0 −27	0 −43	0 −70	0 −110	±5.5	+12 +1	+18 +7	+23 +12	+29 +18	+34 +23	+39 +28
>18～30	−110 −240	−65 −117	−40 −73	−20 −41	−7 −20	0 −9	0 −13	0 −21	0 −33	0 −52	0 −84	0 −130	±6.5	+15 +2	+21 +8	+28 +15	+35 +22	+41 +28	+48 +35
>30～40	−120 −280	−80 −142	−50 −89	−25 −50	−9 −25	0 −11	0 −16	0 −25	0 −39	0 −62	0 −100	0 −160	±8	+18 +2	+25 +9	+33 +17	+42 +26	+50 +34	+59 +43
>40～50	−130 −290																		
>50～65	−140 −330	−100 −174	−60 −106	−30 −60	−10 −29	0 −13	0 −19	0 −30	0 −46	0 −74	0 −120	0 −190	±9.5	+21 +2	+30 +11	+39 +20	+51 +32	+60 +41	+72 +53
>65～80	−150 −340																	+62 +43	+78 +59
>80～100	−170 −390	−120 −207	−72 −126	−36 −71	−12 −34	0 −15	0 −22	0 −35	0 −54	0 −87	0 −140	0 −220	±11	+25 +3	+35 +13	+45 +23	+59 +37	+73 +51	+93 +71
>100～120	−180 −400																	+76 +54	+101 +79

附表 15　标准公差数值(GB/T1800.3－1998)

基本尺寸 mm		标准公差级																	
		IT1	IT2	IT3	IT4	IT5	IT6	IT7	IT8	IT9	IT10	IT11	IT12	IT13	IT14	IT15	IT16	IT17	IT18
大于	至	μm											mm						
—	3	0.8	1.2	2	3	4	6	10	14	25	40	60	0.1	0.14	0.25	0.4	0.6	1	1.4
3	6	1	1.5	2.5	4	5	8	12	18	30	48	75	0.12	0.18	0.3	0.48	0.75	1.2	1.8
6	10	1	1.5	2.5	4	6	9	15	22	36	58	90	0.15	0.22	0.36	0.58	0.9	1.5	2.2
10	18	1.2	2	3	5	8	11	18	27	43	70	110	0.18	0.27	0.43	0.7	1.1	1.8	2.7
18	30	1.5	2.5	4	6	9	13	21	33	52	84	130	0.21	0.33	0.52	0.84	1.3	2.1	3.3
30	50	1.5	2.5	4	7	11	16	25	39	62	100	160	0.25	0.39	0.62	1	1.6	2.5	3.9
50	80	2	3	5	8	13	19	30	46	74	120	190	0.3	0.46	0.74	1.2	1.9	3	4.6
80	120	2.5	4	6	10	15	22	35	54	87	140	220	0.35	0.54	0.87	1.4	2.2	3.5	5.4
120	180	3.5	5	8	12	18	25	40	63	100	160	250	0.4	0.63	1	1.6	2.5	4	6.3
180	250	4.5	7	10	14	20	29	46	72	115	185	290	0.46	0.72	1.15	1.85	2.9	4.6	7.2
250	315	6	8	12	16	23	32	52	81	130	210	320	0.52	0.81	1.3	2.1	3.2	5.2	8.1
315	400	7	9	13	18	25	36	57	89	140	230	360	0.57	0.89	1.4	2.3	3.6	5.7	8.9
400	500	8	10	15	20	27	40	63	97	155	250	400	0.63	0.97	1.55	2.5	4	6.3	9.7
500	630	9	11	16	22	32	44	70	110	175	280	440	0.7	1.1	1.75	2.8	4.4	7	11
630	800	10	13	18	25	36	50	80	125	200	320	500	0.8	1.25	2	3.2	5	8	12.5
800	1000	11	15	21	28	40	56	90	140	230	360	560	0.9	1.4	2.3	3.6	5.6	9	14
1000	1250	13	18	24	33	47	66	105	165	260	420	660	1.05	1.65	2.6	4.2	6.6	10.5	16.5
1250	1600	15	21	29	39	55	78	125	195	310	500	780	1.25	1.95	3.1	5	7.8	12.5	19.5
1600	2000	18	25	35	46	65	92	150	230	370	600	920	1.5	2.3	3.7	6	9.2	15	23
2000	2500	22	30	41	55	78	110	175	280	440	700	1100	1.75	2.8	4.4	7	11	17.5	28
2500	3150	26	36	50	68	96	135	210	330	540	860	1350	2.1	3.3	5.4	8.6	13.5	21	33

注:1. 基本尺寸大于 500mm 的 IT1 至 IT5 的标准公差数值为试行的。

2. 基本尺寸小于或等于 1mm 时,无 IT14 至 IT18。

附表 16　常用材料及热处理

1. 常用钢材(GB/T700、GB/T699、GB/T3077、GB/T11352、GB/T5676)

名称	钢号	主要用途	说明
碳素结构钢	Q215－A	受力不大的铆钉、螺钉、轮凸轮、焊件、渗碳件；	Q表示屈服点,数字表示屈服点数值,A、B等表示质量等级。
	Q215－A	螺栓、螺母、拉杆、钩、连杆、楔、轴、焊件；	
	Q215－B	金属构造物中一般机件、拉杆、轴、焊件；	
	Q215－A	重要的螺钉、拉杆、钩、楔、连杆、轴、销、齿轮；	
	Q275	键、牙嵌离合器、链板、闸带、受大静载荷的齿轮轴。	
优质碳素结构钢	08F	要求可塑性好的零件:管子、垫片、渗碳件、氰化件；	(1) 数字表示钢中平均含碳量的万分数,例如45表示平均含碳量为0.45%； (2) 序号表示抗拉强度、硬度依次增加,延伸率依次降低。
	15	渗碳件、紧固件、冲模锻件、化工容器；	
	20	杠杆、轴套、钩、螺钉、渗碳件与氰化件；	
	25	轴、辊子、连接器,紧固件中的螺栓、螺母；	
	30	曲轴、转轴、摇杆、拉杆、横梁、星轮；	
	35	曲轴、摇杆、拉杆、键、销、螺栓、转轴；	
	40	齿轮、齿条、链轮、凸轮、轧辊、曲柄轴；	
	45	齿轮、轴、联轴器、衬套、活塞销、链轮；	
	50	活塞杆、齿轮、不重要的弹簧；	
	55	齿轮、连杆、扁弹簧、轧辊、偏心轮、轮圈、轮缘；	
	60	叶片、弹簧。	
	30Mn	螺栓、杠杆、制动板；	含锰量0.7%～1.2%的优质碳素钢。
	40Mn	用于承受疲劳载荷零件:轴、曲轴、万向关轴器；	
	50Mn	用于高负荷下而磨的热处理零件:齿轮、摩擦片；	
	60Mn	弹簧、发条。	
合金结构钢 铬钢	15Cr	渗碳齿轮、凸轮、活塞销、离合器；	(1) 合金结构钢前面两位数字表示钢中含碳量的万分数； (2) 合金元素以化学符号表示； (3) 合金元素含量小于1.5%时,仅注出元素符号。
	20Cr	较重要的渗碳件；	
	30Cr	重要的调质零件:轮轴、齿轮、摇杆、重要的螺栓、滚子；	
	40Cr	较重要的调质零件:齿轮、进气阀、辊子、轴；	
	45Cr	强度及耐磨性高的轴、齿轮、螺栓。	
合金结构钢 铬锰钛钢	20CrMnTi	汽车上的重要渗碳件:齿轮；	
	30CrMnTi	汽车、拖拉机上强度高的渗碳齿轮。	
铸钢	ZG230－450	机座、箱体、支架；	ZG表示铸钢、数字表示屈服点及抗拉强度(MPa)。
	ZG310－570	齿轮、飞轮、机架。	

2. 常用铸铁(GB/T9469、GB/T1348、GB/T9400)

名称	牌　号	硬度(HB)	主　要　用　途	说　明
灰铸铁	HT100	114～173	机床中受轻负荷,磨损无关紧要的铸件,如托盘、把手、手轮等。	HT 是灰铸铁代号,其后数字表示抗拉强度(MPa)。
	HT150	132～197	承受中等弯曲应力,摩擦面间压强高于 500MPa 的铸件,如机床底工作台、汽车变速箱、泵体、阀体、阀盖等。	
	HT200	151～229	承受较大弯曲应力,要求保持气密性的铸件,如机床立柱、刀架、齿轮箱体、床身、油缸、泵体、阀体、皮带轮、轴承盖和架等。	
	HT250	180～269	承受较大弯曲应力,要求保持气密性的铸件,如气缸套、齿轮、机床床身、立柱、齿轮箱体、油缸、泵体、阀体等。	
	HT300	207～313	承受弯曲应力、拉应力、要求高度气密性的铸件,如高压油缸、泵体、阀体、汽轮机隔板等。	
	HT	238～357	轧钢、辊子、炼焦柱等。	
球墨铸铁	QT400－15 QT400－18	130～180 130～180	韧性高,低温性能好,且有一定的耐蚀性,用于制作汽车、拖拉机中的轮毂、壳体、离合器拔叉等。	QT 为球墨铸铁代号,其后第一组数字表示抗拉强度(MPa),第二组数字表示延伸率(%)。
	QT500－7 QT450－10 QT600－3	170～230 160～210 190～270	具有中等强度和韧性,用于制作内燃机中油泵齿轮、汽轮机的中温气缸隔板、水轮机阀门体等。	
可锻铸铁	KTH300－06 KTH350－10 KTZ450－06 KTB400－05	≤150 ≤150 150～200 ≤200	用于承受冲击、振动等零件,如汽车零件、机床附件、各种管接头、低压阀门、曲轴和连杆等。	KTH、KTZ、KTB 分别为黑心、球光体、白心可锻铸铁代号,其后第一组数字表示抗拉强度(MPa),第二组数字表示延伸率(%)。

3. 常用有色金属及其合金(GB/T1176、GB/T3190)

名称或代号	牌　号	主　要　用　途	说　明
普通黄铜	H62	散热器、垫圈、弹簧、各种网、螺钉及其他零件。	H表示黄铜,字母后的数字表示含铜的平均百分数。
40－2锰黄铜	ZCuZn40Mn2	轴瓦、衬套及其他减磨零件。	Z表示铸造,字母后的数字表示含铜、锰、锌的平均分数。
5－5－5锡青铜	ZCuSn5PbZb5	在较高负荷和中等滑动速度下工作的耐磨、耐蚀零件。	字母后的数字表示含锡、铅、锌的平均百分数。
9－2铝青铜 10－3铝青铜	ZCuA19Mn2 ZCuAl10Fe3	耐蚀、耐磨零件,要求气密性高的铸件,高强度、耐磨、耐蚀零件及250 ℃以下工作的管配件。	字母后的数字表示含铝,锰或铁的平均百分数。
17－4－4铅青铜	ZCuPb17Sn4ZnA	高滑动速度的轴承和一般耐磨件等。	字母后的数字表示含铅、锡或锌的平均百分数。
ZL201 (铝铜合金) ZL301 (铝铜合金)	ZA1Cu5Mn ZA1CuMg10	用于铸造形状较简单的零件,如支臂、挂架梁等; 用于铸造小型零件,如海轮配件、航空配件等。	
硬　铝	LY12	高强度硬铝,适用于制造高负荷零件及构件,但不包括冲压件和锻压件,如飞机骨架等。	LY表示硬铝,数字表示顺序号。

4. 常用非金属材料

材料名称及标准号		牌号	主要用途	说明
工业用橡胶板	耐酸橡胶板 (GB/T55747)	2807 2709	具有耐酸碱性能,用作冲制密封性能较好的垫圈。	较高硬度; 中等硬度。
	耐油橡胶板 (GB/T55747)	3707 3709	可在一定温度的油中工作,适用冲制各种形状的垫圈。	较高硬度。
	耐热橡胶板 (GB/T55747)	4708 4710	可在热空气、蒸汽(100℃)中工作,用作冲制各种垫圈和隔热垫板。	较高硬度; 中等硬度。
尼龙	尼龙 66 尼龙 100		用于制作齿轮等传动零件,有良好的消音性,运转时噪声小。	具有高抗拉强度和冲击韧性,耐热(>100℃)、耐弱酸、耐弱碱、耐油性好。
耐油橡胶石棉板 (GB/T539)			供航空发动机的煤油、润滑油及冷气系统结合处的密封垫材料。	有厚度 0.4～3.0 的十种规格。
毛毡 (FJ/T314)			用作密封、防漏油、防震、缓冲衬垫等,按需选用细毛、半粗毛、粗毛。	厚度为 1～30。
有机玻璃板 (HG/T2－343)			适用于耐腐蚀和需要透明的零件,如油标、油杯、透明管道等。	耐盐酸、硫酸、草酸、烧酸和纯碱等一般碱性及二氧化碳、臭氧等腐蚀。

5. 常用热处理及表面处理

名词		代号及标注示例	说明	应用
退火		Th	将钢件加热到临界温度以上（一般是 710～715℃，个别合金钢 800～900℃）30～50℃，保温一段时间，然后缓慢冷却。	用来消除铸、锻、焊零件的内应力、降低硬度、便于切削加工，细化金属晶粒，改善组织、增加韧性。
正火		Z	将钢件加热到临界温度以上，保温一段时间，然后用空气冷，冷却速度比退火快。	用来处理低碳和中碳结构钢及渗碳零件，使其组织细化，增加强度与韧性，减少内应力，改善切削性能。
淬火		C C48:淬火回火至 45～50HRC	将钢件加热到临界温度以上，保温一段时间，然后在水、盐水或油中急速冷却，使其得到高硬度。	用来提高钢的硬度和强度极限，但淬火会引起内应力使钢变脆，所以淬火后必须回火。
回火		回火	回火是将淬硬的钢件加热到临界点以下的温度，保温一段时间，然后在空气中或油中冷却下来。	用来消除淬火后的脆性和内应力，提高钢的塑性和冲击韧性。
调质		T T235:调质处理至 220～250HB	淬火后在 450～650℃进行高温回火，称为调质。	用来使钢获得高的韧性和足够的强度，重要的齿轮、轴及丝杆等零件需经调质处理。
表面淬火	火焰淬火	H54:火焰淬火后，回火到 50～55HRC	用火焰或高频电流，将零件表面迅速加热至临界温度以上，急速冷速。	使零件表面获得高硬度，而心部保持一定的韧性，使零件既耐磨又能承受冲击，表面淬火常用来处一齿轮等。
	高频淬火	G52:高频淬火后，回火到 50～55HRC		
渗碳淬火		S0.5－C59:渗碳层深 0.5，淬火硬度 56～62HRC	在渗碳剂中将钢件加热 900～950℃，停留一定时间，将碳渗入钢表面，深度约为 0.5～2，再淬火后回火。	增加钢件的耐磨性能、表面硬度、抗拉强度和疲劳极奶，适用于低碳、中碳（含量<0.40%）结构钢的中小型零件。

续表

名　词	代号及标注示例	说　明	应　用
氮　化	D0.3－900：氮化层深度0.3，硬度大于850HV	氮化是在500～600℃通入氮的炉子内加热，向钢的表面渗入氮原子的过程，氮化层为0.025～0.8，氮化时间需40～50小时。	增加钢件的耐磨性能、表面硬度、疲劳极限和抗蚀能力，适用于低碳、中碳（含量＜0.40%）结构钢的中小型零件。
氰　化	Q59：氰化淬火后，回火至56～62HRC	在820～860℃炉内通入碳和氮，保温1～2小时，使钢件的表面同时渗入碳、氮原子，可得到0.2～0.5的氰化层。	增加表面硬度，耐磨性、疲劳强度和耐蚀性，用于要求硬度高、耐磨的中、小型及薄片零件和刀具等。
时　效	时效处理	低温回火后、精加工之前，加热到100～160℃，保持10～40小时，对铸件也可用天然时效（放在露天中一年以上）。	使工件消除内应力和稳定形状，用于量具、精密丝杆、床身导轨、床身等。
发蓝发黑	发蓝或发黑	将金属零件放在很浓的碱和氧化剂溶液中加热氧化，使金属表面形成一层氧化铁所组成的保护性薄膜。	防腐蚀、美观，用于一般连接的标准件和其他电子类零件。
硬　度	HB（布氏硬度）	材料抵抗硬的物体压入其表面的能力称硬度，根据则定的方法不同，可分布氏硬度、洛氏硬度和维氏硬度。 硬度的测定是检验材料经热处理后的机械性能——硬度。	用于退火、正火、调质的零件及铸件的硬度检验。
	HRC（洛氏硬度）		用于经淬火、回火、调质的零件及铸件的硬度检验。
	HV（维氏硬度）		用于薄层硬化零件的硬度检验。

参考文献

(1) 金大鹰主编. 机械制图. 北京:机械工业出版社,2001

(2) 钱可强主编. 机械制图. 北京:化学工业出版社,2001

(3) 大连理工大学工程制图教研室主编. 机械制图. 北京:高等教育出版社,2001

(4) 李明,王秀玲主编. 电力工程热动专业图. 北京:北京科学技术出版社,2001